建筑工人技术学习丛书

U0265916

怎样看建筑施工图

（第四版）

孙沛平　编著

中国建筑工业出版社

图书在版编目（CIP）数据

怎样看建筑施工图/孙沛平编著.—4 版.—北京：
中国建筑工业出版社，2013.7（2021.6重印）
（建筑工人技术学习丛书）
ISBN 978-7-112-15551-4

Ⅰ.① 怎…　Ⅱ.① 孙…　Ⅲ.① 建筑制图–识别
Ⅳ.① TU204

中国版本图书馆 CIP 数据核字（2013）第 137613 号

建筑工人技术学习丛书
怎样看建筑施工图
（第四版）

孙沛平　编著

＊

中国建筑工业出版社出版、发行（北京海淀三里河路 9 号）
各地新华书店、建筑书店经销
霸州市顺浩图文科技发展有限公司制版
廊坊市海涛印刷有限公司印刷

＊

开本：787×1092 毫米　1/32　印张：14¼　插页：6　字数：320 千字
2016 年 3 月第四版　　2021 年 6 月第五十一次印刷
定价：**36.00** 元
ISBN 978-7-112-15551-4
　　　（24140）

本书主要介绍建筑施工图纸的内容和看图的方法和步骤，列举了各种看图实例。书中的主要内容为：怎样看建筑总平面图、房屋的建筑施工图和结构施工图、高层建筑施工图、建筑构件图和构筑物施工图以及怎样看水、电、暖通、煤气管道等施工图。本次修订增加了钢筋混凝土结构设计图纸的平面表示方法的内容，钢结构单层工业厂房的建筑施工图的看图内容和特点，此外还根据读者的需要增加了电脑绘图的知识等。所增加的内容主要是为了适应建筑用材，建筑结构的变化和发展，能跟上看懂建筑施工图的技术要求越来越高的发展形势。本书对如何审核施工图纸和绘图知识也作了介绍。

本书的特点是：图纸均取材于各设计院的施工图，较切合实际。标准图均为国家制定的标准图集，适用性比较广泛。其次该书中采用了"识图箭"这个工具，便于帮助读者较快的看懂施工图纸。

本书可作为建筑工人自学读物，也可作技工培训的参考读物和建筑企业中非土建专业人员看懂建筑施工图的阅读丛书。

* * *

责任编辑：付　娇　李　东　陈海娇　罗燕京

前　言

　　了解房屋的基本构造和能看懂建筑施工的图纸，是参加工程建筑施工的技术人员和建筑工人应该掌握的基本技术知识。改革开放30多年来，国家经济建设飞速发展，建筑工程的规模也日益扩大，对于刚参加建筑工程施工的人员，尤其是新一群的建筑工人，却由于各种不同的原因，对房屋的基本构造不太了解，尚不能看懂建筑施工的图纸。所以迫切希望能够了解房屋的基本构造，看懂建筑施工的图纸，学会这门技术，为参加建筑工程施工创造良好的条件。

　　本次再版《怎样看建筑施工图》，主要是为了适应建筑类型的增多和变化；新的国家标准的修订；新的设计图纸的变化。所以再版时我们除了对原版本中，房屋构造方面的基本知识，看图的图例，看图的基本方法和内容作保留之外，还增加了钢筋混凝土结构设计图纸的平面表示方法；钢结构单层工业厂房的建筑施工图的看图内容和特点。所增加的内容主要是为了适应建筑用材，建筑构造的变化和发展，能跟上看懂建筑施工图的技术要求越来越高的发展趋势。

　　由于建筑物的千姿百态，建筑工程的千变万化，因此在本书中我们所提供的看图实例是极有限的。但由于建筑的基本构造，设计绘图的基本原则没有根本变化，所以相信本书仍能起到帮助建筑工人看懂建筑施工图的作用，掌握基本知识和具体方法，给读者以初步入门引路。

　　我们相信运用本书看图的方法，并结合工程实际的施工，和工程技术人员一起探讨，是能达到逐步看懂建筑施工图的目的的。我们认为只要能刻苦学习，结合实际，方法对头，学会掌握看懂建筑施工图是不难达到的。

本书出版以来，受到读者厚爱，已发行了一百多万册，但由于编写、修订赶不上工程的实际发展，书中的缺失在所难免，望同行与读者给予指正。

目　录

第一章　房屋建筑的基本构造

第一节　房屋的形成

一、原始人群的住所

我们祖国是世界上历史悠久、文化发展最早的国家之一。从近半世纪内考古发现的原始社会人类居住的遗迹，说明从猿人开始是穴居于天然山洞之内的。如周口店发现的中国猿人居住的天然山洞，就是猿人集居最早的一处。

经过旧石器时代、中石器时代到达新石器时代后，在我国辽阔的地域上，大大小小的部落中，以仰韶文化的氏族，开始在黄河地带从事农业生产，出现了那时候的经济繁荣阶段。这时候居住也由山区走向平原，茂密的森林区域成了人类居住的又一场所。在实践中人类逐步地、很自然地利用树木的枝干、茅草搭成挡风雨、遮日晒的居住窝棚。

根据《中国古代建筑史》所介绍的半坡村仰韶文化时期的住房有两种形式，一种是方形，一种是圆形。方形的多为浅穴，面积约20m² 左右，最大的可达40多平方米。室内地面用草泥土铺平压实。圆形房屋一般建造在地面上，直径约有4~6m。周围密排较细的木柱，柱与柱之间也用编织方法构成壁体。那时就房屋的构造技术来说，已经属于积累了相当经验的结果。我们可以从图1-1及图1-2方、圆两类房屋复原想象图上看出。

可是我们不要忘记，那是上万年前人类的房屋，也是人类最早的房屋建筑。虽然那时是不会有什么建筑施工的图纸的，而人类的房屋也就是这么慢慢地发展形成起来的。

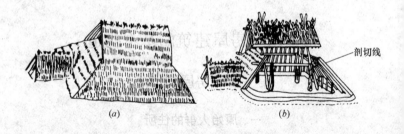

图 1-1　想象中的穴居图

(a) 想象中的茅草穴居外观；(b) 想象中穴居剖视

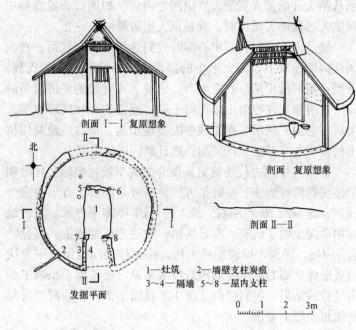

剖面 Ⅰ—Ⅰ 复原想象

剖面 复原想象

北

剖面 Ⅱ—Ⅱ

发掘平面

1—灶筑　2—墙壁支柱炭痕
3～4—隔墙　5～8—屋内支柱

0　1　2　3m

图 1-2　陕西西安半坡村原始社会圆形住房

二、奴隶社会后的建筑

随着社会生产力的发展，社会文化的提高，房屋建筑也随之开始发展变化。我国的建筑同世界上其他古老国家一样，都具有悠久的历史。奴隶制的出现，也是人类大规模建筑活动开始之时。在生产工具方面以青铜器为主，更利于砍、凿，因此石建筑是最早发展起来的建筑之一。我国巨石建筑遗迹有山东半岛北部和辽东半岛南部的海域，如盖平等县的石棚；国外在古埃及皇帝的陵墓和神庙就用石材建造了。如至今闻名于世的埃及金字塔就是用重达几十吨的石块砌成的。图1-3就是那时候神庙大殿的形状，运用了无数石柱、石板构筑成高大的神庙建筑。

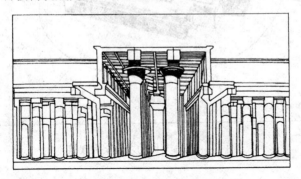

图1-3　神庙大殿石柱石板建筑

由劳动者经过了千百年的经验积累，我国在春秋时期（公元前470多年前），出现了《考工记》那样一部工程建设的文献（相当于现代建筑学或规划布置一类的技术文献资料）。当经济发展到封建社会之后，冶炼技术的发展，铁工具——斧、锯、锥、凿等的应用，制砖、瓦业的出现，使房屋建筑在我国形成了以木构架为主的古建筑。如图 1-4、图 1-5所示为根据考古研究想象复原的大建筑和民居建筑。

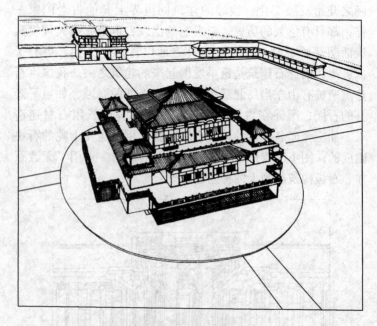

图 1-4　考古复原的木构架大建筑

图 1-5　古代住宅形式示意图

在我国古代建筑中最完备的建筑大全，是在北宋崇武年间（公元 1103 年），宋朝政府颁行的《营造法式》。这部文献包括了建筑构造、平面图、剖面图、构造详图以及各工种的施工规定。它也是我国历史上保留下来的最早的建筑施工图集和规范。人类在建筑发展实践中开始出现从实践到思维的产物——建筑施工图纸。如图 1-6（a）、（b）、（c）是那时比较正规的由图纸为依据的大建筑物。

三、近代的房屋建筑

在我国于明、清建筑之后，由于西方文化的传入和影响，首先在大城市中开始营建与西方建筑相仿的房屋，形成我国自有的近代建筑。最初的是以学校、医院、剧场这类公共建筑开始，逐步发展到住宅、工厂等建筑。在新中国成立后，经济的发展，人民生活的提高，工业需要厂房，人们需要居住、娱乐、文化生活，建筑的多样化和数量的剧增是历史上空前未有的。随着改革开放的发展，高层建筑也在我国如雨后春笋般的出现。

由于建筑的发展，伴随着建筑的理论、建筑的设计、建筑的法规，也应运而生。建筑理论是反映国家在建筑艺术、建筑结构上的水平；建筑设计则是由思维来形成图纸，以准备建造房屋；建筑法规是使建筑规范化的要求，使之保证房屋的合理、适用、坚固、美观。新中国成立以来，我们在规范上已从开始制定到多次修订，有了一套我国自己的规范和接近世界水平的标准。

近代建筑的发展，也体现了一个国家的经济水平和经济实力。我国的建筑则是由低层、多层发展到高层的三个发展阶段，反映了我国的经济实力和建筑技术的发展。

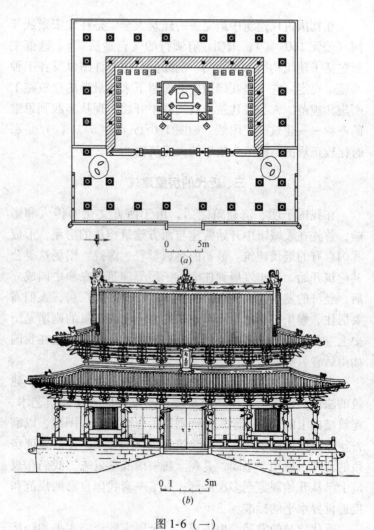

图 1-6 （一）

（a）正规建筑的平面（祠殿）；（b）正规建筑的立面（祠殿）

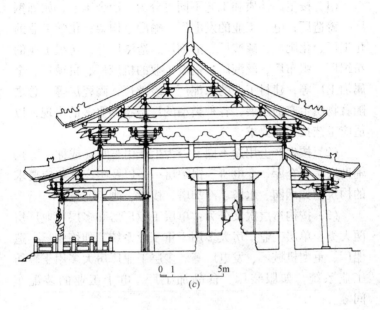

图 1-6（二）

（c）正规建筑的剖面（祠殿）

第二节　房屋建筑的类型

随着社会物质生产的发展，生活水平的提高，人们要求建造适合不同使用要求的房屋。

一、按建筑物使用性质分为四大类

1. 工业建筑

它是供人们从事各种生产要求的房屋，它包括生产用厂房和辅助用房屋及构筑物。

（1）按生产性质和工艺不同可分为：冶金工业，如炼钢厂、铸造厂；电力工业的发电厂、输配电构架；化学工业的化工厂、化肥厂、硫酸厂、溶剂厂、造漆厂等；纺织工业的纺织厂、织布厂、丝绸厂；机械工业的机床厂、机械厂、金属加工厂等；建材工业的水泥厂、玻璃厂、陶瓷厂等。总之随着物质生产的发展，各种类型的厂房将会更多的出现，以适应工艺技术的要求。

（2）按生产上用途不同又分为生产用车间（或称厂房）、辅助用房如仓库、变电所、锅炉房……以及生产上相应要求的构筑物如烟囱、水塔、冷却塔、栈桥、池、坑等。

（3）按构造层次又分为：单层工业厂房和多层工业厂房两大类。单层工业厂房大多用于重工业系统，如炼钢厂、造船厂、重型机械厂、发电厂等。多层工业厂房大多用于轻纺工业系统，如服装厂、食品加工厂、电子工业的装配车间等。

2. 民用建筑

民用建筑是供人们生活、文化娱乐、医疗、商业、旅游、交通、办公、居住等活动的房屋。根据用途不同，民用建筑大致可分为：

（1）居住建筑：住宅、宿舍，这主要是供人们生活起居的房屋，也是建筑中最面广量大的房屋建筑。按层次又可分为单层、多层和高层建筑（国内规定 4~6 层为多层，7~9 层为中高层，10 层以上为高层）。

（2）办公楼建筑：它主要供给政府机关、企业、事业单位办理工作的房屋。也有多层、高层的区别，目前高层的商住办公用房也大量出现。

（3）教学建筑：主要提供教学用的，如学校的教室、实验室、办公室等房屋。

（4）文化娱乐建筑：如剧院、会堂、图书馆、博物馆、文化馆、展览馆等，根据各自的需要，都有自身的建筑风格、造型和布局。

（5）体育类建筑：是提供人们进行体育活动的场所。它有体育场、体育馆、游泳馆、溜冰场（馆）、训练馆、室内球场等，服务于体育运动的房屋建筑。它根据运动类型不同房屋也其有不同的特色。

（6）商业建筑：主要是提供人们商品的建筑场所。它有商场、贸易市场、自选市场、饭店、饮食店，以及相配套的货仓、冷库等。

（7）旅游建筑：主要是宾馆、旅馆、招待所等主要供流动人员的住宿和生活的建筑。它也具有各自的使用要求和特色。

（8）医疗建筑：主要是医院、疗养院所需的各种房屋建筑。有急诊楼、门诊楼、住院楼等建筑。

（9）交通、邮电类建筑：像候机楼、火车站、汽车站、码头、客船航运站、邮电大楼、电话局、电报局等，用于交通、通信的人与物交流、集散的房屋建筑。

（10）其他建筑：属于非生产性的民用建筑，按其使用要求不同，实在是太多了。即使分类也难以包全。其他的建筑如在司法、公安方面要用的特殊建筑，市政公共设施要用的房屋如加油站、煤气站、消防站、公共厕所等等都是不易分类的。所以房屋建筑是千变万化的，我们看施工图时也是先要弄清房屋的性质，才能弄清它的构造原理。

3. 农业建筑

这是供人们进行农牧业需要的建筑。它有种植、养殖、畜牧、贮存等功能的要求。如温室、种子库、养鸡场、畜舍、粮仓等。农业建筑随着农业和农业科技的发展，将来也必将出现更多的需用房屋。

4. 科学实验建筑

随着科学技术的发展，除了建筑一般科学研究用房外，而作为科学实验需要的建筑亦日益增多。如大型天文台、高能物理研究试验室、小型原子实验反应堆、计算机站等。这些建筑都是根据特殊使用要求建造的，在科学技术不断发展的今天，该类建筑列为独特的建筑类型是必要的。

二、根据房屋建筑的结构类型和所用材料不同可分为以下几类

1. 砖木结构房屋

它主要用砖石和木材来建造房屋的。其构造可以是木骨架承重、砖石砌成围护墙，如老的民居、古建筑；也可以用砖墙、砖柱承重的木屋架结构，如20世纪50年代的民用房屋。

2. 砖混结构房屋

主要由砖、石和钢筋混凝土组成。其构造是砖墙、砖柱为竖向构件，受竖向荷重；钢筋混凝土做楼板、大梁、过梁、屋架等横向构件搁在墙、柱上。这是我国目前建造量最大的房屋建筑。

3. 钢筋混凝土结构房屋

该类房屋的构件如梁、柱、板、屋架等都用钢筋和混凝土两大材料构成的。目前多层的工业厂房、商场、办公楼大多用它建造。过去的单层工业厂房基本上都用它建成。

4. 钢结构的房屋

主要结构构件都是用钢材——型钢构造建成的。如大型

的工业厂房及目前一些轻型工业的厂房都是钢结构的，如上海宝钢的大多数厂房的柱、梁、板、墙都是钢材；现代建筑中的高层及超高层大楼，基本上都是钢结构建筑。

三、按房屋承重受力方式不同可分为

1. 墙承重的结构型式的房屋

用墙体来承受由屋顶、楼板传来的荷载的房屋，我们称为墙承重受力建筑。如目前大多的砖混结构的住宅、办公楼、宿舍；高层建筑中剪刀墙式房屋，但它所用材料则为钢筋和混凝土，承重受力的是钢筋混凝土的墙体。

2. 构架式承重结构的房屋

构架，实际上是由柱、梁等构件用不同的结合方法做成房屋的骨架，由整个构架的各个构件来承受荷重。这类房屋有古式的砖木结构，如木柱、木梁等组成木构架承受屋面等传来的荷重；有现代建筑的钢筋混凝土框架或单层工业厂房的排架组成房屋的骨架，来承受外来的各种荷重；再有用型钢材料构成的钢结构骨架建成房屋，来承受外来的各种荷重。

3. 筒体结构或框架筒体结构骨架的房屋

该类房屋大多为高层建筑和超高层建筑。房屋的中心由一个刚性的筒体（一般由钢筋混凝土做成），外围由框架或更大的筒体构成房屋受力的骨架。这种骨架体系是在高层建筑出现后，逐步发展形成的。

4. 大空间结构承重的房屋

该类房屋建筑往往中间没有柱子，而通过网架等空间结构把荷重传到房屋四周的墙、柱上去。这类房屋如体育馆、游泳馆、大剧场等。

四、按房屋的层次可分为

1. 低层建筑

一般指层数在 1~3 层的房屋。大多为低层住宅、别墅、小型办公楼、托儿所、幼儿园等。

2. 多层建筑

一般指层数在 4~6 层的房屋。它可以是住宅、商场、办公楼、多层工业厂房等。

3. 7~9 层为中高层住宅建筑，必须设电梯。

4. 高层建筑

该类建筑指层数在 10 层及 10 层以上，高度高于 100m 的民用建筑为超高层建筑。高层建筑的层次和分类我们将在第六章内介绍。

第三节　房屋建筑的构造概况

一、房屋构造的组成和考虑因素

不论工业建筑或民用建筑，房屋一般由以下这些部分组成，它包括：基础（或有地下室）、主体结构（墙、柱、梁、板或屋架等）、门和窗、屋面部分（包括保温、隔热、防水层或瓦屋面）、楼面和地面部分（地面和楼面的各层构造，也包括人流交通的楼梯）、再有是达到适用美观的各种装饰。除了以上六个部分外，人们为了生活、生产的需要，还要安装上给水、排水系统，电气的动力和照明系统，采暖和空调系统，如为高层或高档建筑，还要配置电梯，在有条件的城市，住宅要配置煤气系统提供生活需要。图 1-7 及图 1-8 就是一栋单层工业厂房和住宅的大致构造图，供读者参考。

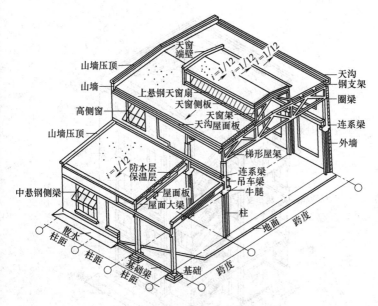

图 1-7 单层工业厂房的构造

为保证房屋安全、长期、正常的使用，对房屋构造的设计应考虑以下几点：

1. 房屋受外力作用的因素

房屋受力的作用是指房屋整个主体结构在受到外力后，能够保持稳定，无不正常变形、无结构性裂缝，能承受该类房屋所应受的各种力，在结构上把这些力称为荷载。荷载又分为永久荷载（亦称恒载）和可变荷载（亦称活荷载），有的还要考虑偶然荷载。

永久荷载是指房屋本身的自重及地基给房屋的土反力或土压力。

可变荷载是指在房屋使用中人群的活动，家具、设备、

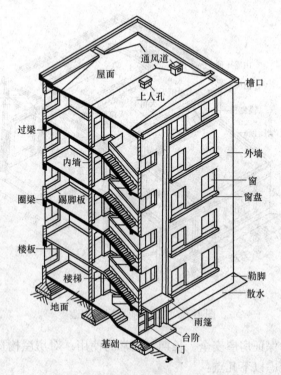

图 1-8　住宅房屋的大致构造

物资、风压力、雪荷载等，一些经常变化的荷载。

　　偶然荷载如地震、爆炸、撞击等非经常发生的，而且时间较短的荷载。

　　2. 自然界给予的影响因素

　　房屋是建造在处于大自然的环境中，它必然受到日晒、雨淋、冰冻、地下水、热胀、冷缩等影响。因此在设计和建造时，要考虑温度伸缩、地基压缩下沉、材料收缩、徐变。应采取结构构造措施，以及保温、隔热、防水、防温度变形的措施，从而避免由于这些影响而引起房屋的破坏，保证房屋的正常使用。

3. 各种人为因素的影响

在人们从事生产、生活、工作、学习时，也会产生对房屋的影响。如机械振动、化学腐蚀、装饰时拆改、火灾及可能发生的爆炸的冲击。为了防止这些有害影响，房屋设计和建造时，要在相应部位采取防振、防腐、防火、防爆的构造措施，并对不合理的装饰拆改提出警告。

因此房屋构造在设计和施工中，都应防止这些不利的影响因素。如受力上，设计和施工必须保证工程质量；自然和人为影响上，设计必须采取措施，施工必须按图施工并保证施工质量；在防止乱拆改进行装饰时，物业管理单位必须提出警告，对使用单位或人员，必须提高这方面的知识，以杜绝后患。

二、房屋建筑的等级

房屋建筑根据类别、重要性、使用年限、防火性能等划分了不同等级。（注：这是历史资料文件编入，现供参考）

1. 建筑物耐久性（年限）的等级

（1）建筑物的耐久性等级，即是根据建筑物的使用要求确定的耐久年限，可见表1-1。

（2）从耐久年限可以看出它分为五个等级，100年以上、50~100年、40~50年、15~40年、15年以下。为此要求在设计和建造时，对基础、主体结构（墙、柱、梁、板、屋架）、屋面构造、围护结构（包括外墙、门、窗、屋顶等）以及防水、防腐、抗冻性所用的建筑材料或所采取的防护措施，应与要求的耐久性年限相适应，并在建筑物正常使用期间，定期检查和采取防护维修措施，以达到确保耐久年限的要求。

按耐久性规定的建筑物的等级　　　　表 1-1

建筑物的等级	建筑物的性质	耐久年限
1	具有历史性、纪念性、代表性的重要建筑物（如纪念馆、博物馆、国家会堂等）	100 年以上
2	重要的公共建筑（如一级行政机关办公楼、大城市火车站、国际宾馆、大体育馆、大剧院等）	50 年以上
3	比较重要的公共建筑和居住建筑（如医院、高等院校以及主要工业厂房等）	40~50 年
4	普通的建筑物（如文教、交通、居住建筑以及工业厂房等）	15~40 年
5	简易建筑和使用年限在 5 年以下的临时建筑	15 年以下

2. 建筑物的耐火等级

（1）建筑物的耐火等级分为四级，见表 1-2。

建筑物的耐火等级　　　　表 1-2

构件名称	燃烧性能和耐火极限（小时）			
	耐　火　等　级			
	一　级	二　级	三　级	四　级
承重墙和楼梯间的墙	非燃烧体 3.00	非燃烧体 2.50	非燃烧体 2.50	难燃烧体 0.50
支承多层的柱	非燃烧体 3.00	非燃烧体 2.50	非燃烧体 2.50	难燃烧体 0.50
支承单层的柱	非燃烧体 2.25	难燃烧体 2.00	非燃烧体 2.00	燃烧体
梁	非燃烧体 2.00	非燃烧体 1.50	非燃烧体 1.00	难燃烧体 0.50

构件名称	燃烧性能和耐火极限（小时）			
	耐　火　等　级			
	一　　级	二　　级	三　　级	四　　级
楼板	非燃烧体 1.50	非燃烧体 1.00	非燃烧体 0.50	难燃烧体 0.25
吊顶（包括 吊顶、搁栅）	非燃烧体 0.25	难燃烧体 0.25	非燃烧体 0.15	燃烧体
屋顶的承重 构件	非燃烧体 1.50	非燃烧体 0.50	燃烧体	燃烧体
疏散楼梯	非燃烧体 1.50	非燃烧体 1.00	非燃烧体 1.00	燃烧体
框架填充墙	非燃烧体 1.00	非燃烧体 0.50	非燃烧体 0.50	难燃烧体 0.25
隔墙	非燃烧体 1.00	非燃烧体 0.50	难燃烧体 0.50	难燃烧体 0.25
防火墙	非燃烧体 4.00	非燃烧体 4.00	非燃烧体 4.00	非燃烧体 4.00

注：以木柱承重且以非燃烧材料作为墙体的建筑物，其耐火等级应按四级考虑。

（2）其表中燃烧性能是指建筑构件在明火或高温的作用下，燃烧的难易程度。它可分为非燃烧体、难燃烧体、燃烧体三类。

1）非燃烧体：在空气中受到火烧或高温作用时不起火、不微燃、不碳化的材料，如石材、砖、瓦、混凝土等。

2）难燃烧体：在空气中受到火烧或高温作用时，难以起火、难以微燃、难以碳化，当火源脱离后即停止燃烧的材料，如沥青混凝土。

3) 燃烧体：指在空气中受到火烧或高温作用时，容易起火或微燃，且火源脱离后，仍继续燃烧或微燃的材料，如木材、塑料，布料等。

（3）耐火极限：是指建筑构件遇火后能支承荷载的时间。即从起火燃烧到房屋失掉支承能力，或发生穿透性裂缝，或其背面温度升高到220℃以上时，所需要的时间。

3. 建筑物重要性等级

建筑物按其重要性和使用要求分为五等，为特等、甲等、乙等、丙等、丁等。可见表1-3。

建筑重要性等级 表1-3

等 级	适 用 范 围	建筑类别举例
特 等	具有重大纪念性、历史性、国际性和国家级的各类建筑	国家级建筑：如国宾馆、国家大剧院、大会堂、纪念堂；国家美术、博物、图书馆；国家级科研中心、体育、医疗建筑等 国际性建筑：如重点国际教科文建筑、重点国际性旅游贸易建筑、重点国际福利卫生建筑、大型国际航空港等
甲 等	高级居住建筑和公共建筑	高等住宅：高级科研人员单身宿舍；高级旅馆；部、委、省、军级办公楼；国家重点科教建筑、省、市、自治区级重点文娱集会建筑、博览建筑、体育建筑、外事托幼建筑、医疗建筑、交通邮电类建筑、商业类建筑等
乙 等	中级居住建筑和公共建筑	中级住宅：中级单身宿舍；高等院校与科研单位的科教建筑；省、市、自治区级旅馆；地、师级办公楼；省、市、自治区级一般文娱集会建筑、博览建筑、体育建筑、福利卫生类建筑、交通邮电类建筑、商业类建筑及其他公共类建筑等

等　级	适用范围	建筑类别举例
丙　等	一般居住建筑和公共建筑	一般职工住宅；一般职工单身宿舍；学生宿舍；一般旅馆；行政企事业单位办公楼；中学及小学科教建筑；文娱集会建筑、博览建筑、体育建筑、县级福利卫生类建筑、交通邮电类建筑、商业类建筑及其他公共类建筑等
丁　等	低标准的居住建筑和公共建筑	防火等级为四级的各类建筑，包括住宅建筑、宿舍建筑、旅馆建筑、办公楼建筑、教科文类建筑、福利卫生类建筑、商业类建筑及其他公共类建筑等

三、房屋受荷载后的传递

　　房屋建筑按结构构造建成之后，它在受外界荷载作用下，则由屋顶、楼层，通过板、梁、柱和墙传到基础，再传给地基。我们可以从图1-9及图1-10进行了解。这对我们懂得房屋构造及阅看施工图时，了解到这些构件的作用有所帮助。

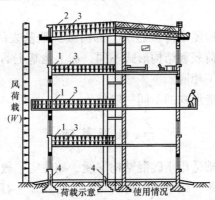

图1-9　多层砖混建筑荷载传递示意图
1—楼面活荷载；2—雪荷载式施工（检修）荷载；
3—楼盖（屋盖）自重；4—墙身自重

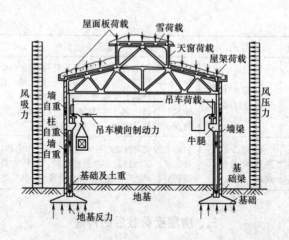

图 1-10　单层工业厂房结构主要荷载传递示意图

第四节　房屋建筑中基础的构造

基础是房屋中传递建筑上部荷载到地基去的中间构件。房屋所受的荷载和结构形式不同，加上地基土的不同，所采用的基础也不相同。

按照构造形式的不同一般分为：

一、条　形　基　础

该类基础适用于砖混结构房屋，如住宅、教学楼、办公楼等多层建筑。做基础的材料可以是砖砌体、石砌体、混凝土材料，以至钢筋混凝土材料，基础的形状为长条形。可见图 1-11。

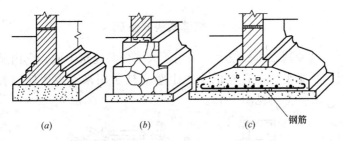

（a）　　　　　（b）　　　　　（c）

图 1-11　条形基础示意图

（a）砖基础；（b）毛石基础；（c）混凝土基础

二、独 立 基 础

该种基础一般用于柱子下面，一根柱子一个基础，往往单独存在，所以称为独立基础。它可以用砖、石材料砌筑而成，上面为砖柱形式；而大多用钢筋混凝土材料做成，上面为钢筋混凝土柱或钢柱。基础形状为方形或矩形，可见图 1-12。

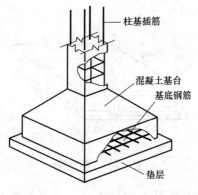

图 1-12　钢筋混凝土独立柱基

三、整体式筏式基础

这种基础面积较大，多用于大型公共建筑下面，它由基板、反梁组成，在梁的交点上竖立柱子用来支承房屋的骨架。其外形可见图1-13。

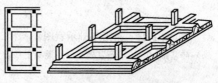

图1-13　筏式基础示意图

四、箱形基础

箱形基础是整体的大型基础，它是把整个基础做成上有顶板，下有底板，中间有隔墙，形成一个空间如同箱子一样，所以称为箱形基础。为了充分利用空间，人们又把该部分做成地下室，可以给房屋增添使用场所。箱形基础的大致形状可见图1-14。

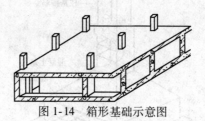

图1-14　箱形基础示意图

五、桩　基　础

桩基础是在地基条件较差时，或上部荷载相对大时采用的房屋基础。桩基础由一根根桩打入土层；或钻孔后放

22

钢筋再浇混凝土做成。打入的桩可用钢筋混凝土材料做成，也可用型钢或钢管做成。桩的部分完成后，在其上做承台，在承台上再立柱子或砌墙来支承上部结构。桩基形状可参看图1-15（a）、（b）。

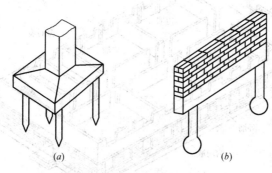

图1-15　桩基

（a）独立柱下桩基；（b）地梁下桩基

第五节　房屋骨架中墙、柱、梁、板的构造

一、墙体的构造

墙体是在房屋中起受力作用、围护作用和分隔作用的构件。

墙在房屋中位置的不同可分为外墙和内墙，外墙是指房屋四周与室外空间接触的墙，内墙是位于房屋外墙包围内的墙体。

按照墙的受力情况又分为承重墙和非承重墙。凡直接承受上部传来荷载的墙，称为承重墙；凡不承受上部荷载只承受自身重量的墙，称为非承重墙。

按照所用墙体材料的不同可分为：砖墙、石墙、砌块墙、轻质材料隔断墙、混凝土墙、玻璃幕墙等。

墙体在房屋中的构造可见图 1-16。

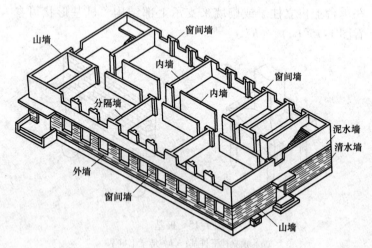

图 1-16　墙体在房屋中的构造

二、柱、梁、板的构造

柱子是独立支撑结构的竖向构件。它在房屋中顶住梁和板这两种构件传来的荷载。

梁是跨过空间的横向构件，它在房屋中承担其上的板传来的荷载，再传到支承它的柱或墙上。

板是直接承担其上面的平面荷载的平面构件，它支承在梁上、墙上或直接支承在柱上，把所受的荷载再传给它们。

柱、梁和板可以是预制的，也可以是在工地现制的。装配式的工业厂房，一般都采用预制好的构件进行安装成骨架，如前面图 1-7 所示；而民用建筑中砖混结构的房屋，其楼板往往用预制的多孔板；框架结构或板柱结构则往往是柱、梁、板现场浇制而成。它们的构造形式可见图 1-17、图 1-18、图 1-19。

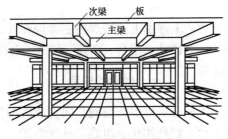

图 1-17　肋形楼盖构造

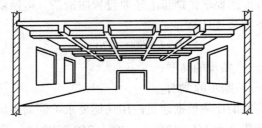

图 1-18　井式楼盖构造

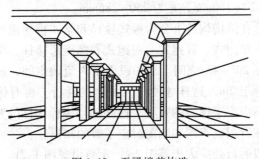

图 1-19　无梁楼盖构造

第六节　房屋的其他构件

房屋中在构造上除了上述的那些主要构件外，还有其他相配套的构件，如楼梯、阳台、雨篷、屋架、台阶等。

一、楼梯的构造

楼梯是供人们在房屋中楼层间竖向交通的构件。它是由梯段、休息平台、栏杆和扶手组成。见图 1-20。

楼梯的休息平台及梯段支承在平台梁上；楼梯踏步又有高度和宽度的要求，踏步上还要设置防滑条。楼梯踏步的高和宽按下面公式计算：

$$2h+b=600\sim620\text{mm}$$

式中　h——踏步的高度；

　　　b——踏步的宽度。

其高宽的比例根据建筑使用功能要求不同而不同。一般住宅的踏步高为 156~175nnn，宽为 250~300mm；办公楼的踏步高为 140~160mm，宽为 280~300mm；而幼儿园的踏步则高为 120~150mm，宽为 250~286mm。

楼梯在结构构造上分为板式楼梯和梁式楼梯两种。在外形上分为单跑式、双跑式、三跑式和螺旋形楼梯。楼梯的坡度一般在 20°~45°之间。楼梯段上下人流的空间，最少处应大于或等于 2m，这样才便于人及物的通行。再有休息平台的宽度不应小于梯段的宽度，这些都是楼梯构件的要求，也是我们在看图、审图和制图时应了解的知识。

梯段通行处应大于等于 2m，示意可见图 1-21。

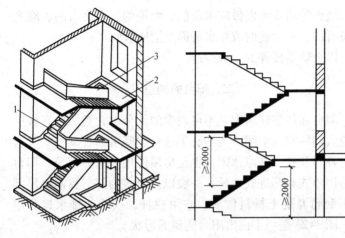

图 1-20 楼梯的构造
1—楼梯段；2—休息平台；
3—栏杆或栏板

图 1-21 梯段通行高度示意

楼梯的栏杆和扶手，在构造上栏杆有板式的、栏杆式的，扶手则有木扶手、金属扶手等。可见图 1-22。栏杆和扶手的高度除幼儿园可低些，其他都应高出梯步 90cm 以上。

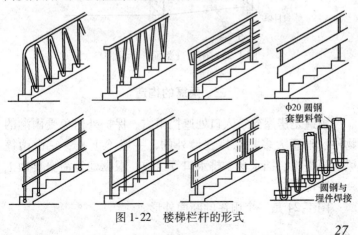

φ20 圆钢
套塑料管

圆钢与
埋件焊接

图 1-22 楼梯栏杆的形式

楼梯的踏步可以做成木质的、水泥的、水磨石的、磨光花岗石的、地面砖的或在水泥面上铺地毯的。

以上就是楼梯的一般构造。

二、阳台的构造

阳台在住宅建筑中是不可缺少的部分。它是居住在楼层上的人们的室外空间。人们有了这个空间可以在其上晒晾衣服、种栽盆景、乘凉休闲，也是房屋使用上的一部分。阳台分为挑出式和凹进式两种，一般以挑出式为好。目前挑出部分用钢筋混凝土材料做成，它由栏杆、扶手、排水口等组成。图 1-23 是一个挑出阳台的侧面形状。

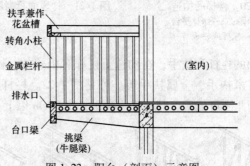

图 1-23　阳台（剖面）示意图

三、雨篷的构造

雨篷是房屋建筑入口处遮挡雨雪、保护外门免受雨淋的物件。雨篷大多是悬挑在墙外的，一般不上人。它由雨篷梁、雨篷板、挡水台、排水口等组成，根据建筑需要再做上一些装饰。

图 1-24 是一个雨篷的断面外形。

28

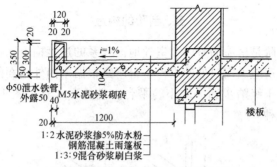

图 1-24 雨篷（剖面）构造示意图

四、屋架和屋盖构造

民用建筑中的坡形屋面和单层工业厂房中的屋盖，都有屋架这个构件。屋架是跨过大的空间（一般在 12~30m）的构件。它承受屋面上所有的荷载，如风压、雪重、维修人的活动、屋面板（或檩条、椽子）、屋面瓦或防水层、保温层的重量。屋架一般两端支承在柱子上或墙体和附墙柱上。工业厂房的屋架可参看前面的图 1-7，民用建筑坡屋面的屋架及构造可看图 1-25。

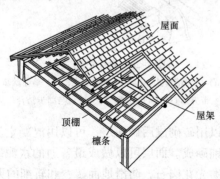

图 1-25 坡屋面及屋架构造形式

五、台阶的构造

台阶是房屋的室内和室外地面联系的过渡构件。它便于人们在房屋大门口处的出入。台阶是根据室内外地面的高差做成若干级踏步和一块小的平台。它的形式有如图 1-26 所示的几种。

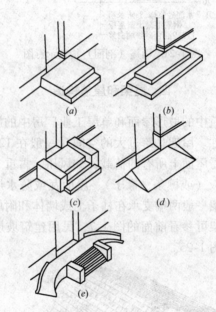

图 1-26　台阶的形式

(a) 单面踏步式；(b) 三面踏步式；(c) 单面踏步
带方形石；(d) 坡道；(e) 坡道与踏步结合

台阶可以用砖砌成后做面层，可以用混凝土浇筑成，也可以用石材铺砌成。面层可以做成最普通的水泥砂浆，可做成水磨石，磨光花岗石，防滑地面砖，和斩细的天然石材。

第七节　房屋中的门窗、地面和装饰

一、门和窗的构造

门和窗是现代建筑不可缺少的建筑构件。门和窗不但有实用价值，还有建筑装饰的作用。窗是房屋上阳光和空气流通的"口子"；门则主要是分隔开的房间之间的人流主要通道，当然也是空气和阳光要经过的通道"口子"。门和窗在建筑上还起到围护作用，起到安全保护、隔声、隔热、防寒、防风雨的作用。

门和窗按其所用材料的不同分为：木门窗、钢门窗、钢木组合门窗、铝合金门窗、塑料或塑钢门窗，还有贵重的铜门窗和不锈钢门窗，以及用玻璃做成的无框厚玻璃门窗等等。

门窗构件与墙体的结合是：木门窗用木砖和钉子把门窗框固定在墙体上，然后用五金件把门窗扇安装上去；钢门窗是用铁脚（燕尾扁铁联结件）铸入墙上预留的小孔中，固定住钢门窗，钢门窗扇是钢铰链用铆钉固定在框上的；铝合金门窗的框是把框上设置的安装金属条，用射钉固定到墙体上，门扇则用铝合金铆钉固定在框上，窗扇目前采用平移式为多，安装在框中预留的滑框内；塑料门窗基本上与铝合金门窗相似。其他门窗也都有它们特定的办法和墙体相联结。

按照形式，门可以分为：夹板门、镶板门、半截玻璃门、拼板门、双扇门、联窗门、推拉门、平开大门、弹簧门、钢木大门、旋转门等；窗有平开窗、推拉窗、中悬窗、上悬窗、下悬窗、立转窗、提拉窗、百叶窗、纱窗等。

根据所在位置不同，门有：围墙门、栅栏门、院门、大门（外门）、内门（房门、厨房门、厕所门），还有防盗门等；窗有外窗、内窗、高窗、通风窗、天窗、"老虎窗"等。

　　以单个的门窗构造来看，门有门框、门扇，框又分为上冒头、中贯档、门框边梃等，门扇由上冒头、中冒头、下冒头、门边梃、门板、玻璃芯子等构成。可参看图1-27。

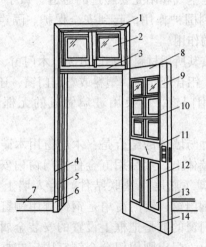

图 1-27　木门的各部分名称

1—门樘冒头；2—亮子；3—中贯档；4—贴脸板；5—门樘边梃；
6—墩子线；7—踢脚板；8—上冒头；9—门梃；10—玻璃芯子；
11—中冒头；12—中梃；13—门肚板；14—下冒头

　　窗由窗框、窗扇组成，窗框由上冒头、中贯档、下冒头组成；窗扇由窗扇梃，窗扇的上、下冒头和安装玻璃的窗棂构成。可见图1-28。

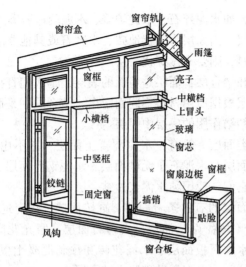

图 1-28 窗的组成

二、楼面和地面层次的构造

楼面和地面是人们生活中经常接触行走的平面，楼地面的表层必须清洁、光滑。在人类开始时，地面就是压实稍平的土地；在烧制砖瓦后，开始用砖或石板铺地，后来用木地板；近代建筑开始时用水泥地面，而到目前地面的种类真是不胜枚举。

地面的构造必须适合人们生产生活的需要。楼面和地面的构造层次一般有：

基层：地面时，它的基层是基土；在楼层时它的基层是结构楼板（现浇板或预制空心板）。

垫层：它是基层以上的构造层。地面的垫层可以是灰土或素混凝土，或两者叠加起来成为地面的垫层；在楼面空心板上一般用细石混凝土做垫层。

填充层：在有隔声、保温等要求的楼面则设置轻质材料

33

的填充层，如水泥蛭石、水泥炉渣、水泥珍珠岩等。

找平层：当面层为陶瓷地砖、水磨石或其他要求面层很平整的材料，则要先做好找平层。

面层和结合层：面层是地面的表层，是人们直接接触的一层，面层根据所用材料不同而定名，结合层则是面层与找平层间起粘结作用的一层中间层。

水泥类面层一般有：水泥混凝土面层，它不用结合层；水泥砂浆面层、水泥石子无砂面层、水泥钢屑面层、水磨石面层等，它们一般用纯水泥浆做结合层。

块材面层的有：条石面层、缸砖面层、陶瓷地砖面层、陶瓷锦砖（马赛克）面层、大理石面层、磨光花岗石板面层、预制水磨石板面层、水泥花砖和预制混凝土板面层等。这些材料往往用水泥细砂砂浆做结合层。

其他面层如有：木板面层（即木地板）、塑料面层（即塑料地板）、沥青砂浆及沥青混凝土面层、菱苦土面层、不发火（防爆）面层等。

面层必须在其下面的构造层次做完后，才能进行施工。图1-29为楼面和地面的构造层次的一种类型的示意图，供参考。

三、屋盖及屋面防水层的构造

目前的房屋建筑的屋盖系统，一般分为两大类。一种是坡屋顶，一种是平屋顶。坡屋顶通常用屋架、檩条、屋面板和瓦屋面组成；平屋面则是在屋顶的平板上做保温层、找平层、防水层。无保温层的有的则做架空隔热层。

屋盖是房屋中顶部的围护结构，它起到防风雨、日晒、冰雪，以及保温、隔热的作用；在结构上也起到支撑稳定墙身的作用。

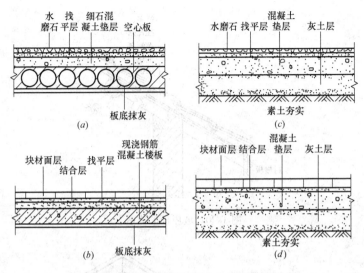

图 1-29　楼板上楼面和基土上地面构造形式

1. 坡屋顶的构造

　　坡屋顶屋面的坡度角一般大于 15°，它便于倾泄雨水，防雨排水作用较好。屋面形成坡度可以是硬山搁檩或屋架的坡度造成。它的构造层次是：屋架、檩条、望板（或屋面板）、油毡、顺水条、挂瓦条、平瓦等，可见图 1-30 所示剖面。

2. 平屋顶的构造

　　所谓平屋顶即屋面坡度小于 5% 的屋顶。当前主要由钢筋混凝土屋顶板为构造的基层，其上可做保温层如水泥珍珠岩或沥青珍珠岩，再做找平层（用水泥砂浆），最后做防水层。平屋面防水层又分为刚性防水层、卷材防水层和涂膜防水层三种。其屋面的构造和细部防水层的做法可见图 1-31、图 1-32。

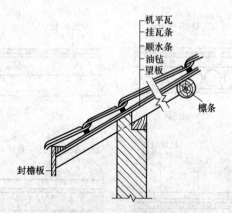

图 1-30　坡屋面的构造

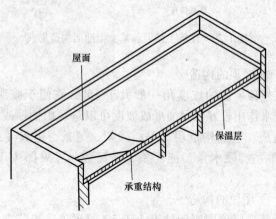

图 1-31　平屋面示意图

四、房屋内外的装饰和构造

　　装饰是增加房屋建筑的美感，也是体现建筑艺术的一种手段。犹如人们得体的服装和美容一样，在现代建筑中装饰将不可缺少。

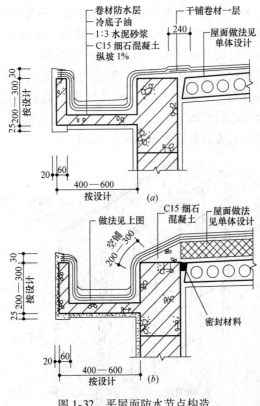

图 1-32 平屋面防水节点构造

(a) 无保温屋顶；(b) 有保温屋顶

装饰分为外装饰和室内装饰。外装饰是在建筑的外部如墙面、屋顶、柱子、门、窗、勒脚、台阶等表面进行美化；内装饰是在房屋内对墙面、顶棚、门、窗、卫生间、内庭院等进行建筑美化。

1. 墙面的装饰

在外墙面上，当前采用的有在水泥抹灰面上作出各种线条的墙面上涂以各种色彩涂料，增加美观；还有用饰面材料粘贴进行装饰，如墙面砖、锦砖、大理石、镜面花岗石等；以及风行一时的玻璃幕墙，利用借景来装饰墙面。

内墙面的装饰一般以清洁、明快为主，最普通的是抹灰面加内墙涂料，或粘贴墙纸，较高级些的做石膏墙面或木板、胶合板进行装饰。

墙面的装饰构造层次可以见图 1-33。

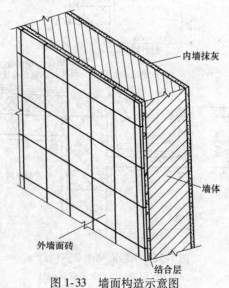

内墙抹灰

墙体

外墙面砖

结合层

图 1-33　墙面构造示意图

2. 屋顶部分的装饰

屋顶的装饰，最明显的是我国古代的建筑，如飞檐、戗角，高屋建瓴的脊势给建筑带来庄重与气派。现代建筑中的女儿墙、大檐子；空架式的屋顶等装饰构造，也给建筑增添了情趣。

3. 柱子的装饰和构造

如果毛坯的混凝土柱直接外露，则不会给人带来美感，而当它外面包上一层镜面不锈钢的面层，就会使人感到新颖。当然柱子的外层可以用各种方法装饰得美观，但在构造上主要靠与结构的联结，才能保证长期良好的使用。图1-34是柱子外包大理石的构造。

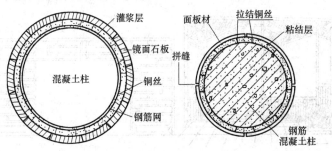

图 1-34　石板饰面柱构造断面

4. 勒脚和台阶的构造

勒脚和台阶目前很多采用石材在墙外进行装饰，可达到稳重、庄严的效果。它采用与柱子相同的方法与结构联结构造。

5. 顶棚的装饰构造

人们在对平板的顶棚不感兴趣后，开始设想把它立体的、多变的增加一些线条，如用石膏粘贴花饰或做成重叠的顶棚，来达到装饰的效果。

6. 门和窗的装饰

在门窗的外圈加以修饰，使门窗的立体感更强，再在门窗的选形上、本身花饰上增加线条或图案，也起到装饰效果，成为房屋建筑装饰的一部分。

7. 其他的装饰构造

为了室内适用和美观，往往要做些木质的墙裙、木质花式隔断，为采光较好有些隔断做成铝合金骨架并装透光不见形的玻璃，有些公共建筑的走廊为了增添些花饰，在廊柱之间做些中国古建中的挂落等。总之，室内外为了增加建筑外观美和实用性而出现的各种装饰造型，在今后的建筑中将会不断增加。图 1-35 及图 1-36 为花式隔断和挂落的形式。

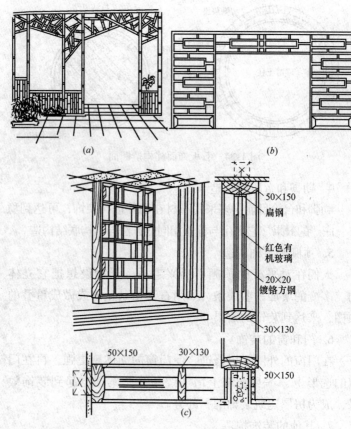

图 1-35　竹木花格空透式隔断示例
(a) 竹花格隔断；(b) 木花格隔断；(c) 木花格隔断的构造

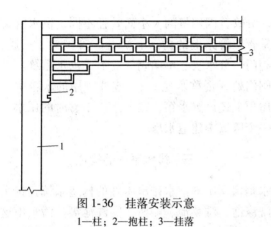

图1-36 挂落安装示意
1—柱；2—抱柱；3—挂落

第八节 水电等安装在房屋建筑中的构造

完整的房屋建筑必须具备给水，排水，电气，暖卫，乃至空调和电梯，配套构造于房屋之中。

一、电气方面的构造

在房屋中，外电线入户必须有配电箱，通过配电箱出来有线路（线路分为明线和暗线，暗线是用铁管埋置于墙、柱或顶棚内的），再送电到各个电气配件上。电气配件有灯座、开关、插销、接线匣等，还有动力线路则连到一些设备的动力配电箱或闸刀开关上。这些是电气设施在房屋上不可缺的构造。在后面的电气图介绍中可以看到。

二、给水系统的构造

给水即俗称的"自来水"，从城市管道分支进入房屋的。它的构造是进屋前有进水水表（水表设置在水表井中），入户主管、分管，因用量的大小而管径不同，供水管又分为立管和水平管，管路上的构造有法兰、管接头、三通、弯头、丝堵、阀门、分水表、单向阀等，形成供水系统。供至使用地点的阀门处（俗称水龙头），或冲厕用的水箱中。有的地方在房屋顶上还设置水箱，调节水压不够时的用水。也有的地方在一个区域中建造水塔。

三、排水系统的构造

排水是房屋中的污水排出屋外的构造系统。排水有排水源，如洗涤池、洗菜池、厕所、盥洗池等。污水由这些地方排出流向污水管道再排到室外窨井、化粪池至城市污水管道。房屋内污水管现在开始采用合格的塑料管，管路上亦有如存水弯头、弯头、三通、管子接头、清污口、地漏等构造，污水通过水平管及立管排至室外。污水管道由于比较粗大，在高级一些的建筑中，水平管往往置于吊顶中，达到遮掩的目的；立管则集中于竖向通道俗称"管弄"的建筑构造中隐蔽起来，维修时有专用门开启进入修理。

四、暖卫系统的构造

所谓暖即是采暖，在我国北方地区的建筑中，都要设置，俗称"暖气"。它由锅炉房通过供热管道将热水或蒸汽送到每幢房屋之中。供蒸汽的管道要求能承受较大的压力，供热水的一般可以用给水系统一样的管材安装。其构造和给水系统一样有法兰、管接、弯头等。所不同的是送至室内后是接在根据需要而设置的散热器上，散热器有进入热水的进入管和排出冷却水的排出管。

所述的"卫"是指卫生设备，是指排水系统中污水源处的一些装置，如浴缸、脸盆、洗手池等。目前这些卫生设备的档次、外观、质量不断提高，而变为室内装饰的一种设施，这也是与过去建筑所不同的地方。

五、空调和电梯的构造

空调与电梯实际上是不相关的，但建筑中较普遍地已配置了该类构造设施。

1. 空调

空调设施是使房屋内空气和湿度保持一定值的装置。它由空调机房把一定温度（夏季低于25℃，冬季高于15℃）及湿度的空气，通过通风管道送到房屋内。它有进风口、排风口和通风管组成系统。由于管道要保温，又粗大，一般隐蔽在吊顶内、管弄内不被人观察到。在进入室内的通风口下，一般设置调节开关，由人们根据需要调节风量。

2. 电梯

电梯分为层间的"自动楼梯"和竖向各层间的升降电梯。前者目前在商场、宾馆用得较多；后者在医院、高层建筑、商业的多层建筑中设置。

"自动楼梯"两端支座在房屋的结构上。它由机架、电动机、传动带、梯步等组成。要求土建施工时，留出的空间准确，否则放置不下就很麻烦。其大致形状可见图1-37。

电梯由卷扬机、梯笼、平衡重、钢丝绳、滑道等组成。土建上要建造专门的梯井，施工时要按图、尺寸准确的建造好这个竖向通道。每层还要留出出入的门洞。

我们在本章房屋建筑的构造中，较详细地介绍了房屋的各个部分，目的是使我们对房屋建筑有个初步印象，为我们学习看建筑施工图打下基础。房屋的建筑施工图是设计人员

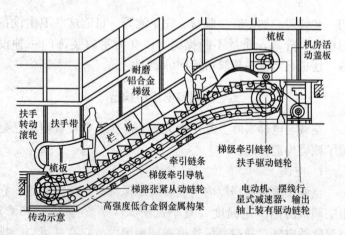

图 1-37　自动楼梯构造示意图

把房屋的构造绘成图样，再要求施工人员把图纸上平面的东西，变成立体的建筑实物。因此看懂施工图纸对搞好施工很重要。

从历史上到今天，施工图纸是人们在实践中总结形成的，同时它又是通过形象思维再设计出新的建筑的图纸。加上结构理论、建筑材料、施工技术的发展，建筑设计、建筑艺术也将不断更新、创造，出现各种各样的施工图纸。但是只要我们了解和掌握了房屋构造的知识，有房屋的立体形象，那么对学会看懂建筑施工图就不难了。

第二章　建筑施工图的概念

第一节　什么是建筑施工图

人们在生活中所见到的高楼大厦，工业生产使用的高大多样的厂房，都是随着社会经济发展而兴建起来的。我们在施工建造这些建筑物时，事先都要由从事设计工作的工程技术人员进行设计，通过设计形成一套建筑物的建筑施工图纸。这些图纸外观为蓝色，所以常常被称为"蓝图"。而当前随着科学技术的发展，采用计算机绘图技术之后，图纸将由过去的蓝色变为白纸上由黑色线条绘成的图纸了，蓝图这个名词将成宏伟规划的文学语言，真正的蓝图将成为历史。

在这些施工图纸上，运用各种线条绘成各种形状的图样，建筑施工时就根据这些图样来建造房屋。如同做衣服一样，裁剪时需要先划成一片片样子，最后拼缝成整件衣服。不同的是建筑房屋不像做衣服那样简单，而是要按照图纸上所定的尺寸和所用的建筑材料，制成各类不同的构件，按照一定的构造原理组建而成。

概括地说："建筑施工图就是在建筑工程上所用的，一种能够十分准确地表达出建筑物的外形轮廓、大小尺寸、结构构造和材料做法的图样。"

建筑施工图是房屋建筑施工时的主要依据，施工人员必须按图施工，不得任意变更图纸或无规则施工。因此作为建筑施工人员（包括施工技术人员和技术工人）必须看懂图纸，记住图纸的内容和要求，这是搞好施工必须具备的先决条件。同时，学好图纸、审核图纸也是在施工准备阶段的一项重要工作。

为了进一步说明什么是建筑施工图，我们在下面的几节中将介绍图纸是怎样形成的，图纸上的尺寸、比例、标高等意义，图纸的种类和它们的大致内容。结合第一章房屋构造的概念，我们可以在今后的章节中结合看图，掌握看懂建筑施工图。

第二节　图纸的形成

建筑施工图是按照一定原理绘制而成的。为了给看图纸作一些技术准备，我们在这里谈谈投影的概念与视图如何形成。一是从实物通过投影变为图形的原理说明物与图之间的关系；二是从利用投影原理见到的视图说明形成图纸的道理。

一、什么叫投影

在日常生活中我们常常看到影子这种自然现象。如在阳光照射下的人影、树影、房屋或景物的影子。在图 2-1 上我们就可以看出，这是一座栏杆在阳光照射下的影子。

我们知道，物体产生影子需要两个条件，一要有光线，其次要有承受影子的平面，缺一不行。而影子一般只能大致反映出物体的形状，如果要准确地反映出物体的形状和大小，就要对影子进行"科学的改造"，使光线对物体的照射按一定的规律进行。这时光线在承影面上产生的影子就能够准确反映物体的形状和大小。那么要什么样的光线呢？我们说这种光线要互相平行，并且垂直照射物体和投影平面，由此产生的该物体某一面的"影子"，这种影子就称为物体这一面的投影。如图 2-2 是一块三角板的投影。这里要说明图上几个图形：（1）图上的箭头表示投影方向，虚线为投影

46

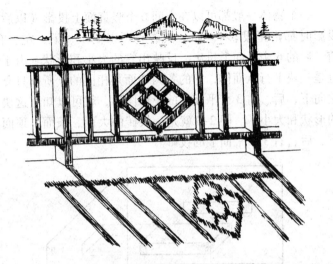

图 2-1 阳光照射下的影子

线。（2）*A–A* 平面称为投影平面。（3）三角板就是投影的
物体。我们给这种投影方法称为正投影。正投影是建筑图中
常用的投影方法。

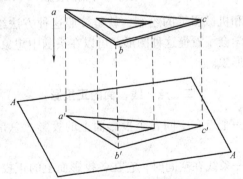

图 2-2 三角板的正投影

一个物体一般都可以在空间 6 个竖直面上投影（以后讲投影时都指正投影），如一块砖它可以向上、下、左、右、前、后的 6 个平面上投影，反映出它的大小和形状。由于砖也是一块平行六面体，它的各两个面是相同的，所以只要取它向下、后、右 3 个平面上的投影图形，就可以知道这块砖的形状和大小了。图 2-3 就是一块砖的大面、条面、顶面在下、后、右 3 个平面上的投影。

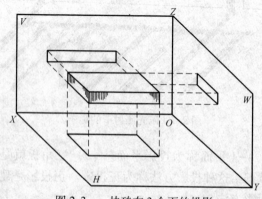

图 2-3　一块砖在 3 个面的投影

建筑和机械图纸的绘制，就是按照这种方法绘出来的。我们只要学会了看懂这种图形，可以在头脑中想象出一个物体的立体形象。

二、点，线，面的正投影

（1）一个点在空间各个投影面上的投影，总是一个点。见图 2-4。

（2）一条线在空间时，它在各投影面上的正投影，是由点和线来反映的。如图 2-5（a）、（b）所示，是一条竖直向下和一条水平的线的正投影。

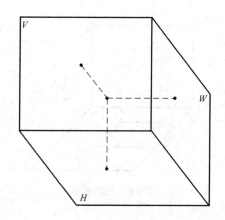

图 2-4　点的投影

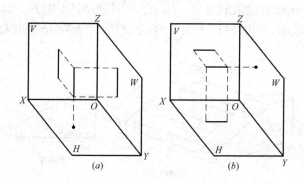

图 2-5　线的投影

（3）一个几何形的面，在空间向各个投影面上的正投影，是由面和线来反映的。如图 2-6 所示是一个平行于底下投影面的平行四边形平面，在 3 个投影面上的投影。

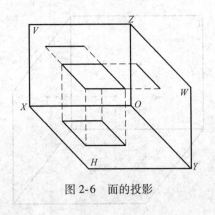

图 2-6　面的投影

三、物体的投影

物体的投影比较复杂，它在空间各投影面上的投影，都是以面的形式反映出来的。如图 2-7 所示就是一个台阶外形的正投影。

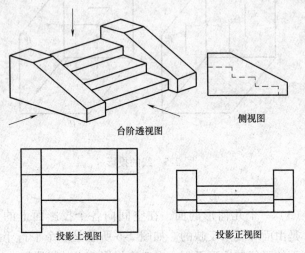

台阶透视图

侧视图

投影上视图

投影正视图

图 2-7　物体的投影视图

对于一个空心的物体，如一个关闭的木箱，仅它外表的投影，是反映不出它的构造的，为此人们想出一个办法，用一个平面在中间切开它，让它的内部在这个面上投影，得到它内部的形状和大小，从而才能反映这个物体的真实。建筑物也类似这样的物体，仅外部的投影（在建筑图上叫立面图）不能完全反映建筑物的构造，所以要有平面图和剖面图等来反映内部的构造。图 2-8 是一个箱子剖切后的内部投影图，水平切面的投影相似于建筑平面图，垂直切面的投影相似于建筑剖面图。

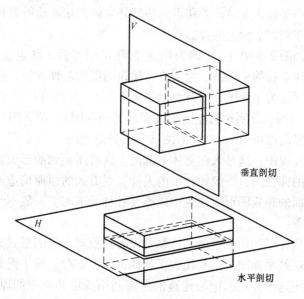

图 2-8　平面剖切物体图示

四、视　图

视图就是人从不同的位置所看到的一个物体在投影平面上投影后所绘成的图纸。一般分为：

上视图：即人在这个物体的上部往下看，物体在下面投影平面上所投影出的形象。

前、后、侧视图：是人在物体的前、后、侧面看到的这个物体的形象。

剖视图：这是人们假想一个平面把物体某处剖切开后，移走一部分，人站的未移走的那部分物体剖切面前所看到的物体在剖切平面上的投影的形象。

如图 2-9 中（a）即为用水平面 H 剖切后，移走上部，从上往下看的上视图。为了符合建筑图纸的习惯称法，这种上视图称为平面图（实际是水平剖视图）。另外（b）、（c）、（d）三图，分别称为立面图（实际是前视图）；剖面图（实际是竖向剖视图）；侧立面图（实际是侧视图）。

仰视图：这是人在物体下部向上观看所见到的形象。建筑中的仰视图，一般如在室内人仰头观看到的顶棚构造或吊顶平面的布置图形。建筑中顶棚无各种装饰时，一般不绘制仰视图。

从视图的形成说明物体都可以通过投影用面的形式来表达。这些平面图形又都代表了物体的某个部分。施工图纸就是采用这个办法，把想建造的房屋利用投影和视图的原理，绘制成立面图、平面图、剖面图等，使人们想象出该房屋的形象，并按照它进行施工变成实物。

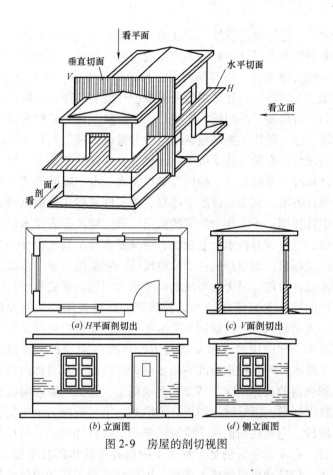

看平面

垂直切面

水平切面

看立面

看剖面

(a) H平面剖切出

(c) V面剖切出

(b) 立面图

(d) 侧立面图

图 2-9　房屋的剖切视图

第三节　建筑施工图的内容

一、建筑施工图的设计

建筑工程图纸的设计，是由建设方通过招标选择设计单位之后，进行委托设计。设计单位则根据建设方提供的设计任务书和有关设计资料，如房屋的用途、规模、建筑物所定现场的自然条件、地理情况等，按照设计方案、规划要求、建筑艺术风格、计算采用数据等来设计绘制成图。一般设计绘制成可以施工的图纸，要经过 3 个阶段。首先是初步设计阶段，这一阶段主要是根据选定的方案设计进行更具体更深入的设计。在论证技术可能性、经济合理性的基础上，提出设计标准、基础形式、结构方案以及水、电、暖通等各专业的设计方案。初步设计的图纸和有关文件只能作为提供研究和审批使用，不能作为施工的依据。第二阶段称为技术设计阶段，它是针对技术上复杂或有特殊要求而又缺乏设计经验的建设项目，而增加的一个阶段设计。它是用以进一步解决初步设计阶段一时无法解决的一些重大问题，如初步设计中采用的特殊工艺流程须经试验研究，新设备须经试制及确定，大型建筑物、构筑物的关键部位或特殊结构须经试验研究落实，建设规模及重要的技术经济指标须经进一步论证等。技术设计是根据批准的初步设计进行的，其具体内容视工程项目的具体情况、特点和要求确定，其深度以能解决重大技术问题，指导施工图设计为原则。第三阶段为施工图设计阶段，它是在前面两个阶段的基础上进行详细的、具体的设计。它主要是为满足工程施工中的各项具体的技术要求，提供一切准确可靠的施工依据。因此必须把工程和设备各构成部分的尺寸、布置和主要施工做法等，绘制出正确的、完整和详细的建筑和安装详图及必要的文字说明和工程概算。整套施工图纸是设计人员的最终成果，也是施工单位进行施工的主要依据。

二、建筑施工图的种类

1. 建筑总平面图

建筑总平面也称为总图，它是整套施工图中领先的图纸。它是说明建筑物所在的地理位置和周围环境的平面图。一般在图上标出新建筑的外形、层次、外围尺寸、相邻尺寸；建筑物周围的地物、原有建筑、建成后的道路，水源、电源、下水道干线的位置，如在山区还要标出地形等高线等。有的总平面图，设计人员还根据测量确定的坐标网，绘出需建房屋所在方格网的部位和水准标高；为了表示建筑物的朝向和方位，在总平面图中，还绘有指北针和表示风向的风玫瑰图等。

同时伴随总图还有建筑的总说明，说明以文字形式表示，主要说明建筑面积、层次、规模、技术要求、结构形式、使用材料、绝对标高等应向施工者交代的一些内容。

2. 建筑部分的施工图

建筑部分的施工图主要是说明房屋建筑构造的图纸，简称为建筑施工图，在图类中以建施××图标志，以区别其他类图纸。建筑施工图主要将房屋的建筑造型、规模、外形尺寸、细部构造、建筑装饰和建筑艺术表示出来。它包括建筑平面图、建筑立面图、剖面图和建筑构造的大样图（或称详图），还要注明采用的建筑材料和做法要求等。

3. 结构施工图

结构施工图部分是说明一座建筑物基础和主体部分结构构造和要求的图纸。它包括结构类型、结构尺寸、结构标高、使用材料和技术要求以及结构构件的详图和构造。这类图纸在图标上的图号区内常写为结施××图。它也分为结构平面图、结构剖面图和结构详图，由于基础图归在结构图中，因此把地质勘察的图也附在结构施工图一起交给施工单位。

4. 电气设备施工图

电气设备的图纸主要说明房屋内电气设备位置、线路走向、总需功率、用线规格和品种等构造的图纸。它分为平面图、系统图和详图，还在这类图的前面有技术要求和施工要求的设计说明文字。

5. 给水、排水施工图

这类图纸主要表明一座房屋建筑中需用水点的布置和它用过后排出的装置，俗称卫生设备的布置，上、下水管线的走向、管径大小、排水坡度、使用的卫生设备品牌、规格、型号等。这类图亦分为平面图、透视图（或称系统图）以及详图（尤其盥洗间），还有相应的设计说明。

6. 采暖和通风空调施工图

采暖施工图主要是北方需供暖地区要装置的设备和线路的图纸。它有区域的供热管线的总图，表明管线走向，管径、膨胀穴等；在进入一座房屋之后要表示立管的位置（供热管和回水管）和水平管走向，散热器装置的位置和数量、型号、规格、品牌等。图上还应表示出主要部位的阀门和必需的零件。这类图纸亦分为平面图、透视图（系统图）和详图。以及对施工的技术要求等设计说明。

通风空调施工图是在房屋建筑功能日趋提高后出现的。图纸可分为管道走向的平面图和剖面图。图上要表示它与建筑的关系尺寸、管道的长度和断面尺寸、保温的做法和厚度。在建筑上还要表示出回风口的位置和尺寸，以及回风道的建筑尺寸和构造。通风空调图中同样也有所要求的技术说明。

三、图纸的规格

所谓图纸的规格就是图纸幅面大小的尺寸。为了做到建筑工程制图基本统一，清晰简明，提高制图效率，满足设计、施工、存档的要求，国家制订了全国统一的标准:《房屋建筑制图统一标准》GB/T 50001-2001。该标准规定，图纸幅面的基本尺寸为五种，其代号分别为 A0、A1、A2、A3、A4、各类尺寸大小如表 2-1 所示:

图纸的规格尺寸　　　　　　　　表 2-1

幅面代号 尺寸代号	A0	A1	A2	A3	A4
$b×l$	841×1189	594×841	420×594	297×420	210×297
c		10		5	
a			25		

其图纸格式如图 2-10 所示。

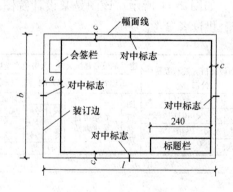

图 2-10　图纸的格式

为了适应建筑物的具体情况，平面尺寸有时要适当放大，所以《房屋建筑制图统一标准》中又规定了图纸长边可以加长的尺寸。其加长的规定见表 2-2。

图纸长边加长尺寸（mm） 表 2-2

幅面尺寸	长边尺寸	长边加长后尺寸
A0	1189	1486　1635　1783　1932　2080　2230　2378
A1	841	1051　1261　1471　1682　1892　2102
A2	594	743　891　1041　1189　1338　1486　1635　1783　1932　2080
A3	420	630　841　1051　1261　1471　1682　1892

注：有特殊需要的图纸，可采用 $b×l$ 为 841×891 与 1189×1261 的幅面，图纸的短边不得加长。

四、图标与图签

图标和图签是设计图框的组成部分。图标是说明：设计的单位、图纸的名称、编号及设计人员、工程名称、建设单位等的表格。如图 2-11 所示。该图是某设计院图纸上图标的具体例子，供读者参考。

××市规划设计研究院有限责任公司				建设单位名称	××市××房地产发展有限公司		
				工程名称	××湖·湖滨住宅区		
审定	×××	校对	×　×	图纸名称	6号房首层平面图	设计证号	
审核	×　×	设计	×××			设计号码	2007-Ⅱ-E-046
工程负责人	×××	制图	×　×			工程号码	××××
工种负责人	×××					图纸编号	××4　04／16
						日　期	
240（或 200）							

图 2-11　图标的格式

图标的位置一般在图纸的右下角。图标的尺寸在国家标准中也有规定，其长边的长度应为 240mm：短边的长度宜采用 40、30mm 两种尺寸。凡是为对外工程设计的，图标的设计单位名称前应加"中华人民共和国"的字样，并在各项主要内容的中文下方应附有译文。

图签是供需要会签的图纸用的。一个会签栏不够用时，可另加一个，两个会签栏应并列；不需要会签的图纸，可不设会签栏。

图签位于图纸的左上角，其尺寸应为 100mm×20mm，栏内应填写会签人员所代表的专业、姓名、日期（年、月、日）。具体形式见图 2-12。

图 2-12 图签的格式

五、施工图的编排顺序

一套房屋建筑的施工图按其建筑的复杂程度不同，可以由几张图或几十张图组成。大型复杂的建筑工程的图纸可以多到上百张、几百张。因此设计人员应按照图纸内容的主次关系，系统地编排顺序。例如基本图在前，详图在后；总体图在前，局部图在后；主要部分在前，次要部分在后；布置图在前，构件图在后等方式编排。

一般一套建筑施工图纸的排列程序是：图纸目录、设计总说明及各专业设计的说明、建筑总平面图、建筑施工图、结构施工图、电气工程施工图、给水排水施工图、采暖通风施工图等。有的地方还有煤气管道、弱电工程的施工图，但大部分地区这由专业公司设计和施工。在本书中我们对弱电将不作介绍。表2-3为一张普通施工图的目录的例子，仅供读者参考。

××设计院图纸目录实例 表2-3

××市××建筑设计院		图纸目录		第×页	共×页
建设单位	××开发公司	设计编号		工程号码	
工程名称	××区标准厂房	子项名称		设计专业	建筑
图纸编号	图纸名称			图幅	备注
建施1	工程说明、构造做法、门窗表			A1	
建施2	1#厂房平面图			A0	
建施3	1#厂房立面图			A0	
建施4	1#厂房剖面图			A1	
建施5	1#厂房节点详图			A1	

采用的标准图

序　号	代　号	名　称	编制单位
2	×省J9803	屋面建筑构造	省标准所
4	×省J9806	楼　梯	//
6	×省J9808	室外工程	//
工程负责人	校对人	编制人	日期

图纸目录主要是给学图者便于查阅图纸，通常放在全套图纸的最前面。图纸目录上图号的编排程序应与图纸相一

致。一般单张的图纸在图标内的图号用建施××或结施××的方法来表示。相应的目录表中亦应有该编号的图纸号，这样才能前后相一致。

第四节 建筑施工图上的一些名称

前面介绍了图纸的内容、种类，这里要讲的是为了看懂图纸必须懂得图上的一些图形、符号，作为看图的准备。下面我们从基本的线条开始介绍。

一、图 线

在建筑施工图中，为了表示不同的意思，并达到图形的主次分清，必须采用不同的线型和不同宽度的图纸来表达。

1. 线型的分类

线型分为实线、虚线、点划线、双点划线、折断线、波浪线等，见表2-4。

线的类型表 表2-4

名 称		线 型	线 宽	一般用途
实线	粗	——————	b	主要可见轮廓线
	中	——————	$0.5b$	可见轮廓线
	细	——————	$0.25b$	可见轮廓线、图例线等
虚线	粗	- - - - - -	b	见有关专业制图标准
	中	- - - - - -	$0.5b$	不可见轮廓线
	细	- - - - - -	$0.25b$	不可见轮廓线、图例线等

名　　称		线　　型	线　宽	一　般　用　途
单点长划线	粗	—·—·—·—	b	见有关专业制图标准
	中	—·—·—·—	$0.5b$	见有关专业制图标准
	细	—·—·—·—	$0.25b$	中心线、对称线等
双点长划线	粗	—··—··—	b	见有关专业制图标准
	中	—··—··—	$0.5b$	见有关专业制图标准
	细	—··—··—	$0.25b$	假想轮廓线、成型前原始轮廓线
折断线		——∕∨———	$0.25b$	断开界线
波浪线		∼∼∼∼∼	$0.25b$	断开界线

前四类线型分为粗、中、细 3 种，后两种一般为细线，线的宽度用 b 作单位，b 的宽度按国家标准以下表 2-5 取值。

线的宽度表　　　　　　　　表 2-5

线宽比	线宽组（mm）					
b	2.0	1.4	1.0	0.7	0.5	0.35
$0.5b$	1.0	0.7	0.5	0.35	0.25	0.18
$0.25b$	0.5	0.35	0.25	0.18	—	—

注：对于图框线、标题栏外框，线宽可以由 0.7~1.4 选择。

2. 线条的种类和用途

线条的种类有定位轴线、剖面的剖切线、中心线、尺寸线、引出线、折断线、虚线、波浪线、图框线等多种，现分别说明如下：

定位轴线：采用细单点长划线表示。它是表示建筑物的主要结构或墙体的位置，亦可作为标志尺寸的基线。定位轴线一般应编号。在水平方向的编号，采用阿拉伯数字，由左向右依次注写；在竖直方向的编号，采用大写汉语拼音字母，由下而上顺序注写。轴线编号一般标志在图面的下方及左侧，如图 2-13 所示。

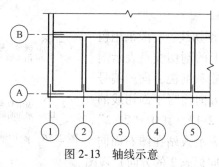

图 2-13　轴线示意

国标还规定轴线编号中不得采用 I、O、Z 3 个字母。此外一个详图如适用于几个轴线时，应将各有关轴线的编号注明，注法见图 2-14，其中左边的 1、3 轴图形是用于两个轴线时；中间的 1、3、6 等的图形是用于 3 个或 3 个以上轴线时；右边的 1~15 轴图形是用于 3 个以上连续编号的轴线时。

通用详图的轴线号，只用"圆圈"，不注写编号，画法见图 2-15。

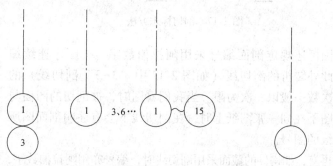

图 2-14　轴线标法　　　　图 2-15　通用详图标法

两个轴线之间，如有附加轴线时，图线上的编号就采用分数表示，分母表示前一轴线的编号，分子表示附加的第几道轴线，分子用阿拉伯数字顺序注写。表示方法见图 2-16。

剖面的剖切线：一般采用粗实线。图线上的剖切线是表示剖面的剖切位置和剖视方向。编号是根据剖视方向注写于剖切线的端部，如图 2-17，其中"2-2"剖切线就是表示人站在图右面向左方向（即向标志 2 的方向）视图。

表示 3 号轴线以后附加的第二根轴线

表示 D 号轴线以后附加的第二根轴线

图 2-16　附加轴线标志法

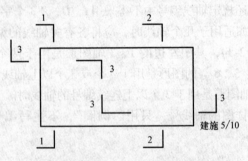

图 2-17　剖切标志方法

国标还规定剖面编号采用阿拉伯数字，按顺序连续编排。此外转折的剖切线（如图 2-17 中"3-3"剖切线）的转折次数一般以一次为限。当我们看图时，被剖切的图面与剖面图不在同一张图纸上时，在剖切线下会有注明剖面图所在图纸的图号。

再有，如构件的截面采用剖切线时，编号亦用阿拉伯数字，编号应根据剖视方向注写于剖切线的一侧，例如向左剖视的数字就写在左侧，向下剖视的，就写在剖切线下方。见图 2-18。

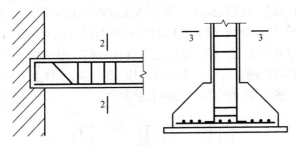

图 2-18　剖视号的标志方法

中心线：中心线用细点划线或中粗点划线绘制，是表示建筑物或构件及墙身的中心位置。如图 2-19 是一座屋架中心线的表示。此外在图上为了省略对称部分的图面，在图上用点划线和两条平行线，这个符号绘在图上，称为对称符号，这个中心对称符号是表示该线的另一边的图面与已绘出的图面，相对位置是完全相同的。

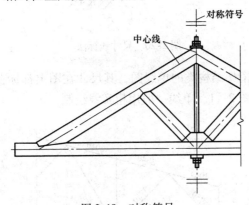

图 2-19　对称符号

尺寸线：尺寸线多数用细实线绘出。尺寸线在图上表示各部位的实际尺寸。它由尺寸界线、起止点的短斜线（或圆黑点）和尺寸线所组成。尺寸界线有时与房屋的轴线重合，它用短竖线表示，起止点的斜线一般与尺寸线成45°角，尺寸线与界线相交，相交处应适当延长一些，便于绘短斜线后使人看时清晰，尺寸大小的数字应填写在尺寸线上方的中间位置。图2-20即为尺寸线的表示方法。

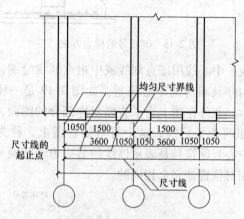

图 2-20　尺寸线标法

此外桁架结构类的单线图，其尺寸在图上都标在构件的一侧，见图 2-21。单线一般用粗实线绘制。

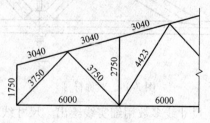

图 2-21　单线图

标志半径、直径及坡度的尺寸，其标注方法见图2-22。半径以 R 表示，直径以 φ 表示，坡度用三角形或百分比表示。

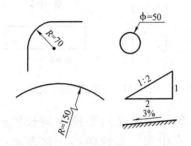

图 2-22　直径坡度标志法

引出线：引出线用细实线绘制。引出线是为了注释图纸上某一部分的标高、尺寸、做法等文字说明，因为图面上书写部位尺寸有限，而用引出线将文字引到适当部位加以注解。引出线的形式如图 2-23 所示。

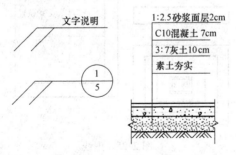

图 2-23　引出线

折断线：一般采用细实线绘制。折断线是绘图时为了少占图纸而把不必要的部分省略不画的表示。如图 2-24 所示。

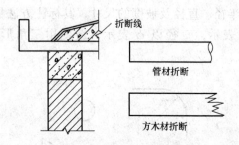

图 2-24 折断线表示方法

虚线：虚线是线段及间距应保持长短一致的断续短线。它在图上有中粗、细线两类。它表示：1. 建筑物看不见的背面和内部的轮廓或界线。2. 设备所在位置的轮廓。见图 2-25，是表示一个基础杯口的位置和一个房屋内锅炉安放的位置。

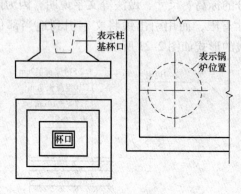

图 2-25 虚线

波浪线：可用中粗或细实线徒手绘制。它表示构件等局部构造的层次，用波浪线勾出以表示构件内部构造。如图 2-26 为用波浪线勾出柱基的配筋构造。

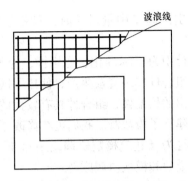

图 2-26　波浪线

图框线：它用粗实线绘制。是表示每张图纸的外框。外框线应符合国标规定的图纸规格尺寸绘制。

其他的线：图纸本身图面用的线条，一般由设计人员自行选用中粗或细实线绘制，还有像剖面详图上的阴影线，可用细实线绘制，以表示剖切的断面。

二、尺寸和比例

1. 图纸的尺寸

一栋建筑物，一个建筑构件，都有长度、宽度、高度，它们需要用尺寸来表明它们的大小。平面图上的尺寸线所示的数字即为图面某处的长、宽尺寸。按照国家标准规定，图纸上除标高的高度及总平面图上尺寸用米为单位标志外，其他尺寸一律用毫米为单位。为了统一起见，所有以毫米为单位的尺寸在图纸上就只写数字不再注单位了。如果数字的单位不是毫米，那么必须注写清楚。如前面图 1-20 中的 3600 是为①-②轴间的尺寸。按照我国采用的长度计算单位规定，$1m = 100cm = 1000mm$，那么 3600 不注单位即为 3.60m，俗称三米六。在实际施工中量尺寸时，只要量取 3.60m 长就对了。

在建筑设计中为了标准化、通用性，为了使建筑制品、建筑构配件、组合件实现规模生产，使用不同材料、不同形式和方法制造出的构配件、组合件具有较大的通用性和互换性，在设计上建立了模数制。我们也在修改原有的模数制的基础上重新修订为《建筑模数协调统一标准》，在这个标准中重新规定了模数和模数协调原则。

建筑模数是设计上选定的尺寸单位，作为建筑空间、构件以及有关设施尺寸的协调中的增值单位。我国选定的基本模数（是模数协调中的基本尺寸）值为 100mm，而整个建筑物和建筑物的一部分以及建筑中组合件的模数化尺寸，应是基本模数的倍数。

因此，在基本模数这个单位值上又引出了扩大模数和分模数的概念。所谓扩大模数即是基本模数的整数倍的数值，如开间尺寸 3600mm 就是基本模数的 36 倍（整数倍）；所谓分模数则是用整数去除基本模数后的数值，如木门窗框的厚度为 50mm，就是用 2 去除 100mm 得到的分模数。但是，国家对模数的扩大和分割有一定的规定：如扩大模数的扩大倍数一般为：3、6、12、15、30、60；分模数一般为：1/10、1/5、1/2。凡符合扩大模数的整数倍或分模数的倍数，则其尺寸称为符合国家统一模数的尺寸；否则则称为非模数尺寸，亦为非标准尺寸。例如：房屋某平面的开间尺寸为 3600mm，是 100mm 基本模数规定的扩大倍 6 的又一 6 的整倍数，即（6×100）×6＝3600mm，符合标准尺寸。例如有些设计的开间尺寸为 3400mm，那么它就是非标准尺寸了。要制造与开间相适应的构件尺寸，像空心楼板，与 3600mm 开间的标准尺寸就不一样，需要生产厂单独为其制作，而不能应用成批的标准构件了。

国家在建筑设计中提出模数制，主要是为了提高设计速度、使建筑构件标准化、提高施工效率、质量规范、降低造价。我们在这里作简单的介绍，也是为读者看图了解尺寸的规律提供一点帮助。

2. 图纸的比例

图纸上标出的尺寸，实际上并非在图上就真是那么长，如果真要按实足的尺寸绘图，几十米长的房子是不可能用桌面大小的图纸绘出来的。而是通过把所要绘的建筑物缩小几十倍、几百倍甚至上千倍才能绘成图纸。我们把这种缩小的倍数叫做"比例"。如在图纸上用图面尺寸为1cm的长度代表实物长度1m（也就是代表实物长度100cm）的话，那么我们就称用这种缩小的尺寸绘成的图的比例叫1:100。反之一栋60m长的房屋用1:100的比例描绘下来，在图纸上就只有60cm长了，这样在图纸上也就可以画得下了。所以我们知道了图纸的比例之后，只要量得图上的实际长度再乘上比例倍数，就可以知道该建筑物的实际大小了。

国标还规定了比例必须采用阿拉伯数字表示，例如1:1，1:2，1:50，1:100等，不得用文字如"足尺"或"半足尺"等方法表示。

图名一般在图形下面写明，并在图名下绘一粗实线来显示，一般比例注写在图名的右侧。如下：

<u>平面图</u>　1:200

当一张图纸上只用一种比例时，也可以只标在图标内图名的下面。

标注详图的比例，一般都写在详图索引标志的右下角，如图 2-27 所示。

一般图纸采用的比例可见表 2-6。

我们看图纸时懂得比例这个道理后，就可以用比例尺去量取图上未标尺寸的部分，从而知道它的实际尺寸。懂得比例，会用比例，这也是我们学习识图所需要的。

图 2-27 详图比例的标法

图纸常用比例表　　　　　表 2-6

图　　名	常 用 比 例	必要时可增加的比例
总平面图	1∶500, 1∶1000, 1∶2000	1∶2500, 1∶5000, 1∶10000
总图专业的断面图	1∶100, 1∶200, 1∶1000, 1∶2000	1∶500, 1∶5000
平面图、立面图、剖面团	1∶50, 1∶100, 1∶200	1∶150, 1∶300
次要平面图	1∶300, 1∶400	1∶500
详图	1∶1, 1∶2, 1∶5, 1∶10, 1∶20, 1∶25, 1∶50	1∶3, 1∶4, 1∶30, 1∶40

三、标高及其他

1. 标高

标高是表示建筑物的地面或某一部位的高度。在图纸上标高尺寸的注法都是以 m 为单位的，一般注写到小数点后三位，在总平面图上只要注写到小数点后二位就可以了。总平面图上的标高用全部涂黑的三角表示，例如 ▼75.50。在其他图纸上都用如图 2-28 所示的方法表示。

在建筑施工图纸上用绝对标高和建筑标高两种方法表示不同的相对高度。

72

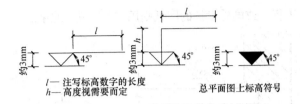

l— 注写标高数字的长度
h— 高度视需要而定

总平面图上标高符号

图 2-28　标高绘法

　　绝对标高：它是以海平面高度为 0 点（我国是以青岛黄海海平面为基准），图纸上某处所注的绝对标高高度，就是说明该图面上某处的高度比海平面高出多少。绝对标高一般只用在总平面图上，以标志新建筑处地面的高度。有时在建筑施工图的首层平面上也有注写，它的标注方法是如 ±0.000＝▼50.00，表示该建筑的首层地面比黄海海面高出 50m，绝对标高的图式是黑色三角形。

　　建筑标高：除总平面图外，其他施工图上用来表示建筑物各部位的高度，都是以该建筑物的首层（即底层）室内地面高度作为 0 点（写作±0.000）来计算的。比 0 点高的部位我们称为正标高，如比 0 点高出 3m 的地方，我们标成 ▽^{3.000}，而数字前面不加（＋）号。反之比 0 点低的地方，如室外散水低 45cm，我们标成 ▽^{-0.450}，在数字前面加上（-）号。建筑施工图上表示标高的方法见图 2-29，图中（6.000）、（9.000）是表示在同一个详图上，几个不同的标高时的标注方法。

　　2. 指北针与风玫瑰

　　在总平面图及首层的建筑平面图上，一般都绘有指北针，表示该建筑物的朝向。指北针的形式国标规定如图 2-30 所示。有的也有别的画法，但主要在尖头处要注明"北"字。如为对外工程，或国外设计的图纸则用"N"表示北字。

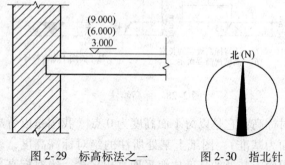

图 2-29　标高标法之一　　　　图 2-30　指北针

　　风玫瑰是总平面图上用来表示该地区每年风向频率的标志。它是以十字坐标定出东、南、西、北、东南、东北、西南、西北……等 16 个方向后，根据该地区多年平均统计的各个方向吹风次数的百分数值，绘成的折线图形，我们叫它风频率玫瑰图，简称风玫瑰图。图上所表示的风的吹向，是指从外面吹向地区中心的。风玫瑰的形状见图 2-31，此风玫瑰图说明该地多年平均的最频风向是西北风。虚线表示夏季的主导风向。

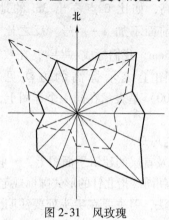

图 2-31　风玫瑰

3. 索引标志

索引标志是表示图上该部分另有详图的意思。它用圆圈表示，圆圈的直径一般为 8~10mm。索引标志的不同表示方法有以下几种：

索引的详图，如在本张图纸上时，其表示方法，如图2-32所示。

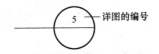

图 2-32　详图索引在本图

所索引的详图，不在本张图纸上时，其表示方法，如图 2-33所示。

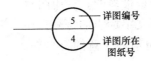

图 2-33　详图索引在其他图号

所索引的详图，如采用标准详图时，其表示方法，如图 2-34 所示。

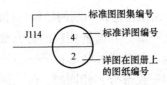

图 2-34　标准图索引

局部剖面的详图索引标志，用下面图 2-35 的方法表示。所不同的是索引线边上有一根短粗直线，表示剖视方向。

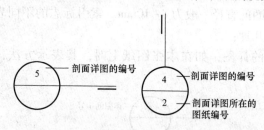

图 2-35　剖面详图索引

零件、钢筋、构件等编号亦用圆圈表示，圆圈的直径为 6~8mm，其表示方法，如图 2-36 所示。

4. 符号

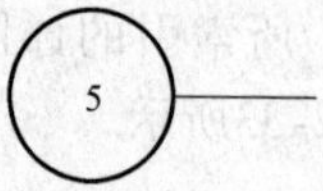

图纸上的符号是很多的。有用图示标志的符号；有用文字标志的符号；还有用符号标志说明某种含意的符号等。现分别叙述如下：

图 2-36　零件、钢筋编号标志

对称符号：在前面提到中心线时已讲了对称符号。这个符号的含意是当绘制一个完全对称的图形时，为了节省图纸篇幅，在对称中心线上，绘上对称符号，则其对称中心的另一边可以省略不画。

连接符号：它是用在连接切断的结构构件图形上的符号。如当一个构件的这一部分和需要相接的另一部分连接时就采用这个符号来表示。它有两种情形：第一，所绘制的构件图形与另一构件的图形仅部分不相同时，可只画另一构件不同的部分，并用连接符号表示相连，两个连接符号应对准在同一线上。如图 2-37 所示。第二，当同一个构件在绘制时图纸

76

有限制，这时在图纸上就将它分为两部分绘制，在相连的地方再用连接符号表示，如图2-38所示。有了这个符号就便于我们在看图时找到两个相连部分，从而了解该构件的全貌。

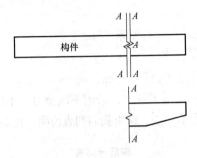

图2-37　连接符号

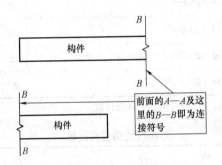

图2-38　连接符号

各种单位的代号：在图纸上为了书写简便，如长度、面积、重量等单位，往往采用计量单位符号注法代表。其表示方法为：

长度单位：

公里—km，米—m，厘米—cm，毫米—mm。

面积单位：

平方公里—km²，平方米—m²，平方厘米—cm²，平方毫米—mm²。

体积单位：

立方米—m³，立方厘米—cm³。

质量单位：

克—g，千克（公斤）—kg，吨—t。

钢筋符号：在施工图上，采用不同型号，不同等级的钢筋时，有不同的表示方法。这里我们列表说明，见表2-7、表2-8。

钢筋分类表

表2-7

	种　　类	符号	f_y	f_y'
热轧钢筋	HPB 235（Q235）	Φ	210	210
	HRB 335（20MnSi）	Φ	300	300
	HRB 400（20MnSiV、20MnSiNb、20MnTi）	Φ	360	360
	RRB 400（K20MnSi）	Φ^R	360	360

注：f_y 为抗拉设计值，f_y' 为抗压设计值。

预应力钢筋分类表

表2-8

种　　类		符　　号	f_{ptk}	f_{py}	f_{py}'
钢绞线	1×3	Φ^S	1860	1320	390
			1720	1220	
			1570	1110	
	1×7		1860	1320	390
			1720	1220	

78

种　　类		符　　号	f_{ptk}	f_{py}	f'_{py}
消除应力钢丝	光面螺旋肋	φP φH	1770	1250	410
			1670	1180	
			1570	1110	
	刻痕	φI	1570	1110	410
热处理钢筋	40Si2Mn	φHT	1470	1040	400
	48Si2Mn				
	45Si2Cr				

注：f_{ptk}为标准值，f_{py}，f'_{py}为预应力钢筋抗拉、抗压设计值。

混凝土强度的标志方法：图纸上为了说明设计需要的混凝土强度，现在均采用强度等级来表示。现在分为 C15、C20、C25、C30、C35、C40、C45、C50、C55、C60、C65、C70、C75、C80 等 14 个等级。它的含义是表示混凝土立方体上每平方毫米面积上可以承受多少牛顿的压力才破坏。例如 C30 的混凝土，它在每平方毫米上，能承受 30N 的压力才破坏，以此类推。

砂浆强度的标志方法和混凝土相似。但其标志符号不同，是用 M 表示。它们的等级分为 M0.4、M1、M2.5、M5、M7.5、M10、M15 等。它的含义是表示 70×70×70 砂浆试块立方体上每平方毫米面积上可以承受多少牛顿的压力。

砖的强度则采用 MU 表示。强度等级分为 MU5、MU7.5、MU10、MU15 等。

型钢的符号：图纸上为了说明使用型钢的种类、型号也可用符号表示，我们下面简单的介绍一些：

工字钢：用工表示，如果它的高度为 30cm，那么就表示成工30。

轧制 H 形钢：它分 HM、HW、HN 3 种类型。其标志方法是，如 HW 300×300×10×15 的意思是宽翼板 H 形型钢、宽为 300、高为 300，腹板厚 10，翼板厚 15；如 HN 500×200×10×16 的意思是窄翼板的 H 形型钢，宽为 200、高为 500，腹板厚 10，翼板厚为 16，与原来的工字钢相似。目前钢结构构件厂，把钢板切割成翼板和腹板，经过焊接成 H 形钢的梁或柱，它的表示方法在图纸上写成如 H600×200×12×16，即该梁或柱的断面高度为 600mm 宽度为 200mm，腹板为 12mm，翼板为 16mm。这样看图就明白了它的意思，翼板用多厚的板，切割成多少宽度，腹板用多厚的板，切割成多少宽度。（但切割腹板要注意的是梁为 600 高那么腹板切割的宽度应是 600-16×2 =568mm，而不是 600）。

槽钢：用匚表示，如果它的高度为 24cm，那么在图纸上就用匚₂₄表示，由于工字钢和槽钢还有 a、b 两表的区分，有时还得标出如匚₂₄·ₐ。

角钢：角钢分为等边和不等边两种。加上其两边的厚度，其标志方法如∟50×50×5 意思为等边角钢两翼均为 50 宽，翼厚为 5mm。当为不等边角钢，其标志方法为∟75×50×6，意思是该角钢的两翼尺寸不同，长边为 75mm，短边为 50mm，翼厚为 6mm。

钢管：它用外围直径和其壁厚来表示它的规格。如 φ48×3.5 则说明该钢管外围直径为 48mm，壁厚为 3.5mm

钢板和扁铁：钢板和扁铁均用一横来表示。如切割好的一块钢板，可以用－200×500×10 表示，其意思是板宽为 200mm，板长为 500mm，板厚为 10mm。扁铁则用－30×4×l 表示，其意思是扁铁宽度为 30mm，厚 4mm，l 在具体时应标出其长度尺寸。这里主要表示其扁铁的规格是 30mm 宽和

4mm 厚，可剪切成需要长度 l 来应用。

构件符号：在结构施工图中，构件中的柱梁、板等构件（包括现浇或预制好的），为了书写简便省字，常用汉语拼音字母代表构件的名称。如板汉语拼音为 Ban，则在构件符号中用 B 表示。现我们列表来说其代号表示的内容，见表2-9。

序号	名　　称	代号	序号	名　　称	代号	序号	名　　称	代号
1	板	B	19	圈梁	QL	37	承台	CT
2	屋面板	WB	20	过梁	GL	38	设备基础	SJ
3	空心板	KB	21	连系梁	LL	39	桩	ZH
4	槽形板	CB	22	基础梁	JL	40	挡土墙	DQ
5	折板	ZB	23	楼梯梁	TL	41	地沟	DG
6	密肋板	MB	24	框架梁	KL	42	柱间支撑	ZC
7	楼梯板	TB	25	框支梁	KZL	43	垂直支撑	CC
8	盖板或沟盖板	GB	26	屋面框架梁	WKL	44	水平支撑	SC
9	挡雨板或檐口板	YB	27	檩条	LT	45	梯	T
10	吊车安全走道板	DB	28	屋架	WJ	46	雨篷	YP
11	墙板	QB	29	托架	TJ	47	阳台	YT
12	天沟板	TGB	30	天窗架	CJ	48	梁垫	LD
13	梁	L	31	框架	KJ	49	预埋件	M-
14	屋面梁	WL	32	刚架	GJ	50	天窗端壁	TD
15	吊车梁	DL	33	支架	ZJ	51	钢筋钢	W
16	单轨吊车梁	DDL	34	柱	Z	52	钢筋骨架	G
17	轨道连接	DGL	35	框架柱	KZ	53	基础	J
18	车档	CD	36	构造柱	GZ	54	暗柱	AZ

注：1　预制钢筋混凝土构件、现浇钢筋混凝土构件、钢构件和木构件，一般可直接采用本附录中的构件代号。在绘图中，当需要区别上述构件的材料种类时，可在构件代号前加注材料代号，并在图纸中加以说明。

　　2　预应力钢筋混凝土构件的代号，应在构件代号前加注"Y-"，如 Y-DL 表示预应力钢筋混凝土吊车梁。

表 2-9 所列的均为钢筋混凝土结构中常用的代号。由于近年钢结构工程的发展，钢结构的结构设计图上，也有了代表钢柱和钢梁的代号，现简单介绍如下：

钢柱：用 GZ 表示；钢梁：用 GL 表示；

钢屋架：用 GWJ 表示；钢檩条：用 GLT 表示等。

门窗的代号：建筑施工图上的门窗，除了在图纸上画出其所在位置外，还要用代号来表示门窗的型号。由于门窗材质的不同，还要用代号进行区分。如木质门窗，由于长期以来用 M 表示门，C 表示窗外，钢门、钢窗则前面要加 G，成为钢门 GM，钢窗 GC；铝合金的，前面加 L；塑钢门窗前加 SG 等。

我们在这里借用某设计院对门及窗自行编号所表示的意思列表如下（表 2-10，表 2-11），以供参考。

常用木门代号及类别 表 2-10

代 号	门 类 别	代 号	门 类 别
M1	纤维板面板门	M9	推拉木大门
M2	玻璃门	M10	变电室门
M3	玻璃门带纱	M11	隔音门
M4	弹簧门	M12	冷藏门
M5	中小学专用镶板门	M13	机房门
M6	拼板门	M14	浴、厕隔断门
M7	壁橱门	M15	围墙大门
M8	平开木大门	Y	表示阳台处门联窗符号

代　号	窗　类　别	代　号	窗　类　别
C	代表外开窗，一玻一纱	C7	立转窗带纱窗
NC	代表内开窗一玻一纱	C8	推拉窗
C1	1 号代表仅一玻无纱	C9	提升窗
C5	代表固定窗	C10	橱窗
C6	代表立转窗		

门的代号除右边甩数字表明类别外，为了看图人便于了解它的尺寸，在 M 符号前面还标出数字说明该门应留的洞口尺寸。其标法如下：

$$洞口宽度 \longrightarrow \times \times M \times \longleftarrow 洞口高度$$
$$门代号 \longrightarrow\qquad\longleftarrow 门类别$$

其洞口高度以 3 为模式的缩写数字表示，只要将该数字乘以 300，即为所选用的洞口宽或高的尺寸。例如 39M2，即为 3×300＝900 宽，9×300＝2700 高的玻璃门。如果个别洞口不符合 3 的模式，则用其他数字作代号表示，而不乘 300，这只要在标准图中加以说明就行了。

总之木门的表示各地区由于设计部门不同，加工单位不同，采用不同的表示方法，上面所介绍的只是某市设计院的木门表示法，但在施工图上都用"M"这个字母表示门，这点是一致的。

前面表 2-11 是常用木窗表示法。

窗的代号和门一样，在"C"代号前亦有数字表示尺寸（表示方法同门），此处不再赘述。

门、窗的种类不只是上面两张表所能包括的，还有其他的特殊类型，如翻门、翻窗，在材质上还有钢门窗、玻璃钢门窗等，这只有在生产实践和不断看图学习中才能全面了解。

其他的代号：在施工图上除了上述介绍的这些符号代号外，还有如螺栓用"M"表示，如用直径 25mm 的螺栓，图上用 M25 表示。在结构图上为了表示梁、板的跨度往往用"L"表示，此外用"H"表示层高或柱高；用"@"表示相等中心的距离；用 φ 表示圆的物体，以上是在结构图中常见的代号。有时设计人员会在图上将代号加以说明的，只要我们掌握了大量常用的习惯表示方法后，就可以顺利看图了。

第五节　建筑施工图上常用的图例

图例是建筑施工图纸上用图形来表示一定含意的一种符号。它具有一定的形象性，使人看了就能体会它代表的东西。下面将一般常见的建筑和结构图上用的图例分类绘制成表。

1. 建筑总平面图上常用的图例（表 2-12）

总平面图例　　　　　　　　　　　　　　　　　表 2-12

名　称	图　例	说　明
新建的建筑物	 8 ▲ 	1. 需要时，可用 ▲ 表示出入口，可在图形内右上角用点数或数字表示层数。 2. 建筑物外形（一般以±0.00高度处的外墙定位轴线或外墙面线为准）用粗实线表示。 3. 地下建筑物以粗虚线表示

名　　称	图　例	说　明
原有的建筑物		用细实线表示
计划扩建的预留地或建筑物		用中虚线表示
拆除的建筑物		用细实线表示
新建的地下建筑物或构筑物		用粗虚线表示
漏斗式贮仓		左、右图为底卸式，中图为侧卸式
散状材料露天堆场	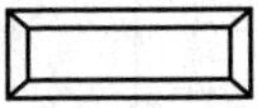	需要时可注明材料名称
铺砌场地	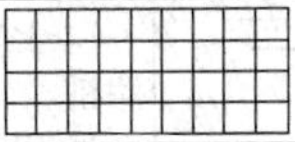	
水塔、贮藏	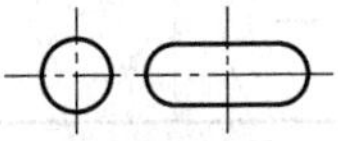	图为水塔或立式贮罐，右图为卧式贮罐
烟囱		实线为烟囱下部直径，虚线为基础必要时可注写烟囱高度和上、下口直径
围墙及大门	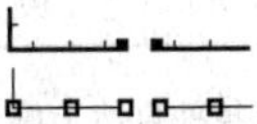	上图为实体性质的围墙，下图为通透性质的围墙，若仅表示围墙时不画大门
坐标	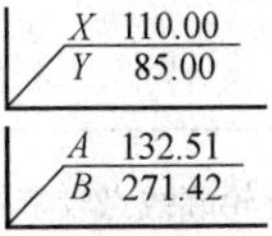 X 110.00 Y 85.00 A 132.51 B 271.42	上图表示测量坐标 下图表示施工坐标
雨水井		

名　　称	图　　例	说　　明
消火栓井		
室内标高	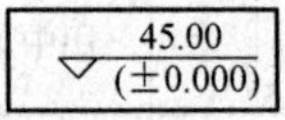 45.00 ▽ (±0.000)	
室外标高	 ▼ 80.00	室外标高也可以用等高线表示
原有道路		
计划扩建道路		
桥梁	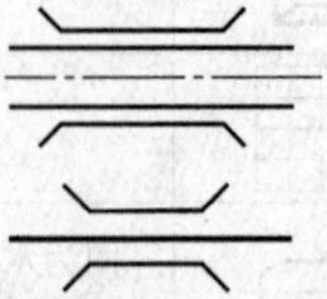	1. 上图为公路桥，下图为铁路桥。 2. 用于旱桥时应说明

2. 表示常用建筑材料的图例（表 2-13）

表 2-13

名　　称	图　　例	说　　明
自然土壤	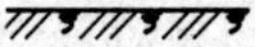	包括各种自然土壤
夯实土壤		
砂、灰土	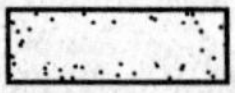	靠近轮廓线点较密的点
天然石材	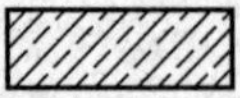	包括岩层、砌体、铺地、贴面等材料

名　　称	图　　例	说　　　明
混凝土		1. 本图例仅适用于能承重的混凝土及钢筋混凝土。
钢筋混凝土		2. 包括各种强度等级、集料、添加剂的混凝土。 3. 在剖面图上画出钢筋时，不画图例线。 4. 断面较窄，不易画出图例线时，可涂黑
多孔材料		包括水泥珍珠岩、沥青珍珠岩、泡沫混凝土、非承重加气混凝土、泡沫塑料、软木等
石膏板		
金属		1. 包括各种金属。 2. 图形小时，可涂黑
玻璃		包括平板玻璃、磨砂玻璃，夹丝玻璃、钢化玻璃等
防水材料		构造层次多或比例较大时，采用上面图例
粉刷		本图例点以较稀的点
毛石		
普通砖		1. 包括砌体、砌块。 2. 断面较窄，不易画出图例线时，可涂红
耐火砖		包括耐酸砖等
空心砖		包括各种多孔砖
饰面砖		包括铺地砖、马赛克、陶瓷锦砖、人造大理石等

3. 表示建筑构造及配件的图例（表 2-14）

表 2-14

名　称	图　例	说　明
墙体	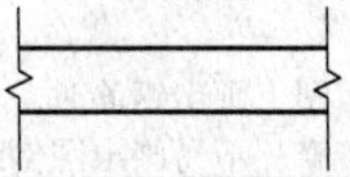	应加注文字或填充图例表示墙体材料，在项目设计图纸说明中列材料图例表给予说明
隔断		1. 包括板条抹灰、木制、石膏板、金属材料等隔断。 2. 适用于到顶与不到顶隔断
栏杆	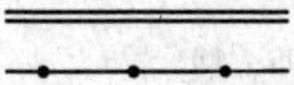	上图为非金属扶手 下图为金属扶手
楼梯	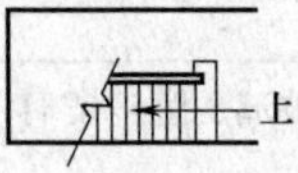 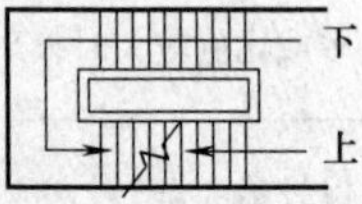 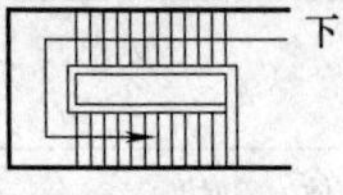	1. 上图为底层楼梯平面，中图为中间层楼梯平面，下图为顶层楼梯平面。 2. 靠墙扶手或中间扶手应在图中表示
检查孔		右图为可见检查孔 左图为不可见检查孔
孔洞		
墙预留洞	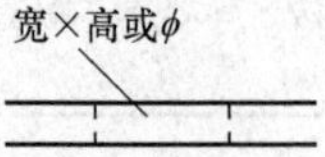 宽×高或φ	

名 称	图 例	说 明
墙预留槽	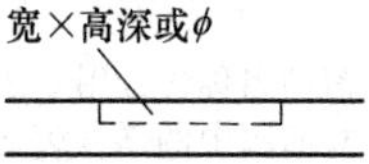 宽×高深或φ	
空门洞	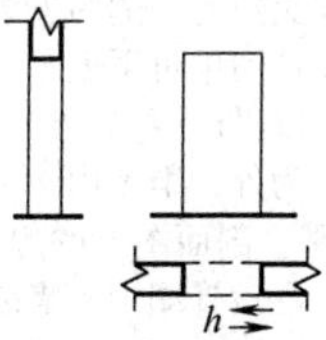	h 为空门洞高度
单扇门（包括平开或单面弹簧）	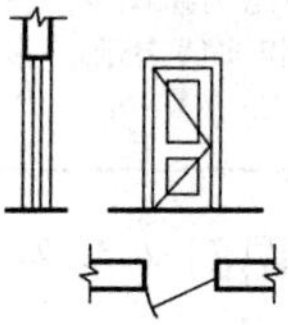	1. 门的名称代号用 M 表示。 2. 剖面图上左为外、右为内，平面图上下为外、上为内。 3. 立面图上开启方向线交角的一侧为安装合页的一侧，实线为外开，虚线为内开。 4. 平面图上的开启弧线及立面图上的开启方向线，在一般设计图上不需表示，仅在制作图上表示。 5. 立面形式应按实际情况绘制
双扇门（包括平开或单面弹簧）	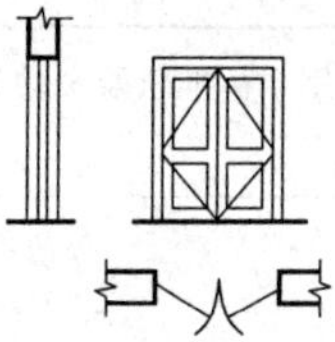	
烟道	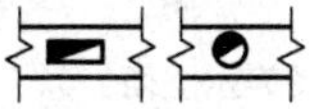	
通风道	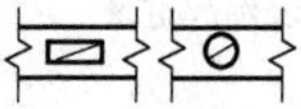	

89

名　称	图　例	说　明
单层固定窗	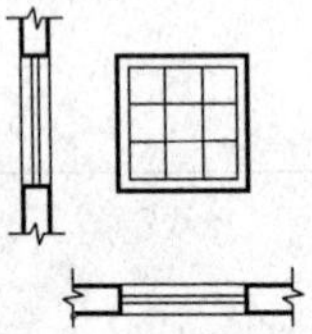	1. 窗的名称代号用 C 表示。 2. 立面图中的斜线表示图的开关方向，实线为外开，虚线为内开；开启方向线交角的一侧为安装合页的一侧，一般设计图中可不表示。 3. 剖面图上左为外、右为内，平面图上下为外，上为内。 4. 平、剖面图上的虚线仅说明开关方式，在设计图中不需表示。 5. 窗的立面形式应按实际情况绘制。 6. 小比例绘图时，平、剖面的窗线可用单粗实线表示
单层外开 平开窗	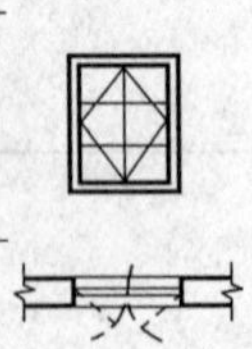	

4. 表示水平及垂直运输装置的图例（表 2-15）

表 2-15

名　称	图　例	说　明
铁路		适用于标准轨及窄轨铁路，应注明轨距
起重机轨道		
电动葫芦	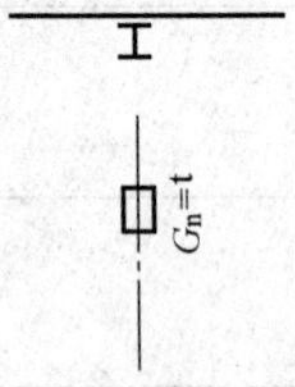	上图表示立面 下图表示平面 G_n 表示起重量

名　称	图　例	说　明
桥式起重机	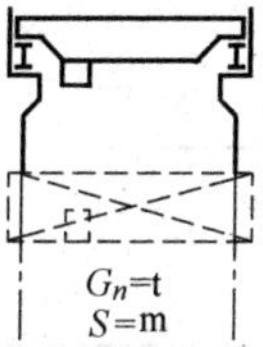 $G_n=t$ $S=m$	S 表示跨度
电梯	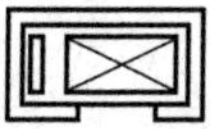	电梯应注明类型 门和平衡锤的位置应按实际情况绘制

5. 表示卫生器具及水池的图例（表2-16）

表 2-16

名　称	图　例	说　明
立式洗脸盆		
台式洗脸盆	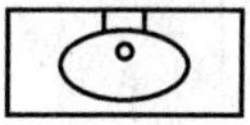	
浴盆	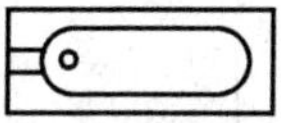	
化验盆洗涤盆	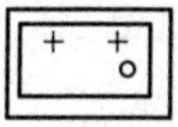	
盥水槽	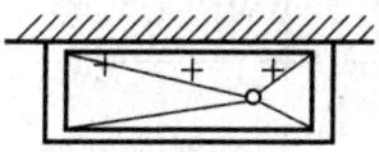	
污水池		

名　　称	图　　例	说　　明
立式小便器		
蹲式大便器		
小便槽		
淋浴喷头		
坐式大便器		
圆形地漏		通用。如为无水封地漏应加存水弯
雨水口		单口
阀门井、检查井		
水表井		
矩形化粪池	HC	HC 为化粪池代号

6. 钢筋在结构图上表示图例（表2-17）

一般钢筋标注方法　　　　　　　　表 2-17

名　称	图　例	说　明
钢筋横断面	●	
无弯钩的钢筋端部		下图表示长、短钢筋投影重叠时，短钢筋的端部用45°斜画线表示
带半圆形弯钩的钢筋端部		
带直钩的钢筋端部		
带丝扣的钢筋端部		
无弯钩的钢筋搭接		
带半圆弯钩的钢筋搭接		
带直钩的钢筋搭接		
花篮螺丝钢筋接头		
机械连接的钢筋接头		用文字说明机械连接的方式（或冷挤压或锥螺纹等）

预应力钢筋标注方法

预应力钢筋或钢绞线	
后张法预应力钢筋断面 无粘结预应力钢筋断面	
单根预应力钢筋断面	
张拉端锚具	
固定端锚具	
锚具的端视图	
可动联结件	
固定联结件	

93

7. 钢筋焊接接头标注的图例（表2-18）

钢筋焊接接头标注方法　　表2-18

名　　称	接 头 型 式	标 注 方 法
单面焊接的钢筋接头		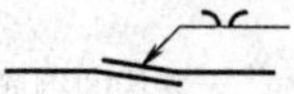
双面焊接的钢筋接头	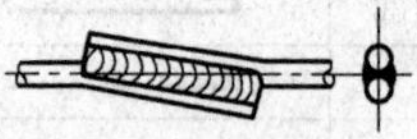	
用帮条单面焊接的钢筋接头	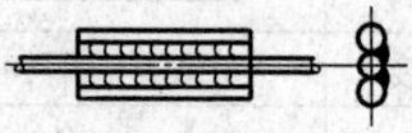	
用帮条双面焊接的钢筋接头	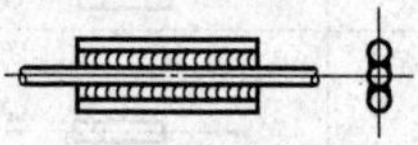	
接触对焊（闪光焊）的钢筋接头	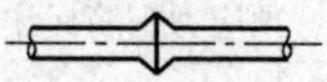	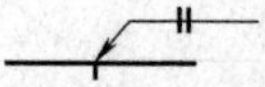
坡口平焊的钢筋接头	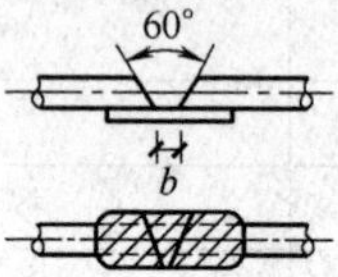	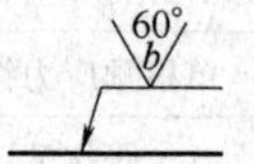
坡口立焊的钢筋接头	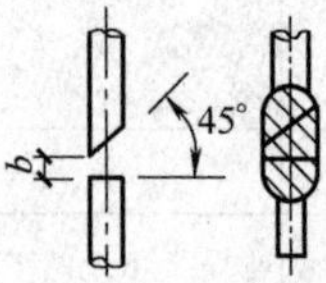	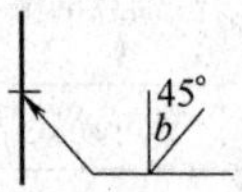

94

8. 钢结构上使用的有关图例（表2-19~表2-22）

孔、螺栓、铆钉图例　　　　　　　表2-19

名　　　称	图　　例	说　　明
永久螺栓	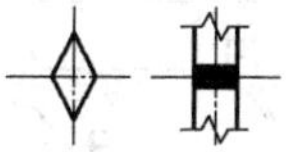	
高强螺栓	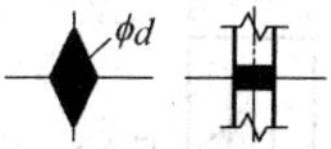	1. 细"+"线表示定位线 2. 必须标注孔、螺栓、铆钉的直径
安装螺栓	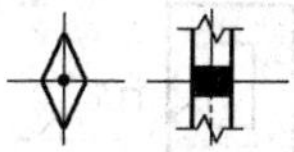	
螺栓、铆钉的圆孔	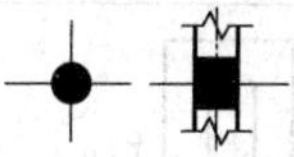	

钢结构焊缝图形符号　　　　　　　表2-20

焊缝名称	焊缝型式	图形符号
V形		 ∨
V形（带根）	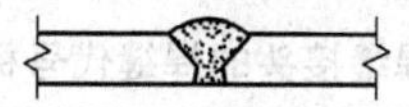	 ∨
不对称V形（带根）	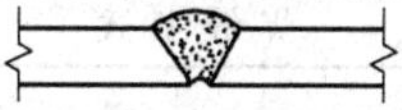	∀
单边V形		∨
单边V形（带根）	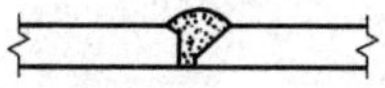	∨
I形	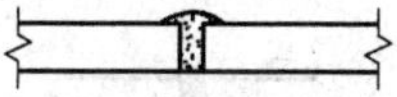	‖
贴角焊	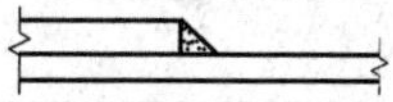	△

符号名称	辅助符号	标志方法	焊缝型式
相同焊缝	◯	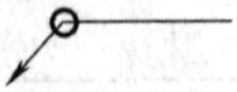	
安装焊缝		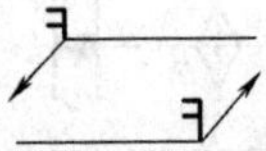	
三面焊缝		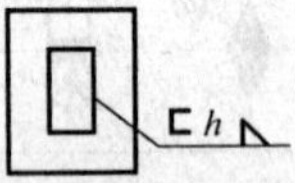 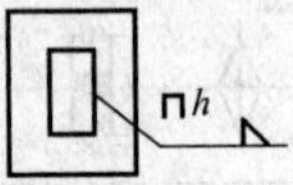	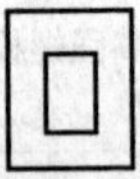 
周围焊缝		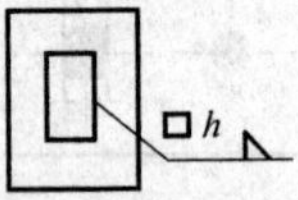	
断续焊缝		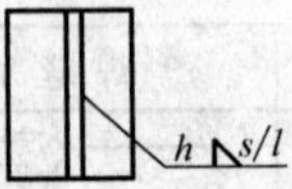	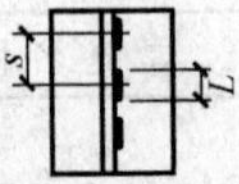

常用焊缝接头的焊缝代号标志方法 表 2-22

名　称	焊缝型式	标志方法
对接 I 形焊缝		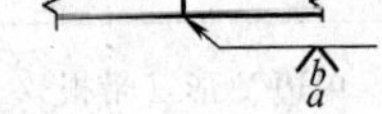
对接 I 形双面焊		

名　称	焊缝型式	标志方法
对接 V形焊缝	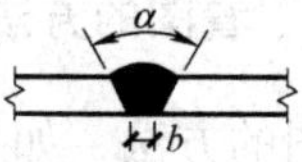	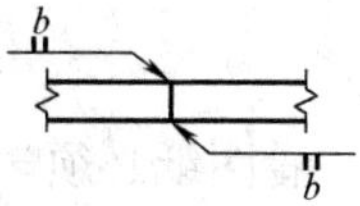
对接 单边V形焊缝	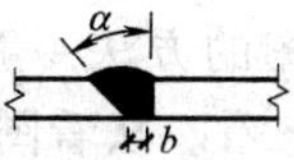	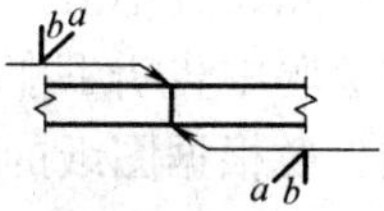
对接 V形带根焊缝	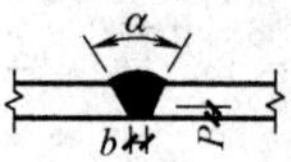	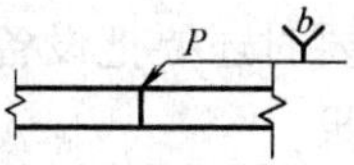
搭接 周边焊缝	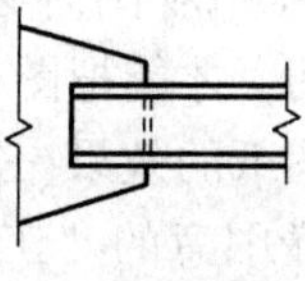	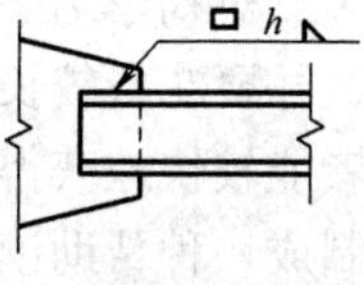
贴角焊接		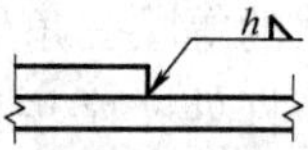
T形接头	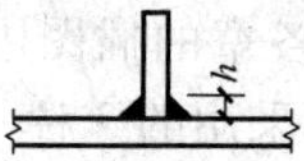	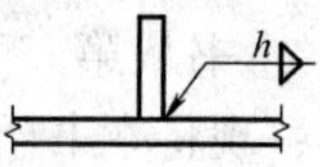

第六节 看图的方法和步骤

一、看图的方法

看图纸必须学会看图的方法，如果我们把一叠图纸展开后，在未掌握看图方法时，往往东看一下，西看一下，抓不住要点，分不清主次，其结果必然是收效甚微。在看图的实践经验中告诉我们，看图的方法一般是先要弄清是什么图纸，要根据图纸的特点来看。从看图经验归纳的顺口溜是："从上往下看、从左往右看、由外向里看、由大到小看、由粗到细看，图样与说明对照看，建施与结施图结合看"。在必要时还要把设备图拿来参照看，这样才能得到较好的看图效果。

但是由于图面上的各种线条纵横交错，各种图例、符号繁多，对初学者来说，开始看图时必须要有耐心，认真细致，并要花费较长的时间，才能把图看明白。本书为了使初学者能较快地获得看懂图纸的效果，笔者特意在举例的图上绘制成一种帮助读者看懂图意的"工具符号"，并起名称为"识图箭"。它由箭头和箭杆两部分组成，箭头是涂黑的带鱼尾状的等腰三角形，箭杆为直线组成。箭头所指的图位，即是箭杆处文字说明所注解的部位，以起到说明该图处的图意。我们这个"识图箭"所起的作用，只是为帮助初学识图的一种辅助措施，而不是图纸上原来就有的。

本书从第三章起，各章的插图中，笔者均绘了"识图箭"，现将本书插图中所采用的 3 种"识图箭"形式，绘出如图 2-39 所示，以便读者在看图时加以识别。这里要附带说明的是，"识图箭"与图纸上本有的引出线是有区别的。

"识图箭"所指的地方均绘有黑色箭头，是笔者增绘在图纸上的一个工具符号；而引出线的端头无箭头，是原图上的制图符号。

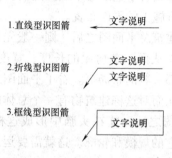

图 2-39　识图箭的几种形式

二、看图的步骤

当我们把图纸拿来后，一般按以下步骤来看图：

（1）图纸拿来之后，应先把目录看一遍。了解是什么类型的建筑，是工业厂房还是民用房屋，建筑面积有多大，是单层、多层还是高层，是哪个建设单位，哪个设计单位，图纸共有多少张等。这样对这份图纸的建筑类型就有了一点初步了解。

（2）按照图纸目录检查各类图纸是否齐全，图纸编号与图名是否符合；如采用相配套的标准图，则要了解标准图是哪一类的，图集的编号和编制的单位。然后把它们准备好放在手边以便到时可以查看。在各种图纸齐全后就可以按图纸顺序进行看图了。

（3）看图程序是先看设计总说明，以了解建筑概况、技术要求等，然后再进行看图。一般按目录的排列逐张往下看，如先看建筑总平面图，了解建筑物的地理位置、高程、坐标、朝向以及与建筑物有关的一些情况。如果你是一个施工技术人员，那么看了建筑总平面图之后，就得进一步考虑施工时如何进行施工的平面布置。

（4）看完建筑总平面图之后，则一般先看建筑施工图中的建筑平面图，从而了解房屋的长度、宽度、轴线间尺寸、开间大小、内部一般的布局等。看了平面图之后可再看立面图和剖面图，从而对这栋建筑物有一个总体的了解。最好是通过看这三种图之后，能在头脑中形成这栋房屋的立体形象，能想象出它的规模和轮廓。这就需要运用自己的生产实践经验和想象能力了。

（5）在对每张图纸经过初步全面的看阅之后，在对建筑、结构、水、电设备的大致了解之后，我们回过头来可以根据施工程序的先后，从基础施工图开始一步步地深入看图了。

先从基础平面图、剖面图了解挖土的深度，基础的构造、尺寸、轴线位置等开始仔细地看图。按照：基础——结构——建筑——结合设施（包括各类详图）这个施工程序进行看图，遇到问题可以记下来，以便在继续看图中得到解决，或到设计交底时再提出得到答复。

在看基础施工图时，我们还应结合看地质勘探图，了解土质情况，以便施工中核对土质构造，保证地基土的质量。

（6）在图纸全部看完之后，可按不同工种有关的施工部分，将图纸再细读，如砌砖工序要了解墙多厚，多高，门、窗口多大，清水墙还是混水墙，窗口有没有出檐，用什么过梁等等。木工工序就关心哪儿要支模板，如现浇钢筋混凝土梁、柱，就要了解梁、柱断面尺寸、标高、长度、高度等等；除结构之外木工工序还要了解门窗的编号、数量、类型和建筑上有关的木装修图纸。钢筋工序则凡是有钢筋的地方，都要看细，才能配料和绑扎。其他工序都可以从图纸中看到施工需要的部分。除了会看图之外，有经验的人还要考虑按图纸的技术要求，如何保证各工序的衔接以及工程质量和安全作业等。

（7）随着生产实践经验的增长和看图知识的积累，在看图中间还应该对照建筑图与结构图有无矛盾，构造上能否施工，支模时标高与砌砖高度能不能对口（俗称能不能交圈）等。

通过看图纸，详细了解要施工的建筑物，在必要时边看图边做笔记，记下关键的内容，以免忘记时可以备查。这些关键的东西是轴线尺寸，开间尺寸，层高，楼高，主要梁、柱截面尺寸、长度、高度；混凝土强度等级，砂浆强度等级等。当然在施工中不能一次看图就能将建筑物全部记住，还要再结合每个工序再仔细看与施工时有关的部分图纸。总之，能做到按图施工无差错，才算把图纸看懂了。

在看图中我们如能把一张平面上的图形，看成为一栋带有立体感的建筑形象，那就具有了一定的看图水平了。这中间需要经验，也需要我们具有空间概念和想象力。当然这不是一朝一夕所能具备的，而是要通过积累，实践、总结，才能取得的。只要我们具备了看图的初步知识，又能虚心求教，循序渐进，达到会看图纸，看懂图纸是不难办到的。

第三章　怎样看建筑总平面图

第一节　什么是建筑总平面图

建筑总平面图是表明需建设的房屋建筑物所在位置的平面状况的布置图。其中有的布置一个建筑群，有的仅是几栋建筑物，有的或许只有一、两座要建的房屋。这些建筑物可以在一个广阔的区域中，也可以在已建成的建筑群之中；有的在平地、有的在城市、有的在乡村、有的在山陵地段，情形各不相同，因此建筑总平面图根据具体条件、情况的不同其布置亦各异。近几年来，各地的开发区，其所绘制的建筑总平面图，往往要用很多张图纸拼起来才行。

建筑群的总平面图的绘制，建筑群位置的确定，是由城市规划部门先把用地范围规定下来后，设计部门才能在他们规定的区域内布置建筑总平面。当在城市中布置需建房屋的总平面图时，一般以城市道路中心线为基准，再由它向需建设房屋的一面定出一条该建筑物或建筑群的"红线"（所谓"红线"就是限制建筑物的界限线），从而确定建筑物的边界位置，然后设计人员再以它为基准；设计布置这群建筑的相对位置，绘制出建筑总平面布置图。

若为仅单独一栋房屋，又在城市交通干道附近，那么它一定要受"红线"的控制。如果它在原有建筑群中建造，那么它要受原有房屋的限制，如两栋房屋在同一朝向时，要考虑光照，那么其前后间相隔的距离，应为前面房屋高度的 1.1~1.5 倍，楼房与楼房之间的侧向距离应不小于通道、小路的宽度，和防火安全要求的距离，一般为 4~6m。

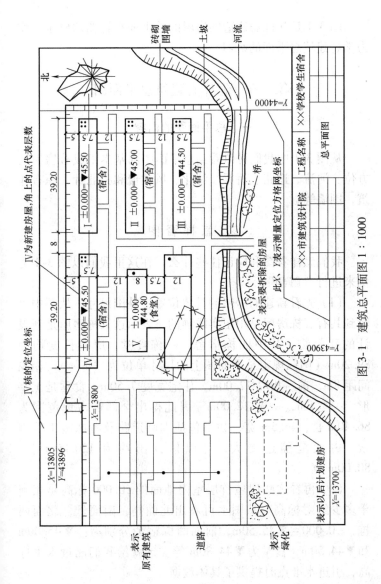

图 3-1 建筑总平面图 1∶1000

图 3-1 是几栋需建造的房屋的总平面布置图的例子，作为学看建筑总平面的练习。

第二节 怎样看建筑总平面图

一、总平面图的内容

从图 3-1 中我们可以看到总平面图的基本组成有房屋的方位，河流、道路、桥梁、绿化、风玫瑰和指北针，原有建筑，围墙等。

二、怎 样 看 图

我们怎样看图和应记住些什么，在这里我们以图 3-1 为例来进行"解剖"。

（1）先看新建的房屋的具体位置，外围尺寸，从图中可看到共有五栋房屋是用粗实线画的，表示这五栋房屋是新设计的建筑物，其中四栋宿舍，一栋食堂，房屋长度均为 39.20m（国标规定总平面图上的尺寸单位为"m"），相隔间距 8m，前后相隔 12.00m，住宅宽度 7.50m，食堂是工字形，一宽 8m，一宽 12.00m。因此得出全部需占地范围为 86.40m 长，46.5m 宽，如果包括围墙道路及考虑施工等因素，占地范围还要大，可以估计出约为 120.00m 长，80.00m 宽。

（2）再看这些房屋首层室内地面的 ±0.000 标高是相当于多少绝对标高。从图上可看出北面高，南面低，北面两栋，±0.000 = ▼45.50m，前面两栋宿舍分别为：▼45.00m 和 ▼44.50m，食堂为 ▼44.80m 等。这就给我们测量水平高，引进水准点时提供了具体数据。

（3）看房屋的坐向，从图上可以看出新建房屋均为坐北朝南的方位。并从风玫瑰图上得知该地区全年风量以东南风最多，这样可以让我们施工人员在安排施工时考虑到这一因素。

（4）看房屋的具体定位，从图上可以看出，规划上已根据坐标方格网，将北边Ⅳ号房的西北角纵横轴线交点中心位置用 $X = 13805$，$Y = 43896$ 定了下来。这样使我们施工放线定位有了依据。

（5）看与房屋建筑有关的事项。如建成后房屋周围的道路，现有市内水源干线，下水管道干线，电源可引入的电杆位置等（该图上除道路外均没有标出，这里是泛指）。如现在图上还有河流、桥梁、绿化需拆除的房屋等的标志，因此这些都是在看总平面图后应有所了解的内容。

（6）最后如果从施工安排角度出发，还应看旧建筑相距是否太近，在施工时对居民的安全是否有保证，河流是否太近、土方边坡牢固否等。

如果从以上六点能把总平面图看明白，那么也就基本上会看总平面图了。在图上我们还用了箭头进行注释，帮助看图，以后各章也将采取这个办法，使读者容易掌握看图技巧。

第三节　根据总图到现场进行草测

对整套图纸阅读后，了解了总图的布置，房屋的方向、坐标等，在设计图纸交底之前，施工人员还应到应建房屋的现场进行草测。草测的目的是为核对总图与实地之间有否矛盾。我们有过这方面的经验，尤其在老的建筑物之间建造新房，往往会发生设计的总图尺寸在实地容纳不下。有的则由于受外界环境影响，不允许建筑物在总图上设计的位置布放，如当建造后离高压输电线太近，违反了电力安全规定，这时建筑物必须重新布置，以避开这些危险设施。发现这些问题之后，应在设计交底前向设计部门提出，便于他们考虑修改。我们曾碰到过几例，有的将房屋长度方向减少开间，缩短尺寸来解决；有的作平移位置；有的适当转一定的朝向；使房屋的施工能够顺利进行。当然这么处理都要通过设计和规划部门。

草测就是为初步探测实地情况而做的工作。一般只要用一只指南针，一根 30m 的皮尺，一支以 3：4：5 订制的角尺（每边可长 1~1.5m）即可进行。测定时可利用原有的与总图上所标相符的地物、地貌，再用指南针大致定向，用皮尺及角尺粗略地确定新建筑的位置。

（1）假如所建场地为一片空旷地，如图 3-1 所示（假设图上无原有建筑）。草测时可以将南边的河道岸边作为 X 坐标，其 X 值可以从图上按比例量一量，约为 $X = 13740$，由该处向北丈量 70~80m，在该区域中无影响建造的障碍或高压电线；然后以河道转弯处算作 $Y = 44000$ 的起始线，往西丈量 100~120m 无障碍，那么说明该总图符合现场实际，施工不会发生困难。

（2）假如在旧有建筑中建新房，这时的草测就更简单些。只要丈量原有建筑之间的距离，能容下新建筑的位置，并在它们之间又有一定安全或光照距离，那么是可以进行建筑的。

如果在草测中发现设计的总图与实地矛盾较大，施工单位必须向建设单位、设计部门发出通知，请该两方人员一起到现场核实，再由建设单位和设计单位作出解决矛盾的处理意见。只有在正式改正通知取得后，才能定位放线进行施工。这是阅看总图结合实际需进行的工作。

第四节　新建房屋的定位

我们会看了总平面图之后，了解了房屋的方位、坐标，就可以把房屋从图纸上"搬"到地上面，这就叫房屋的定位。这也是看懂总平面图后的实际应用，当然真正放出灰线可以挖土施工，还要看基础平面图和房屋首层的平面图。

这里简单介绍一下，根据总平面图的位置，初步粗草的确定房屋的位置的方法。

1. 仪器定位法

仪器定位就是用测量中的经纬仪和钢卷尺、细尼龙线（或细麻线），结合起来定出房屋的初步位置。如图 3-2 所示，其定位步骤如下：

（1）将仪器（经纬仪）放在已给出的方格网交点上如图 3-1 中 $X = 13800$，$Y = 43900$，$X = 13700$，$Y = 44000$ 即为方格网，$X = 13800$ 线和 $Y = 43900$ 线交于 A 点（图 3-2）。假如我们将仪器先放在 A 点（一般这种点都有桩点桩位），前视 C 点，后倒镜看 A_1 点，并量取 A_1 到 A 的尺寸为 5m，固定 A_1 点。5m 这值是根据Ⅳ号房角已给定的坐标 $X = 13805$。而且点的 $X = 13800$，所以 $13805 - 13800 = 5m$（总平面上尺寸单位为米，前面已讲过）。再由 A 点用仪器前视看召点，倒镜再看 A_2 点，并量取 4m 尺寸将 A_2 点固定。

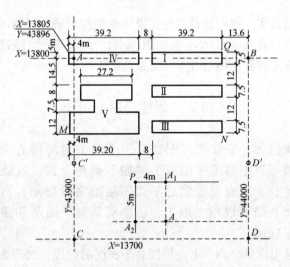

图 3-2　房屋定位测量图

（2）将仪器移至 A_1 点，前视 A 或 C 点（其中一点可作检验），后转 90 度看得 P 点并量出 4m 将 P 点固定，这 P 点也就是规划给定的坐标定位点。

（3）将仪器移至 P 点，前视 A_2 点可延伸到 M 点，前视 A_1 点可延伸到 Q 点，并用量尺的方法将 Q、M 点固定，再将仪器移到 Q 或 M 将 N 点固定后，这五栋房屋的大概位置均已定了。由于是粗略草测定位，用仪器定位只要确定几个控制点就可以了。其中每栋房屋的草测可以用"三、四、五"放线方法粗略定位。

2."三、四、五"定位法

这个定位方法实际是利用勾股弦定律，按 3：4：5 的尺寸制做一个角尺，使转角达到 90° 角的目的。定位时只要用角尺、钢尺、尼龙线三者就可以初步草测定出房屋外围尺寸、外框形状和位置。

"三、四、五"定位法，是工地常用的一种简易定位法，其优点是简便、准确。

以上讲的用总平面图来定房屋大致位置的方法是粗略的，真正的施工放线是一项专门的工作，这里不作详细的叙述了。

第四章 怎样看房屋的建筑图

第一节 什么是建筑图

建筑图是房屋建筑施工图纸中关于建筑构造的那部分图。在图纸目录中把这部分图在图号栏中标为"建施××"。这类图纸主要是表明建筑物内部的布置和外部的造型和装饰，以及施工需用的材料和施工要求的图样。总之，这类图纸只表示建筑上的构造，非结构性承重需要的构造。有时为了节省图纸，在混合结构的建筑施工图中，建筑图和结构图不是决然分开的。如砖墙的厚度、高度、轴线，结构与建筑是一致的，所以为了减少图纸量两者可以结合应用。只要说明砖墙所用的砖和砂浆强度要求，结构图只要绘些圈梁、构造柱、阳台等就可以了。

建筑图主要作为定位放线、安装门窗做装饰等的依据。它分为建筑平面图、立面图、剖面图和详图（包括建筑的标准图）。此外，按建筑类型又分为工业和民用建筑两大类。

一、什么是建筑平面图

建筑平面图就是将房屋用一个假想的水平面，沿窗口（比窗台稍高一点的地方）切开，在这个切口下部的图形投影到所切的水平面上，从上往下看的图即为该建筑物的平面图。而设计时，则是设计人员根据业主提出的使用功能要求，按照设计经验和设计规范构思绘制出的房屋建筑的平面图。

建筑平面图包含的内容为：

（1）由外围看可以知道它的外形，总长、总宽及建筑的大致面积。如首层平面图上一般还绘出散水、台阶、外门窗的位置，外墙的厚度、轴线标注，还可能有变形缝、外用铁爬梯位置等。

（2）往内看可以看到图上绘有内部房间布置、名称，隔墙位置、柱子位置、设施等，还有卫生间、楼梯间、走道等。

（3）从平面图上可以了解到开间尺寸、内门窗位置、地面标高、门窗型号、宽度尺寸以及表明所用详图等的符号。

平面图根据房屋层数不同分为首层平面图、二层平面图、三层平面图……而高层建筑又由于上部每层构造相同，把相同层次绘成一张平面图，而称为标准层平面图。最后至屋顶还有屋顶平面图，它是说明屋顶上建筑构造的平面布置和雨水泛水坡度情形的平面图。

二、什么是建筑立面图

建筑立面图是建筑物的各个侧面，向它的平行的竖直平面所作的正投影，这种投影得到的侧视图，我们称为立面图。它分为正立面、背立面和侧立面；有时又按朝向分为南立面、北立面、东立面和西立面等。而设计时，立面的布局造型正是设计人员构思建筑艺术的体现。他们根据建筑类型的性质，按照设计规范的规定，构思创作出优美的建筑外形，给城市提供建筑美的艺术品，历史上好的建筑艺术品至今都成为古迹和景点了。所以立面图在建筑图中占有重要的位置。

建筑立面图包含的内容为：

（1）立面图是反映建筑物的外貌，如外墙上的女儿墙、檐口、门窗套、门窗的外形、出檐、腰线、勒脚、附墙柱、幕墙、花台以及有关装饰和色彩等反映外面的建筑构造。

在立面图上要注写一些装饰的做法，如贴面砖、抹水泥砂浆后涂涂料或贴锦砖（俗称马赛克），高级一些的还安装饰面板材，如磨光镜面花岗石板、斩细面石材、铝板材、玻璃幕墙等。

（2）立面图上还标明各层的建筑标高、层次、房屋的总高度或突出部分最高点的标高尺寸。有的立面图上在侧面还用竖向尺寸线标出每层高度，门窗口高度以及其他需标尺寸的高度。

三、什么是建筑剖面图

建筑剖面是为了让看图者了解房屋竖向的内部构造，而假想一个垂直的竖向平面从上往下把房屋需要观察内部的部位切开，移去一侧部分，把余下部分向垂直平面作正投影，从而得到的剖视图，即为该建筑在某一所切开处的剖面图。剖面图一般是在平面图上选定位置后剖切的。它的内容为：

（1）从剖面图上可以了解各层楼面的标高、剖切到的外墙上窗台、窗上口以及顶棚底的高度，室内的净空尺寸和可计算出楼板及楼面构造层的总厚度。剖面图上一般注有标高及竖向尺寸，便于看图。

（2）剖面图还画出房屋从屋面至地面的内部构造特征。如屋盖是什么形式的，楼板是什么构造的，隔断是什么构造的，内门窗的高度等。大的图上还可以用引出线标出屋盖构造的层次和所用材料、做法，标出地面、楼面的构造层次和所用材料及做法等。

（3）剖面图上有的为了把某些细部的做法绘出详图，而用符号标志说明所绘详图在哪张图上，便于看图时查找，也说明该部分的构造做法较细致，要认真去看那部分图。

四、什么是建筑详图（亦称大样图）

我们从建筑的平、立、剖面图上虽然可以看到房屋的外形，平面布置、立面概况和内部构造及主要尺寸，但是由于图幅的限制，局部细节的构造在这些图上不能够明确表达出来，为了清楚地表达这些细节构造，我们要把它们放大比例绘制成（1∶20、1∶10、1∶5等）较大的图纸，我们称这些放大的图为详图或大样图。

详图一般有：房屋的檐口、外墙墙身构造、楼梯、厨房、卫生间、阳台、门窗、雨篷、台阶、建筑装饰的构造或连接等。在图上可较细的标出尺寸、构造、做法，使施工及制作人比较明确的进行工作。

详图（大样图）是各建筑部位具体构造的施工依据，所以平面图、立面图、剖面图上的具体做法和尺寸都要以详图为准，因此详图是建筑图纸中不可缺少的一部分。

第二节　怎样看民用建筑图

上面一节我们介绍了建筑部分的施工图的概念和建筑图所包括的建筑平面图、立面图、剖面图、详图的内容。

从这一节开始，将主要叙述如何看懂这些图纸，要看哪些东西，抓住什么关键，着重在"看"字。我们将用民用建筑和工业厂房两大类型的各种图纸，进行看图，并采用识图箭的方法结合书中的文字说明，以达到初学者能够学会看图纸的要领。

一、看民用建筑的平面图

我们将用常见的砖混结构的建筑，作为看图的例子。在这里的图 4-1 是一张小学校教学楼的首层平面图，这是一张建筑平面图。下面我们来介绍看图的方法。

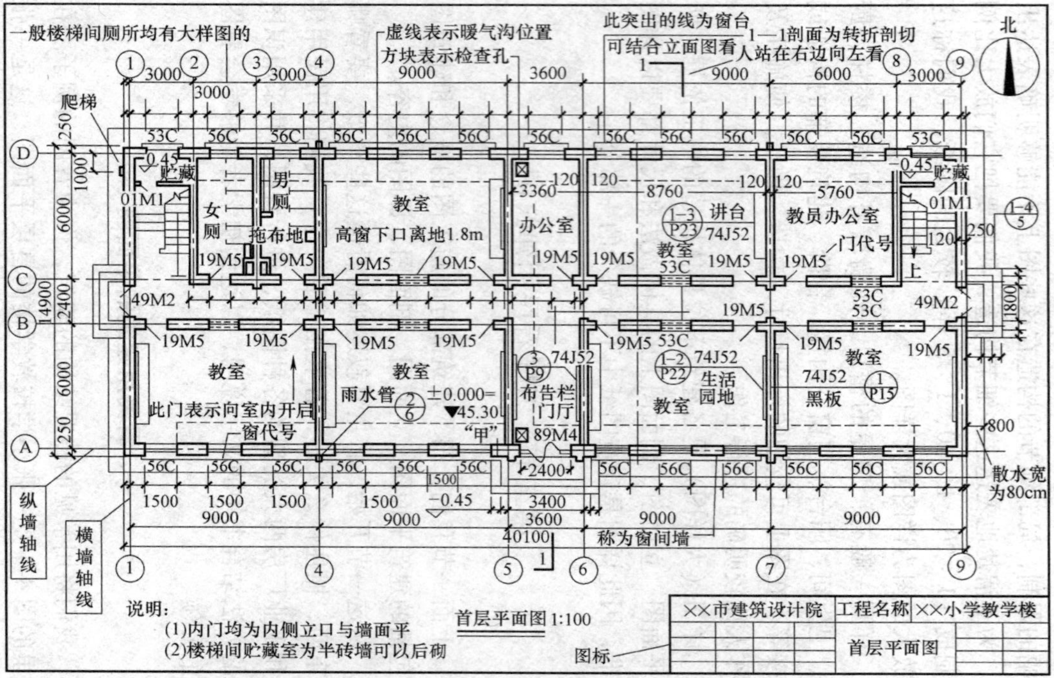

一般楼梯间厕所均有大样图的

此突出的线为窗台

虚线表示暖气沟位置

可结合立面图看 1—1剖面为转折剖切 人站在右边向左看

方块表示暖气检查孔

北

此突出的线为窗台

0081 8 250 120M4 250

3000 9

0.45贮藏 01M1 53C 56C 1204

49M2 19M5

120 5760 53C 56C 53C 门代号 56C 56C

教员办公室 74J52 19M5 53C 53C 教室 ①P15 黑板 56C 56C

19M5 门代号 74J52 19M5 74J52 黑板 56C 56C 56C

8 6000 9000 9000 9000 9000

120 8760 53C

讲台 ①P22 74J52 19M5 19M5

教室 53C 53C 生活 园地 56C 56C

19M5 53C 19M5 19M5 53C 教室 ②P22 74J52 移为窗间墙

9000

3360 120 办公室 19M5 74J52

19M5 布告栏 门厅 89M4 ②P9 ⊠ 2400

甲 45.30 -0.45

3600 3400 40100 3400

5 6

3000 4 9000 教室 高窗下口离地1.8m 19M5 19M5

教室 ②P2 雨水管 ±0.000= 1500 1500

男厕 短布地 19M5 19M5

女厕 0.45贮藏 01M1 49M2 教室 此门表示向室内开向 窗代号 19M5 19M5 56C

1000 250 2400 6000 250 19000

爬梯

1 2 3 4

D 3000 C 3000 B A

横墙轴线

纵墙轴线

楼梯间贮藏室内侧立口与墙面平

工程名称 ××小学教学楼

首层平面图

××市建筑设计院

图标

首层平面图1:100

图 4-1 建筑平面图

说明：
(1)内门均为内侧立口与墙面平
(2)楼梯间贮藏室为半砖墙可以后砌

1. 看图的顺序

（1）先看图纸的图标，了解图名、设计人员、图号、设计日期、比例等。

（2）看房屋的朝向，外围尺寸、轴线有几道，轴线间距离尺寸，外门、窗的尺寸和编号，窗间墙宽度，有无砖垛，外墙厚度，散水宽度，台阶大小，雨水管位置等。

（3）看房屋内部，房间的用途，地坪标高，内墙位置、厚度，内门、窗的位置、尺寸和编号，有关详图的编号、内容等。

（4）看剖切线的位置，以便结合剖面图时看图用。

（5）看与安装工程有关的部位、内容，如暖气沟的位置等。

2. 具体如何"看"

从图 4-1 中我们按如下步骤进行看图：

（1）我们从图标中可以看到这张图是××市建筑设计院设计的，是一座小学教学楼，这张图是该楼的首层平面图，比例为 1∶100。

（2）我们看到该栋楼是朝南的房屋。纵向长度从外墙边到边为 40100（即 40m 零 10cm），由横向 9 道轴线组成，轴线间距离①～④轴是 9000（即 9m，注以后从略），⑤～⑥轴线是 3600，而①～②，②～③，③～④各轴线间距离均为 3000，其他从图上都可以读得各轴间尺寸。横向房屋的总宽度为 14900，纵向轴线由Ⓐ Ⓑ ⒸⒹ四道组成。其中Ⓐ～Ⓑ及Ⓒ～Ⓓ轴间距离均为 6000，Ⓑ～Ⓒ轴为 2400。我们还可以从外墙看出墙厚均为 370，而且①、⑨、Ⓐ、Ⓓ这些轴线均为墙的偏中位置，外侧为 250，内侧为 120。

我们还看到共有 3 个大门，正中正门一樘，两山墙处各有一樘侧门。所有外窗宽度均为 1500，窗间墙尺寸也均有注写。

散水宽度为 800，台阶有 3 个，大的正门的台阶外围尺寸为 1800×4800，侧门的为 1400×3200，侧门台阶标注有详图，图号是第 5 张图纸 1~4 节点。

（3）从图内看，进大门即是一个门厅，中间有一道走廊，共六个教室，两个办公室，两个楼梯间带底下贮藏室，还有男、女厕所各一间。楼梯间、厕所间图纸都另有详细的平面及剖面图。

内门、窗均有编号、尺寸、位置，从图上可看出门大多是向室内开启的，仅贮藏室向外开的。高窗下口距离地面为 1.80m。

内墙厚度纵向两道为 370，从经验上可以想得出它将是承重墙，横墙都为 240 厚。楼梯间贮藏室墙为 120 厚。

教室内有讲台、黑板，门厅内有布告栏，这些都用圆圈的标志方法标明它们所用的详图图册或图号。

所有室内标高均为±0.000，相当于绝对标高 45.30m，仅贮藏室地面为-0.450，有三步踏步走下去。

（4）从图上还可以看出虚线所示为暖气沟位置，沟上还有检查孔位置，这在土建施工时必须为水暖安装做好施工准备。同时可以看到平面图上正门处有一道剖切线，在间道处拐一弯到后墙切开，可以结合剖面图看图。

以上四点说明和图中识图箭上的文字说明，结合起来就可以初步看明白这张平面图了。

3. 看图后应先抓住哪些内容

看图时应该根据施工顺序抓住各主要部位，如应先记住房屋的总长、总宽，几道轴线，轴线间的尺寸，墙厚、门、窗尺寸和编号，门窗还可以列出表来（表 4-1），可以提请加工。其他如楼梯平台标高，踏步走向，以及在砌砖时有关的部分应先看懂，先记住。其次再记下一步施工的有关部分，往往施工的全过程中，一张平面图要看好多次。所以看图纸时先应抓住总体，抓住关键，一步步的看才能把图记住。

门窗数量表（此处仅为首层） 表4-1

门窗名称	代号	尺寸	数量	备 注
外用双弹簧门	89H4	2400×2700	1樘	不带纱门
外用双开门	49M2	1200×2700	2樘	不带纱门
学校专用内门	19M5	1000×2700	16樘	
木板门	01M1	800×1960	2樘	用在贮藏室
外开玻璃窗	56C	1500×1800	23樘	不带纱，两樘为磨砂玻璃
外开玻璃窗	53C	1500×900	9樘	

二、看民用建筑的立面图

我们仍然采用图4-1这个教学楼的立面图来进行看图。现以图4-2及图4-3一个正立面图和一个侧立面图作为看立面图的例子。

1. 看图顺序

（1）看图标，先辨明是什么立面图（南或北立面、东或西立面）。图4-2是该楼的正立面图，相对平面图看是南立面图。

（2）看标高，层数，竖向尺寸。

（3）看门、窗在立面图上的位置。

（4）看外墙装修做法。如有无出檐，墙面是清水还是抹灰，勒脚高度和装修做法，台阶的立面形式及所示详图，门头雨篷的标高和做法，有无门头详图等。

（5）在立面图上还可以看到雨水管位置，外墙爬梯位置，如超过 60m 长的砖砌房屋还有伸缩缝位置等。

2. 如何看立面图

在图4-2中可以看到这是一张南立面图。

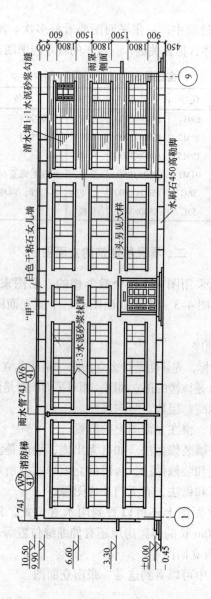

图 4-2 正立面图

（1）该教学楼为三层楼房。每层标高分别为：3.30m，6.60m，9.90m。女儿墙顶为10.50m，是最高点。竖向尺寸，从室外地坪计起，于图的一侧标出（图上可以看到此处不一一注写了）。

（2）外门为玻璃大门，外窗为三扇式大窗（两扇开，一扇固定），窗上部为气窗。首层窗台标高为0.90m，每层窗身高度为1.80m。

（3）可以看到外墙大部分是清水墙，用1∶1水泥砂浆勾缝。窗上下出砖檐并用1∶3水泥砂浆抹面；女儿墙为混水墙，外装修为干粘石分格饰面，勒脚为45cm高，采用水刷石分格饰面。门头及台阶做法都有详图可以查看。

（4）可以看到立面上有两条雨水管，位置可以结合平面图看出是在④轴和⑦轴线处，立面图上还有"甲"节点以示外墙构造大样详图。立面上没有伸缩缝，在山墙可以看到铁爬梯的侧面。

图4-3是该楼的侧立面图。由于平面上东、西山墙外形相同，因此就只要统一用一个侧立面图，而不必分东立面或西立面绘制了。它们所不同的仅在西山墙上有一座铁爬梯。从侧立面图上可以看到：

（1）标高、层高、竖向尺寸均同南立面。

（2）看到仅中间部分（对照平面图是走道部分），才有门和窗。即首层的侧门和二、三层走道尽端的窗。门的上口标高应为2.70m，窗子型号同南立面图一样。门头台阶已注明另有详图。

（3）山墙上有一铁爬梯，做法已注明见标准图。

3. 立面图应记住什么

立面图是一座房屋的立面形象，因此主要的应记住它的

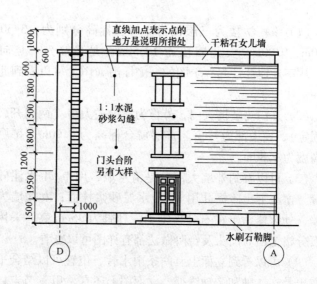

图 4-3 侧立面图

外形，外形中主要的是标高，门、窗位置，其次要记住装修做法，哪一部分有出檐，或有附墙柱等，哪些部分做抹面，都要分别记牢。此外如附加的构造如爬梯、雨水管等的位置，记住后在施工时就可以考虑随施工的进展进行安装。

总之立面图是结合平面图说明房屋外形的图纸，图示的重点是外部构造，因此这些仅从平面图上是想象不出的，必须依靠立面图结合起来，才能把房屋的外部构造表达出来。

三、看民用建筑的剖面图

我们以图 4-1 上绘有的 "1-1" 剖切线，剖切得到的剖视图绘成图 4-4 的剖面图。现用它来作为看民用建筑剖面图

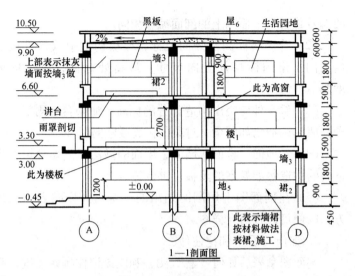

图 4-4　建筑剖面图

的例子。

1. 民用建筑剖面图的特点

我们看到的这栋教学楼是一座多层房屋，它的剖面图表示了这栋房屋的内部竖向构造。它每层都以楼板为分界，仿佛成为一个一个的区格。此外剖面图还有一个特点是由于剖切线位置不同，其剖面图的图形也就不同。在平面图上可以剖切许多个剖面，用来说明房屋的内部构造。但一般是根据平面的关键部位来进行剖切。一套图纸大致有 1～3 张剖面图就可以说明房屋内部的竖向构造了。我们在阅读剖面图时，还应对照平面图一起看，才能对剖面图了解得更清楚。

2. 看剖面图的顺序

（1）看平面图上的剖切位置和剖面编号，对照剖面图上的编号是否与平面图上的剖面编号相同。

（2）看楼层标高及竖向尺寸，楼板构造形式，外墙及内墙门、窗的标高及竖向尺寸，最高处标高，屋顶的坡度等。

（3）看在外墙突出构造部分的标高，如阳台、雨篷、檐子；墙内构造物如圈梁、过梁的标高或竖向尺寸。

（4）看地面、楼面、墙面、屋面的做法：剖切处可看出室内的构造物如教室的黑板、讲台等。

（5）在剖面图上用圆圈划出的，需用大样图表示的地方，以便可以查对大样图。

3. 如何"看"和记住什么

剖面图拿来后如何"看"图，和应该记住哪些关键，我们认为应按上述的看图程序从底层往上看。我们可以用图4-4作为看剖面图的例子。从图上可以看到：

（1）该教学楼的各层标高为3.30m，6.60m，9.90m，檐头女儿墙标高为10.50m。

（2）我们结合立面图可以看到门、窗的竖向尺寸为1800，上层窗和下层窗之间的墙高为1500，窗上口为钢筋混凝土过梁，内门的竖向尺寸为2700，内高窗为离地1800，窗口竖向尺寸为900，内门内窗口上亦为钢筋混凝土过梁。

（3）看到屋顶的屋面做法，用引出线作了注明为屋$_6$；看到楼面的做法，写明楼面为楼$_1$，地面为地$_5$等；这些均可以看材料做法表。从室内可见的墙面也注写了墙$_3$做法，墙裙注了裙$_2$的做法等。此处附上材料做法表，见表4-2。

名　　称	做 法 顺 序
地$_5$	1. 素土夯实基层 2. 100 厚 3：7 灰土垫层 3. 70 厚 C10 混凝土 4. 素水泥浆结合层一道 5. 20 厚 1：2.5 水泥砂浆抹面压实赶光
墙$_3$	1. 13 厚 1：3 白灰砂浆打底 2. 3 厚纸筋白灰膏罩面 3. 喷大白浆
屋$_6$	1. 钢筋混凝土预制楼板（平放） 2. 1：8 水泥焦碴找 2% 坡度（0~140）平均厚 70，压实、找坡 3. 干铺 100 厚加气混凝土块平整，表面扫净 4. 20 厚 1：3 水泥砂浆找平层 5. 二毡三油防水层，其上用推铺粘结 3~6mm 直径的小豆石
楼$_1$	1. 钢筋混凝土楼板 2. 素水泥浆结合层一道 3. 40 厚 1：2：4 豆石混凝土撒 1：1 水泥砂子压实赶光
裙$_2$	1. 13 厚 1：3 水泥砂浆打底扫毛 2. 5 厚 1：2.5 水泥砂浆罩面压实赶光

注：目前材料做法改变很多，此为过去做法，仅供参考。

（4）可看出屋面的坡度为 2%，还有雨篷下沿标高为 3.00m。

（5）还可以看出每层楼板下均有圈梁。

通过看剖面图应记住各层的标高，各部位的材料做法，关键部位尺寸如内高窗的离地高度，墙裙高度。其他如外墙竖向尺寸，标高，可以结合立面图一起记就容易记住，这在砌砖施工时很重要。同时由于建筑标高和结构标高有所不同，所以楼板面和楼板底的标高必须通过计算才能知道，如二层楼面为 3.30m 标高，当楼板为长向空心板时厚度为 180，楼$_1$做法是楼面上做 40 厚豆石混凝土一次压光楼面，因此楼板面的标高为 3.30m 减去 4cm，为 3.26m，楼板底的标高就为 3.26m 再减去 18cm，为 3.08m，这也称为板底的结构标高，砌砖和做圈梁的标高就要按它推算出来，经过计算的这些标高也都应该记住。所以看图纸不光是"看"，有时还得从图纸上得到我们应该知道的数据，对于未标明的尺寸或标高，我们可在已看懂图纸的基础上，把它计算出来，这也是"看"应该懂得的一个方法。

四、看民用建筑的屋顶平面图

屋顶平面图主要说明屋顶上建筑构造的平面布置。它包括如住宅屋顶上的排烟气道、通风通气孔道的位置，屋面上人孔、女儿墙位置、平屋顶要标志出流水坡向、坡度大小、水落管及集水口位置，有的还有前后檐的雨水排水天沟等。不同房屋的屋顶平面图是不相同的，由于屋顶形状，雨水排水方式（内落水或外落水）不同，平面布置也不一样。这些都要在看图中根据图上的具体情况来了解。

下面我们继续用该教学楼的屋顶平面图，作为看图的例子。见图 4-5。

1. 看图顺序

一般屋顶平面图相对比较简单，有时就绘在建筑图中某图纸空余处，单独占用一张图纸的比较少。因此要看屋顶平面图时，有时需先找一找目录，看它安排在哪张建施图上。

拿到屋顶平面图后，先看它外围有无女儿墙或天沟，再看流水坡向，雨水出口及型号，再看出入孔位置，附墙的上屋顶铁爬梯的位置及型号。屋顶平面图基本上就是这些内容，总之是比较简单的。

2. 看图 4-5 这张屋顶平面图

（1）我们看出这是有女儿墙的长方形的屋顶。正中是一

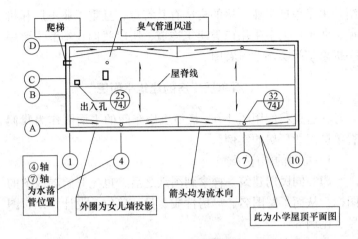

图 4-5　屋顶平面图

条屋脊线，雨水向两檐墙流，在女儿墙下有四个雨水口，并沿女儿墙有泛水坡流向雨水口。

（2）看出屋面有一出入孔，位于①~②轴线之间。有一上屋顶的铁梯，位于西山墙靠近北面大角，从侧立面知道梯中心离①轴线尺寸为 1m（图 4-3）。

（3）可看到标志那些构造物的详图的标志，如出入孔的做法，雨水口型号，铁梯型号等。

以上就是民用建筑屋顶平面图的概况。

第三节　怎样看单层工业厂房建筑图

工业厂房有单层和多层的区别，多层厂房在国内大多采用钢筋混凝土框架结构，建筑图部分和民用建筑图基本相同，而结构图则以框架结构型式为主，这将在看结构图时介绍。由于单层工业厂房的构造有其特点，且重工业工厂和机械工业工厂大多采用该类建筑构造，所以我们在本节主要用一机修车间实例学习看图。

一、看单层厂房的建筑平面图

在这里我们用图 4-6，某一机修车间的平面图作为我们看单层工业厂房的实例。

1. 看图的顺序

（1）同民用建筑一样拿到图纸之后，也先开始看该图的图标，从而了解图名、厂房性质、设计单位、设计日期、图号、比例等。

（2）看车间朝向，外围尺寸，轴线的布置，跨度尺寸，围护墙的材质、厚度，外门、窗的尺寸、编号，散水宽度，门外碢磜或坡台阶的尺寸、有无相联的露天跨的柱及吊车梁等。

（3）看车间内部，有关土建的设施布置和位置，桥式吊车（俗称天车）的台数和吨位，有无室内电平车道，以及车间内的附属小间，如工具室，车间小仓库等。

（4）看剖切线位置，和有关详图的编号标志等，以便结合看其他的图。

2. 具体进行看图

（1）从图标中了解到这张图是××工业部设计院设计的××厂的机修车间，设计日期是××××年×月，比例是1：200。

（2）看到这座车间是朝东的，共有十条柱轴线，柱距是6m，在当时的规定称为标准柱距。外墙围护是 240 厚的砖墙，因此纵向全长是54480。横向共有两跨，一跨为18m，

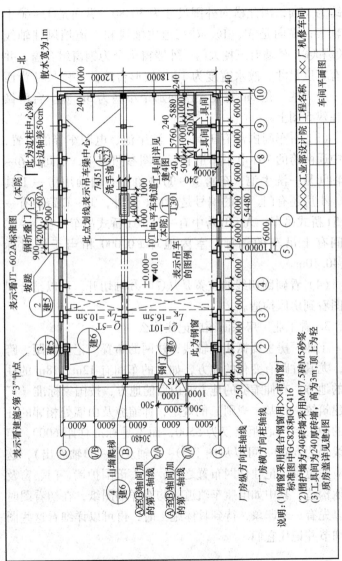

图 4.6 单层工业厂房平面图 1：200

说明：(1)钢窗采用组合钢窗用××市钢窗厂
标准图中GC828和GC416
(2)围护墙为240砖墙采用MU7.5砖M5砂浆
(3)工具间为240厚砖墙，高为3m，顶上为轻
质房盖详见建4图

一跨为12m，因此横向外围尺寸为30480。纵向是①～⑩十道轴线；横向是Ⓐ、Ⓑ、Ⓒ三道主轴线和三道挡风柱轴线Ⓐ₁Ⓑ₁和Ⓒ₁，外墙有三樘大门。外墙窗子全为钢窗组合窗，并注有宽度尺寸。散水宽度为1m。坡形台阶的外围尺寸为西面一个大些，是6m宽度，南面那个小些为5m宽。台阶做法在建5图上。

（3）看车间内部有工具间、洗手池、电瓶车等的位置，其中通两跨的10t电平车道有标准图参照施工，中间柱⑥～⑦轴间是一洗手池，东跨⑧～⑩轴角上有辅助用房—工具间，小房还有门。门的编号是M17。此外，Ⓑ～Ⓒ跨中有一台5t桥式吊车，Ⓐ～Ⓑ跨中有一台10t桥式吊车。在①～②轴间有上吊车的钢梯。室内地坪±0.000相当于绝对标高40.10m。

（4）看到剖切线的位置是从⑦～⑧轴切开，可以结合削面图看到房屋构造。

3. 看工业厂房平面图应记住什么

工业厂房主要抓住柱轴线，柱网的布置。记住柱距，跨度，尤其柱距有变化的地方，如大的车间有12m、18m的柱距的地方；有伸缩缝的地方及山墙的地方，按国家标准《厂房建筑统一化基本规则》的规定，伸缩缝及山墙处相邻的柱子的中心到中心距离仅为5500，而不是标准柱距6000，但轴线仍为6000（可以从图上①～②轴及⑨～⑩轴看出），这点应注意到。记住柱网布置之后，再去记围护墙，门、窗及其他构造，其中如电瓶车轨道等均有详细图纸，在初看图时可以先有一个印象，待到具体施工时，再可以详细看这些图纸细节并记住它们。

二、看单层厂房的立面图

我们用相对于图4~6这个车间的平面图，绘成正立面图4-7（a）及4-7（b）侧立面图，来看单层厂房的立面图。从图4-7上可以看出它与民用建筑的立面图是不同的。

1. 看图顺序

看图顺序的先后与民用建筑图相同，在此不再赘述。

2. 工业建筑立面图的特点

我们在看厂房建筑立面时，发现它与民用建筑有所不同。单层厂房没有层高之分，只有在构造不同的地方，注有该处的标高。立面上的门、窗都比民用建筑的尺寸大。屋顶上大多有天窗构造。如为多层的工业厂房，它的层高往往也比民用建筑高得多，立面形式往往以工艺需要布置，没有一定规律。此外工业建筑在立面上的艺术装饰要求，都没有民用建筑要求那么高，一般比较简单。

3. 从图4-7来"看"厂房立面图

（1）看到该车间女儿墙檐边标高为11.00m，第一道圈梁上标高为5.75m，第二道圈梁上标高为9.50m，底下窗台标高为1.00m等。另外从竖向尺寸上看出窗的高度尺寸，上、下窗之间的墙的高度尺寸，圈梁高度的尺寸等。

（2）图上可以看出钢大门、钢窗的大致形状，可以看到天窗的大致形状。这些钢门、窗均有详图的。立面图上我们只要记住洞口大小和门窗的详图号就可以了。

（3）看外墙的装饰做法要求，如该立面上女儿墙出檐是抹水泥，圈梁外露部分和窗台下勒脚也是抹水泥，其他均为清水砖墙勾缝。

（4）此外还可以看到山墙上有铁爬梯，但也可以发现立

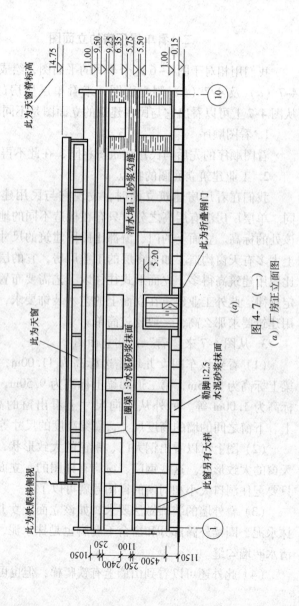

此为天窗脊标高

14.75

11.00
9.50
6.35
5.75
5.50

此为折叠钢门

清水墙1:砂浆勾缝

5.20

1.00
−0.15

10

此为天窗

圈梁1:3水泥砂浆抹面

勒脚1:2.5
水泥砂浆抹面

此为铁爬梯侧视

此窗另有大样

1

1150
4500 250 2400 250 1100 250 1050

(a)

图 4-7 (一)

(a) 厂房正立面图

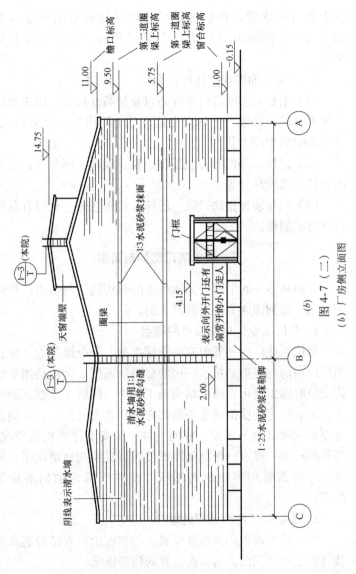

檐口标高 11.00

第二道圈梁上标高 9.50

第一道圈梁上标高 5.75

窗台标高 1.00 -0.15

14.75

1—3(本院)

天窗端壁

1:3水泥砂浆抹面

门框

4.15

表示向外开门正有一阀常开的小门走人

1—3(本院)

圈梁

清水墙用1:1水泥砂浆勾缝

2.00

1:25水泥砂浆抹勒脚

阴线表示清水墙

(b)

图 4-7 (二)

(b) 厂房侧立面图

131

面上没有水落管，根据施工经验可以知道采用的是内部落水方式。同时由于厂房没有超过 60m，所以也没有伸缩缝。

4. 厂房立面图应记住些什么

（1）主要是不同部位的标高以及最高处标高。因为单层厂房不分层，弄错一个标高会造成整个厂房的高度的错误。甚至影响到生产工艺。

（2）记住外部设施，包括门、窗、爬梯、雨篷等，它们的数量、高度尺寸等。

（3）记住装饰做法，除一般抹水泥做法外，有没有其他特殊要求的做法。

三、看单层厂房的剖面图

我们从图 4-6 平面上⑧轴线边的剖切线，剖切出厂房的剖面图，得到图 4-8 作为看图实例。

1. 单层工业厂房剖面图的特点

单层工业厂房一般要有一个横剖面，一个纵剖面，来说明厂房内部的构造。单层厂房的建筑剖面图，同样适用于结构安装时施工使用，因此结构施工图中一般就不绘制剖面图了。工业厂房的横剖面主要剖切在门口及有天窗处，纵剖面主要是说明纵向吊车梁、柱间支撑、屋架支撑等构造情况。简单的厂房一般有一张剖面图纸就可以说明构造情况了，复杂的厂房需要用多张剖面图纸才能将厂房内的构造绘制出来。

2. 看单层厂房剖面图的顺序

（1）看平面图的剖切线位置，与剖面图两者结合起来看就可以了解到剖面图的所在位置的构造情况。

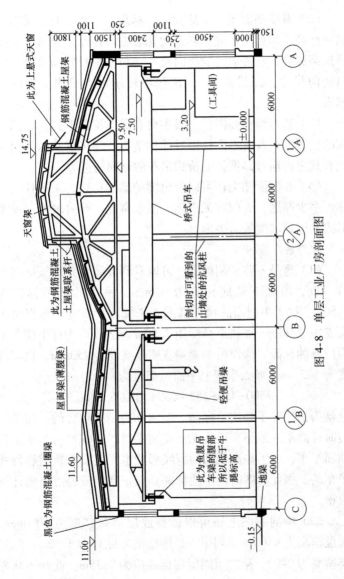

图 4-8 单层工业厂房剖面图

133

（2）看横剖面图，包括看地坪标高，牛腿顶面及吊车梁轨顶标高，屋架下弦底标高，女儿墙檐口标高，天窗架上屋顶最高标高。看外墙处的竖向尺寸（包括窗口竖向尺寸，门口竖向尺寸，圈梁高度），这些项目还可以对照立面图一起看。

（3）若有纵剖面图，一般主要看吊车梁的形式，柱间支撑的位置，以及有不同柱距时的构造等。还可以从纵剖面图上看到室内窗台高度，上桥式吊车的钢梯构造等。

（4）在剖面图上还可以看出围护墙的构造，采用什么墙体，多少厚度，大门有无雨篷，散水宽度，台阶坡度，屋架形式和屋顶坡度等有关内容。

3．"看"图 4-8

（1）这是一张横剖面图，可以看到外墙女儿墙顶标高为 11.00m，屋架下弦底标高为 9.50m，吊车的轨顶标高为 7.50m，柱子牛腿面的顶标高图上未标出，而是要根据吊车梁支座处高度，加轨道高度用 7.50m 减去，即为柱牛腿上平面应有的标高。假设吊车梁端支座处高度为 450mm，轨道高度为 152mm，那么牛腿上平面标高应为：

$$7500-450-152=6898 \text{ 可取 } 6.90m。$$

这就为吊装柱子确定了标高。牛腿标高是很重要的，如果安装时标高不一致吊车梁将无法安装平整，或安好吊车梁之后顶面不平，成了高高低低的折线形状也无法安装轨道和桥式吊车的。因此看图时对牛腿标高必须记住，或经过精确计算取得。

（2）横剖面图上还可以读得底层窗台高度为 1000mm，底层窗高为 4500，得到第一道圈梁的底标高为 5.50m，第二层窗高为 2400，第二道圈梁底标高应为 9.25m。此外还从外墙处读到各部位的竖向尺寸。

4. 单层厂房建筑剖面图应记住什么

单层厂房的剖面图主要是标志厂房标高，竖向尺寸，结构施工时也可以按照它施工，所以应记住的关键是构造形式，标高，竖向尺寸，围护墙厚度，圈梁标高，散水宽度，门口雨篷标高、伸出尺寸等有关的建筑构造的内容。

为了便于记住这些内容，还应该与平面图、立面图结合起来看图，加上自己施工经验和想象力就可以把整个房屋的构造印在自己脑子中了。

四、看单层厂房的屋顶平面图

我们在这里把图4-9这张单层厂房的屋顶平面，作为看图实例，它是平面图4-6的屋顶平面图，其轴线编号均相同。

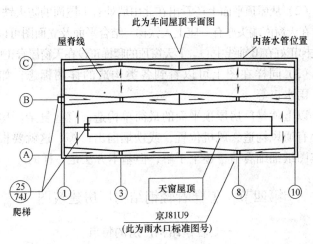

图 4-9 厂房屋顶平面图

1. 看图顺序

在找到厂房屋顶平面图之后，其看图顺序基本同看学校屋顶平面图相似。首先看外围尺寸及有无女儿墙，流水走向，上人铁梯，雨水口位置，天窗的平面位置等。

2. 看图 4-9 屋顶平面图

（1）该厂房屋顶是有女儿墙的，屋面上有天窗，自②轴线到⑨轴线止，在看时脑子中要产生有天窗处的屋顶标高比大屋面标高高出的形象。不能看成在同一平面高度上，这也是看图时应具有的想象力。从剖面图上我们看到屋顶是个折拱形屋架，所以屋脊分水线亦在正中间，流水向前后檐流出。同时从剖面图上看到天窗仅有出水檐，没有天沟及其他构造，因此它的流水下落到大屋面上是自由落水。大屋面的流水是沿女儿墙边流入雨水口，图上均有泛水箭头示意。从立面图上看不见水落管，所以我们能想象出它是内排水。

（2）从屋顶平面上还看出在北山墙处有上屋面的防火铁梯，同时在天窗南端头亦有一座上人铁梯。结合平面及立面图可以看出铁梯正好在Ⓑ轴线中心。上天窗顶的爬梯正设在天窗屋脊正中。

（3）同样在图上可以看到各类构造的详图标志，如铁梯、雨水口等。

以上就是厂房屋顶平面的最简单构造，有些复杂厂房屋顶上有通风构造，风机位置，或铁烟囱出口等。这就要根据具体图纸细细看清，逐个了解，但基本方法是一样的。

第四节　怎样看轻钢结构厂房建筑图

一、轻钢结构厂房的特点

在 20 世纪 80 年代后期，我国在引进外资和国外先进技术的同时，把国外的一些轻型钢结构厂房建筑，也开始在国内建筑和推广。该类厂房可用于汽车制造，轻工业，食品工业，电子工业和机械工业等方面。它与新中国成立初期那些重型钢结构厂房有很大的不同，其特点有如下 3 个方面：

1. 结构轻型。前面一节介绍的是过去常见的单层工业厂房，大多用的是钢筋混凝土结构。（目前在一些地区也还在用这种方法建造）这类钢筋混凝土单层厂房，总体自重远远超过同面积的轻钢结构厂房的重量。比如，屋盖系统，过去常用大型屋面板，架在混凝土屋架或钢屋架上。仅屋面板混凝土自重每平方米约重 $160kg/m^2$ 而现在采用轻钢结构，用 0.5 毫米钢板轧制成的彩色钢屋面板，加上薄壁钢檩条和轻质保温棉，三者的重量每平方米仅 20kg 左右。

再从结构件屋面梁、钢柱等来看，每米长的重量也远比混凝土屋架、混凝土柱轻得多。由于这些因素，自重轻后，厂房柱的基础也将比混凝土结构的基础小得多。虽然钢材价格比起钢筋混凝土来说要贵些。但当厂房淘汰不用时，拆下来的钢构件还可以重新回收冶炼。综合起来其造价还是相对便宜的。

2. 可以工厂化生产。轻钢结构厂房除了基础必须在工地施工生产，其他的构件如柱子、屋面梁、檩条、吊车梁、柱间支撑等均可以在钢结构加工厂生产，不受雨雪天气的影响。

此外，屋面板、墙面板、保温棉均有专门生产企业，可以按施工图要求去订购。工厂化生产对施工速度的加快奠定了基础。

3. 施工工期短，速度快。由于一是采用了工厂化生产；其二是结构构造的连接采用螺栓，安装时方便，易于提高劳动效率；其三是不像混凝土结构完成后，还要做屋面的保温、防水，墙面的围护砌筑，墙面的抹灰装饰等。这些工期时间全部不占用了。达到了施工工期短，速度快的目的。所以轻钢结构厂房一旦被推广采用，发展非常迅速。

在本节中我们将按顺序，把轻钢结构厂房的建筑图部分，如何看图先进行介绍（结构图部分将在第五章中与看结构施工图一起介绍）。

二、看轻钢结构厂房的平面图

在这里我们用图 4-10，某一加工车间的平面图作为看图实例进行介绍。

1. 看图的顺序

（1）同前面看单层工业厂房的图纸一样，在拿到图纸之后，也是先看图标。但本图例采用的是竖式图标，不过它内部标注的内容与横式图标是一样的。上部一般先标出是×××设计单位，随后是标出建设单位，再标注工程名称，其他签字栏、图号、图名均是同横式图标一样的。在本图上可以看出的工程是车间二，图名是车间平面图。比例 1：150 等。

（2）看车间的朝向、外围尺寸、轴线布置、跨度、开间等。

（3）看车间内部的布置，剖切线的位置，有无吊车设施、门窗情况，详图编号等。

2. 详细观看图纸的内容

（1）从图上指北针的标注，我们可以看出该车间是朝南方向的。车间自西向东共 12 道轴线，轴线间的开间尺寸除①~②轴及⑪~⑫轴为 7500 外，其余的均为 7000。而南北向共有两跨，每跨Ⓐ~Ⓑ轴及Ⓑ~Ⓒ轴间的跨度均为 24000mm，轴线除⑧轴位于中央列柱的中心，而两边边柱轴线均在工字柱的外侧，这和混凝土结构的厂房标法是相同的。从而厂房轴线的外围尺寸也可以得知，东西向总长为轴线尺寸78000mm，加外墙连粉刷层 260×2 = 520mm，则外围总长为78520mm。南北向为 48000mm + 520mm 外围总尺寸为48520mm。此外，还可以看出两山墙处每 6m 有一根抗风柱。并了解到受力主柱共有 36 根，抗风柱共有 12 根。

（2）看图上的外围内容，可以看到有四樘车间大门，并附带四个坡道式台阶。还有四樘人员出入的小门，位于变电间处两樘，北面纵墙两樘。在南墙的④~⑪轴有窗子，东西山墙亦有窗子。北墙③~⑩轴有窗。墙外散水宽为 600mm，散水及坡道均注到标准备集中去查找做法。此外南墙外中部有一个洗手池。东山墙中部⑧轴线上有一座上屋顶的铁爬梯等。

（3）看图上车间内部，西头有一个配电间和一个卫生间，以及相应的门和卫生设施。车间内还有两台可起重 30t 的桥式吊车。还有在地面上的纵横线条是建筑上做地坪的分仓线。车间的±0.000地坪的绝对标高为 3.400m，在图上也作了标注。以及在 B 轴线上⑩至⑪轴处有一座上吊车的爬梯。这些都是可看到的内容。

（4）看剖切线的位置，它是从④~⑤轴间剖切向西看的剖视图。在后面我们可以结合图 4-12 进行看图了解到剖切以西的竖向构造。

3. 看轻钢结构厂房平面图应记住什么

（1）记住轴线和柱网。不同柱子的位置，柱子的根数，这与结构图结合起来，记牢了有了建筑图的印象，则加工构件时，就不会弄错。

（2）记住底部围护墙的位置和柱子轴线的关系，不要造成与钢柱错位，这很重要。放线时，一定要严格复核。

（3）记住车间内的附属房屋和有关设施。如图中的配电间，它与轴线的关系，不要弄错后造成配电设备放不下，或多占车间的面积。还有如上桥式吊车的铁梯，也必须看图后有个筹划，不要到安装吊车时临时抢装造成差错或踏步与吊车入口发生矛盾。

（4）记住门、窗尺寸型号，以便及时可以进行加工订货。再有桥式吊车也必须提前向供应厂商调查了解和进行订货，因为钢结构的施工期是相对较短的。

（5）记住在做地坪时，一定要做分仓缝。在图上的分仓缝绘的似乎太繁琐，施单位可以根据自己的经验进行调整，只要每块面积不大于 $36m^2$ 就可以了。像图中就可以把中间 2m 宽的带形仓缝条取消，减少多缝道的麻烦。

（6）记住车间地坪的绝对标高值。在回填土后做地坪前，一定要将绝对标高引进并复合准确，并在车间内设控制点，这样地面才能做得平整符合使用要求。

三、看轻钢结构厂房的立面图

在这里我们将图 4-10 的建筑平面的南立面和东立面，即图 4-11（a）与（b）作为看该厂房立面图的实例。

1. 看图的顺序和可看到的图面内容

（1）我们现在看到的是①~⑫轴的立面图，按平面图指北针所示，即为俗称的南立面图，在本书中图号为图 4-11（a）。首先给人的印象此图有竖向的密线条，它是什么意思？这实际上是轻钢结构采用的彩钢板墙板的表示方法。所以图左上角注写了彩钢板三字。除这特点之外我们能看到的内容是彩板墙下一块白色区域，这是为彩板墙不下伸防止受潮锈蚀，而采用了砖砌体的墙体。该墙身高度从立面图的竖向尺寸上可以看出为 ±0.000 往上 1.500m 高。

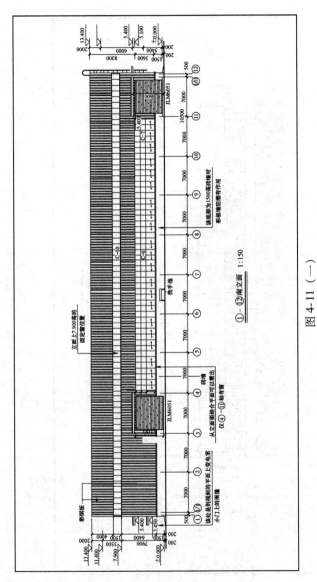

图 4-11 (一)

(a) 车间南立面图

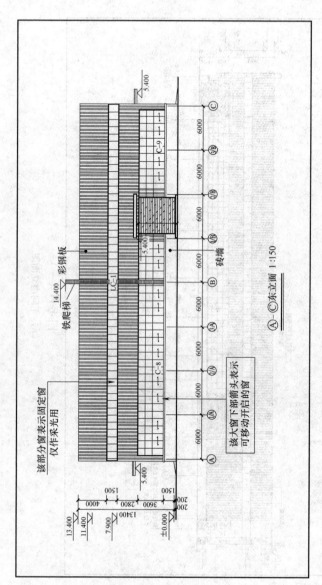

图 4-11 (二)

(b) 车间东立面图

（2）我们在图上还可以看到南立面在④~⑪轴，为3.60m高的采光窗，其窗上部两格为固定窗；下面部分为可以移动的推拉窗调节空气。再往上到7.90m高处从①~⑫轴均为固定的采光窗。立面上还有两樘高大的车间大门，门上5.400m标高处是两个大的雨篷。东山墙还有一座上屋面清理、检修的铁爬梯。南面⑥~⑦轴间还有一个洗手池。

（3）除了看到的实物，我们还应注意到厂房的各个标高点及竖向尺寸。单层厂房的标高和竖向尺寸是相当重要的。在这中间第一个竖向尺寸是1500，这是下部砌体应做到的高度，它的标高虽然没有注，我们也可以知道标高应为1.500m；第二个标高是在西头的小雨篷的底标高，标高值为3.450m；第三个标高是5.100m，它是3.600m高的采光及推拉窗的顶标高；第四个标高是5.400m，它是大门雨篷的底平标高；第五个标高是7.900m，它是上部采光固定窗的底标高；第六个标高是厂房沿口的标高为11.400m，由于沿口隐蔽在墙板之内，直观是看不见的，但我们要记住这个标高，就知道这是屋面梁在沿口处的高度，在那个部位有排水的天沟等构造；第七个标高是女儿墙的顶标高13.400m，它是厂房墙体的最高处。如果按最高点说，那么东山墙的铁爬梯最高，在东立面上可以看出其标高点为14.400m，但不是重要标高。

2. 看东立面图［图4~11（b）］

东立面图是Ⓐ~Ⓒ轴的山墙立面图。它与正立面（即南立面）图相比较，并没有什么特别的地方。标高点和竖向尺寸都基本相同。仅在⑯~㉖轴间有樘车间大门，我们可以通过看平面图的记忆，发现它与西山墙的大门正对应，便于运输车辆的东西贯通。该立面图上只多了Ⓑ轴线上设置的一座上屋顶的铁爬梯，并标了该高点的标高。再有是在山墙标注了各抗风柱的轴线，可以使看图者与平面图联想到其位置内有抗风柱的构造

3. 看立面图应记住什么

（1）应记住各个标高及竖向尺寸，并在该处的含义与相互关系。单层厂房和楼层建筑不同。若弄错一个标高往往会引起厂房的不交圈，造成返工损失。因此仔细阅图，必要时记录下来，从而保证工程的质量。

（2）对门窗尺寸，尤其是高度尺寸必须记住。因为它与彩板墙的结合，相接尺寸很重要，否则彩板断开的尺寸与门、窗也不能吻合，极短露出较大缝道就很难处理了。若板长了，把板切割去凑，切割处的外观非常难看，外观质量就达不到要求。所以这点也必须记住。

（3）对立面图上的节点做法，也必须记住。尤其是四个大角，门、窗包边等必须按图施工达到各处吻合美观。还有是如砖墙部分的装饰，色调等还应根据图纸和使用方的意图，达到与设计的彩板颜色能协调一致。这也是看立面图应想到和记住的。

四、看轻钢结构厂房的剖面图

我们现在看的剖面图，是从平面图④轴线处剖切的视图，见图4-12。作为看剖面图的实例。

轻钢结构厂房的剖面图和前面讲述的单层工业厂房剖面图是相似。仅是其内部构造的用材、构件等有所不同。下面我们来阅看该剖面图。

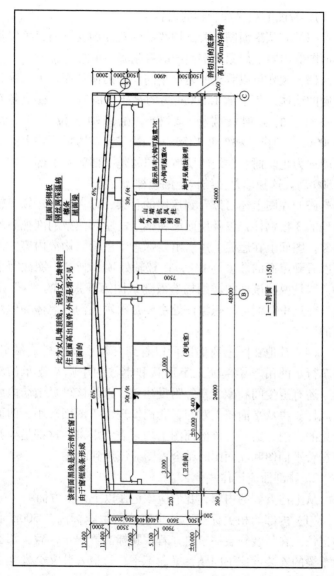

图 4-12　车间剖面图

1. 看图的顺序和看到的内容

（1）光从平面图上看剖切线的位置和剖视方向，可以从平面图的内容上想象出剖面图能看到哪些东西。

（2）现在可以看到的是该车间厂房的横剖面。可以看到两侧的墙体，其下部1.500m高的是砖砌的墙体。往上是有内外两层的彩钢板墙板，墙板中在Ⓐ轴线位置有下部3.600m高的窗子和上部1.500m的固定窗，墙板再往上到女儿墙顶为止。而Ⓒ轴线的墙体不同的是下部窗和上部窗均为1.500高。这板墙是由结构上的墙檩条支撑的。

（3）在图上还可以看到房屋的骨架，即Ⓐ、Ⓑ、Ⓒ三轴线处的3根钢栓，以及屋面梁和梁上的屋面檩条的剖视到的形象。图面上在屋面上用引出线标志了屋面的构成内容，还可以看到屋面的坡度为6%，在Ⓒ轴处顶部画的圆圈注写了⑤⃓，这是说明该部的详细构造看建筑图第五张上的"1"节点。在这里我们可以想象该处主要是雨水天沟与墙体如何结合的构造。

（4）其他在图上我们还可以看到有起重设备桥式吊车，吊车行走的吊车梁剖面工字形状和钢柱的牛腿来支承吊车梁。还有卫生间和配电室等附设建筑，以及该可见山墙内的抗风柱。再从平面图上对照，我们发现由于图面较小，西面可见的大门、窗子在该剖面图上均未表示出来。这都是要我们在看平面图和立面图时结合看图应该想到的。

2. 看剖面应记住些什么

从上述看到的内容，我们应该记住以下几个方面：

（1）内部的相关标高。其中钢柱的牛腿标高7.500m必须记住。在吊装安装柱子时，若牛腿标高弄得不一致，那么吊车梁的安装就成了问题，梁面不平，轨道安装又会发生矛

146

盾，所以牛腿标高一定要记住吊装时一定要控制好。其中控制柱子的精确度除了牛腿标高外，屋顶沿口的 11.400m 标高也必须控制好。

（2）记住厂房有关的构造要求。如屋面的构造层次，地坪的构造要求去查阅相关图纸的做法说明。变电室、卫生间的高度也应记住。

（3）记住墙体的厚度，如该图上下面 1.500m 高的墙体厚为 260mm，该考虑到这是砖墙厚加了抹灰层的总厚度。上部彩板墙总厚为 220mm，正好少于 260mm，可坐落在下面砌体墙顶上。这两种不同墙体的厚，其构造是不一样，不能马虎。

为了能够记住，消化阅图内容，必须平、立、剖 3 种图对照阅读，这样就便于记住了。

五、看轻钢结构的厂房屋顶平面图

轻钢结构的屋顶平面图，现用图 4-13 作为看图实例。

1. 看图的顺序和能看到内容

轻钢结构厂房的屋顶平面比上一节介绍的单层工业厂房的屋顶平面图要简单得多，看图顺序不必再繁琐的讲了，它和看厂房平面图过程相同。但它不需要我们看厂房内部，只要看到屋顶上面的一些东西是什么，就可以了。

那么我们可以看到的是如轴线、屋脊线、女儿墙的一圈位置，以及前后沿女儿墙下的雨水天沟。而在本屋顶平面图上的特点是一个屋面板中间有采光带，另外还有用圆圈表示的调节空气的排风机的位置。采光带是用工程塑料轧制而成的，它的波形是根据屋面彩钢板的波形相匹配的，这样才能在安装时相互扣紧吻合。在屋面图上看出来它的位置是在每

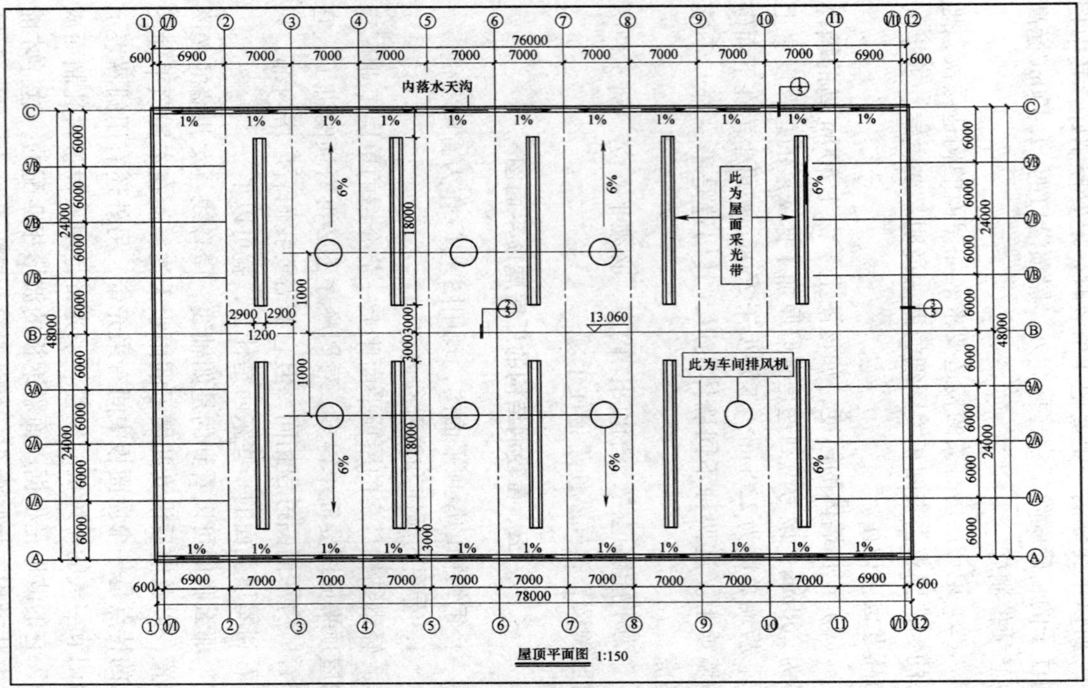

屋顶平面图 1:150

图 4-13 车间的屋顶平面图

开间的中央，两端是上离屋脊线 3m，下离Ⓐ及Ⓒ轴线 3m，带自身宽度 1.2m，长 18m。排风扇机也在各开间中央位置，但它的中心离屋脊线为 10m。安装时在该位置要做加强的动性檩条，并开相应的孔洞和做好洞边的防水处理。

再在图上我们可以看到沿头女儿墙及山墙女儿墙和屋脊线处，有可查阅的详图标志。它们是在建施 5 图纸上的"1"、"2"、"3"的节点详图，在那里可以看出它们的具体构造。

其他还有的内容是，如屋面及天沟内标出的泛水坡度，屋面为 6%，它与剖面图上标出的应一致，天沟内的是 1%，天沟内雨水则流向每两个开间中共用的一个落水管口内。这样屋顶平面图的内容就基本都了解了。

2. 屋顶平面图阅看后应记住些什么

（1）应记住天沟内的泛水坡度，因为在别的图纸上是没有的。记住了该坡度，安装时就知道哪部分要抬高些，在落水口处要做低！而屋面的坡度在房屋结构构造中已经定好的，阅图时只要看看与剖面图是否一致，只要不矛盾就可以了。

（2）应记住采光带的型号，以及放置位置是隔间放，还是间间都放。还有是风机有多少台，具体放在什么位置。

（3）要记住需查看的详图在哪张图纸上，还是统一的标准图上。并应找出来阅看记忆，必要时可绘制草图记录，目的是使施工安装时不弄错。

在这几个方面都做到了，那么把屋顶平面图算看明白了。

第五节　怎样看建筑详图

建筑详图是在建筑平面图、立面图、剖面图、屋顶平面图中需提出来绘成详细尺寸和构造的图纸。这些图在具体制作、施工放线、实施操作所必需的。在这里我们仅能选取部分民用建筑的建筑详图和部分单层厂房的建筑构造详图，作为看图实例进行介绍。

一、民用房屋常见的建筑详图

1. 详图的类型

民用建筑中尤其砖混结构房屋，其详图一般有：外墙构造大样图，楼梯间大样图，门头、台阶详图，厨房、卫生间、浴室等的详图。为节省重复制图和达到标准化，同时说明某些部位的具体构造，如门、窗的详图，楼梯栏杆和扶手的详图，采用设计好的标准图集来解决施工中的需要。因此详图的阅读除看成套某房屋的施工图纸外，还要阅看选用的标准图。所以在施工中施工人员必须具备一些常会用到的标准图集，以配合看图和进行施工。

2. 具体详图的阅读

我们仍用前面谈到的小学教学楼为例，选择绘制出各种详图（大样图），来进行看图。

（1）外墙大样图见图 4-14。即平面图上的"甲"节点。我们在外墙大样图上可以看到各层楼面的标高和女儿墙压顶的标高，窗上共需两根过梁，一根矩形，一根带檐子的，窗台挑出尺寸为 60，厚度为 60，内窗台板采用 74J42-N15-CB15 的型号，这就又得去查这标准图集，从图集中找到这类窗台板。还可以从大样图上看到圈梁的断面，女儿墙的压顶钢筋混凝土断面，还可以看到雨篷、台阶、地面、楼面等的剖切情形。

总之，外墙大样图主要表明选剖的外墙节点处的具体构造，了解该处的相互联系，使我们施工时对具体的外墙做法

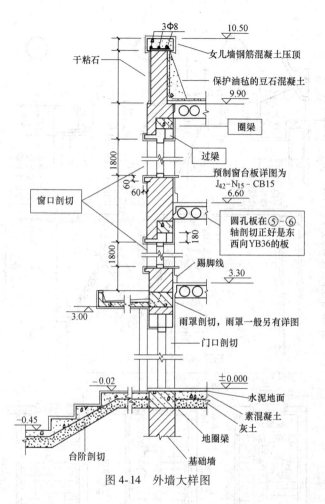

图 4-14 外墙大样图

有所依据。

（2）楼梯间的详图（大样图）

我们也将那座小学教学楼的楼梯间取出来绘成大样图，从而了解它的具体构造。见图 4-15。

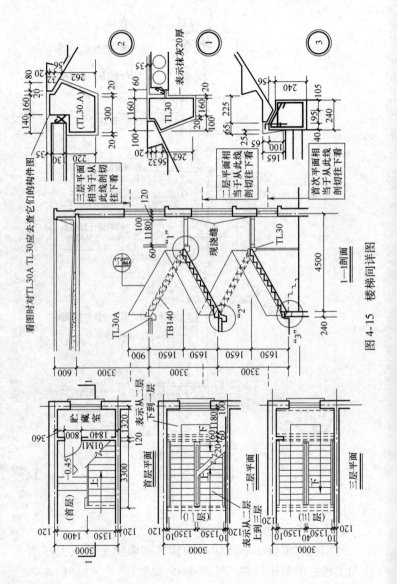

图 4-15 楼梯间详图

152

在楼梯间大样图上可以看到楼梯间的平面、剖面和节点构造详图。平面图分为一、二、三层，表示出楼梯的走向，平面尺寸。剖面图上可以看到楼层高度，楼梯竖向尺寸及栏杆做法按建 8 图 1-3 号图做。节点详图上表示梁、梯交点的关系和尺寸。

（3）窗的详图

门、窗的详图一般都有统一的标准图集。对于特殊的或有具体做法要求的窗样，则可绘制具体的施工详图。这里为了学会看懂门、窗节点构造图，我们选了××市常用木门窗标准图集中的 56C 详图，作为看图的例子。见图 4-16。

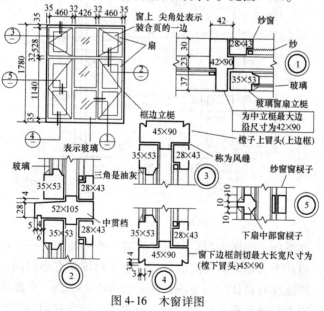

图 4-16　木窗详图

（4）厕所大样图

在这里我们把教学楼的男厕所取出来绘成大样图，见图

4-17，以便我们了解厕所图纸的内容，学会看这方面的图。

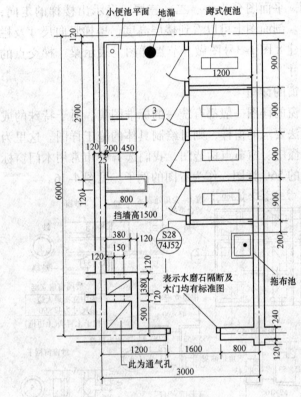

图 4-17　厕所详图

在厕所平面图中我们可以看到有一个小便池，一个拖布池，有四个大便坑并用隔断分开，每个蹲坑都有小门向外开启。隔断墙有具体的标准图，图号为 84J52～S28，平面图上还可以看到通气孔的位置，地漏位置等。结合它们的节点图就可以进行施工了。

（5）讲台、黑板大样图

最后，我们选择教室内的讲台和黑板的建筑详图，见图4-18，再看一看这类构造的详图，以增加对不同详图的了解。

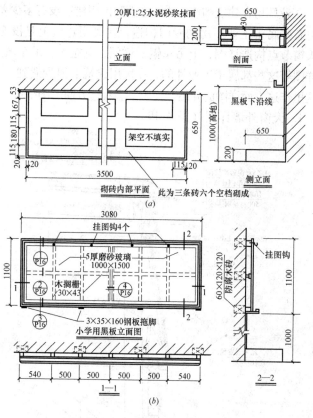

图4-18　讲台和黑板详图

从平面上可以看到讲台的长度、宽度，黑板的长度。立面上可以看到讲台高度，黑板离地高度，黑板本身的高度、长度。剖面图上可以看出黑板与墙联结的关系等。具体均在图上注明了。

二、工业厂房的建筑详图

工业厂房在建筑构造的详图方面和民用建筑没有多少差别。但也有些属于工业厂房的专门构造，在民用建筑上是没有的。如天窗节点构造详图，上吊车钢梯详图，电瓶车、吊车轨道安装详图等这些都属于工业性的，在民用建筑上很少遇到。为此在这里作这方面详图的介绍，便于学会看这方面的图纸。

1. 天窗外墙详图（图 4-19）

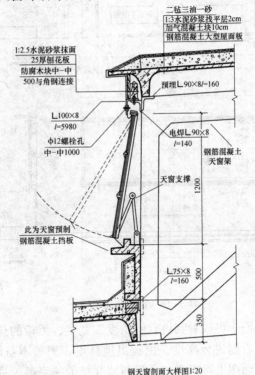

钢天窗剖面大样图1:20

图 4-19　天窗详图

156

在这张图上我们可以看到天窗屋顶构造和屋面做法。出檐为大型屋面板挑出的。窗为上悬式钢窗，窗下为预制钢筋混凝土天窗侧挡板，侧板凹槽内填充加气混凝土块作为保温用。油毡从大屋面上往上铺到窗台檐下面。天窗上出檐下用木丝板固定在木砖上，外抹水泥砂浆。从这张天窗详图上我们了解了构造形式和尺寸，因此我们就从看图上明白了施工的做法，尺寸，就可以进行施工。

2. 钢梯的详图（图4-20）

从钢梯的详图来看，共为两部分。图4-20（a）为平面及侧面图，图4-20（b）为平台的构造图。从平面图上看到

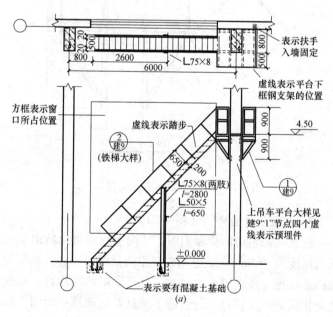

图4-20 上吊车的钢梯构造详图（一）

157

水平长度尺寸，侧面图上看到梯及平台的高度。同时看到由于梯子较长，中间用L75×8两根角钢焊在梯斜板上作为支撑。以及平台由角钢架焊在柱子预埋件上，用柱子作支柱的构造。具体细部可以见图4-20（b），因此我们就可以按这些图制作这座钢梯及平台了。

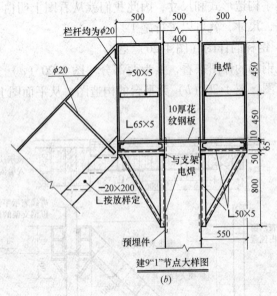

图4-20 上吊车的钢梯构造详图（二）

3. 电瓶车轨道详图（图4-21）

这是一张轨道的横断面图，从图上可以看出轨道基础的埋设深度为984mm，轨道基础使用的材料和尺寸，基座周围的构造处理，预埋螺栓的尺寸、型号、形状等内容。根据它处处相同的断面特点，我们施工时只要从建筑平面图上知道长度后，就可以施工了。

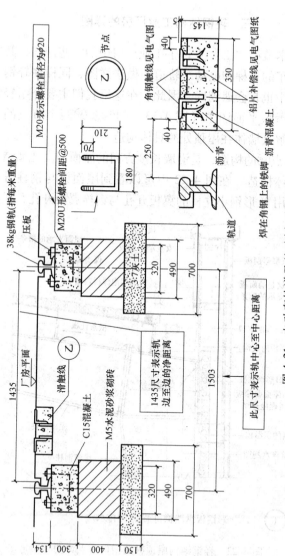

图 4-21 电动车轨道及基础剖面详图

M20表示螺栓直径为ϕ20

节点

M20U形螺栓间距@500

38kg钢轨(指每米重量)

压板

厂房平面

滑触线

1435

C15混凝土

M5水泥砂浆砌砖

1435尺寸表示轨边至边的净距离

此尺寸表示轨中心至中心距离

角钢触线见电气图

铝片补偿线见电气图纸

焊在角钢上的铁脚

沥青混凝土

角钢

沥青

轨道

37灰土

210

180

250

40

330

145

40

320

490

700

320

490

700

1503

134 300 400 150

三、轻钢结构工业厂房的详图

　　前面本节第"二"点讲了工业厂房中的一些详图,其中上桥式吊车的钢梯和电动车轨道的做法详图,同样在轻钢结构的厂房中也是会遇到的。因此,在这里我们主要介绍轻钢结构厂房屋顶平面图中(图 4-13)的⑯及⑱两个节点的详图,以了解其墙体在屋顶处的具体构造。

　　1. 节点⑯的构造,是沿墙长度方向的屋面与女儿墙结合部分的具体构造。在图 4-22 中可以看到屋面梁与钢柱骨架结合处,用 H 形钢小立柱的翼板开孔与钢栓翼板开孔,通过

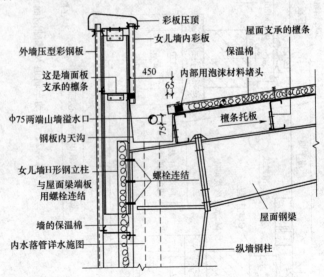

① 彩钢板纵墙檐口节点(内排水)

图 4-22　轻钢结构屋顶纵向檐口节点详图

三道螺栓连结，使小立柱成为女儿墙墙檩条的支承处。彩钢板安装在檩条上，成为女儿墙的墙面。其次，可以看到钢柱顶上有钢板折成的天沟。天沟一头伸入女儿墙板内，另一头挂在沿口檩条上，屋面板压住沟沿伸入天沟 65mm 可以卸水。在屋面板下及墙板内侧可以看到应安装保温棉。为了防止雨水落在彩板墙中，女儿墙顶要加扣彩板压顶，防止雨水侵入。

2. 节点⑧的构造，是山墙处的屋面和女儿墙结合做法的构造。在图 4-23 中可以看到它是垂直于屋面钢梁的剖切面

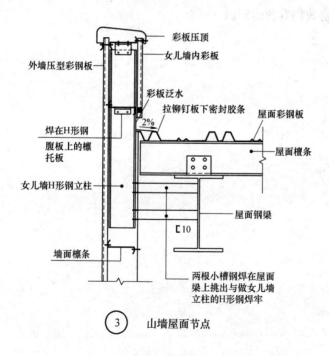

③ 山墙屋面节点

图 4-23　轻钢结构屋顶山墙节点详图

见到的图形。它的女儿墙小立柱骨架，是用两根小槽钢 [10 电焊在屋面梁腹板上，向外挑出再与小立柱焊牢形成可以做为女儿墙的支承架。这里主要的是屋面板与女儿墙相接处，要有彩钢板伸入女儿墙内，并盖过一个彩板的峰顶做成泛水板，防止雨水在墙与屋面板处渗到室内。其他结合图上的识图箭，就可以看懂该详图了。

建筑构造的详图是很多的，以上只是选取了它们中很少的一部分作为看详图的参考。各种各样的详图只有通过各种不同的建筑工程的施工图纸来进行学习、看、读，才能不断丰富我们看图的知识。

第五章　怎样看房屋的结构图

第一节　什么是结构图

房屋的结构图也就是一栋房屋的结构构造的施工图纸。这些图纸在目录中都标明为"结施"的那部分图纸。它们主要反映房屋骨架构造的图形。如砖混结构的房屋，它的结构图主要反映墙体，梁或圈梁、门窗过梁，砖柱、混凝土柱、抗震构造柱，楼板（包括空心楼板）、楼梯以及它们的基础。当为钢筋混凝土框架结构的房屋时，那么它的结构图主要是柱子、梁、板、楼梯、围护墙体结构以及它们相应的基础，如独立柱基、地梁连结式柱基、筏式基础等。当为单层工业厂房时，它的结构形式称为排架结构，其结构图主要是柱子（一般带牛腿）、墙梁、连系梁、吊车梁，屋架，大型屋面板或檩条小型板、波形水泥大瓦等屋面结构，柱子的基础做成杯型基础以安插柱子。

在结构施工图的首页，一般还有结构要求的总说明，主要说明结构构造要求，所用材料要求、钢材和混凝土强度等级，砌体的块体强度和砂浆强度等级，基础施工图中还说明采用的地基承载力和埋深要求，若有预应力混凝土结构的，还要对这方面的技术要求作出说明。

由于结构施工图是房屋承受外力的骨架结构部分的构造图纸，因此阅读时必须细心。因为骨架的质量好坏，将影响房屋的使用寿命，所以看图时对图纸上的尺寸，混凝土的强度等级必须看清记牢。此外在看图中若发现建筑图上与结构图上有矛盾时，应询问清楚，若结构尺寸较大时按结构尺寸为宜。这些是在看结构图时应特别注意的。结构施工图一般分为以下几个方面：

一、基础施工图

基础施工图主要是将房屋基础部分的构造绘成图纸。基础的构造形式和上部结构采取的结构形式有很大关系。一般基础施工图分为基础平面图和基础大样图。

1. 基础平面图主要表示基础（柱基或墙基）在建筑平面上的位置和形状，所属轴线以及基础总体尺寸、轴线间距尺寸（这个尺寸必须与建筑平面图、结构平面图相一致），还有穿过基础的管沟、留洞、地基深浅的变化有无台阶，底标高深浅等平面布置情形。

2. 基础大样图主要是反映基础的具体构造。一般墙体的条形基础往往取其有代表的某一平面处的剖面来说明它的构造；独立柱基则要单独绘制其平面尺寸和剖面图的构造及尺寸。在基础大样的剖面图上，要标注轴线、基底标高、垫层尺寸和厚度，有防潮层的墙基还要标出防潮层的标高、做法；墙基还要绘出大放脚的收退尺寸，柱基还要绘出钢筋配置的要求，有无台阶或斜台等。凡与基础相关的一些构造如地梁等都要在基础大样图上表示出来。

二、主体结构的施工圈（亦称结构施工图）

结构施工图一般是指标高在±0.000以上的主体结构构造的图纸。由于结构构造形式不同，图纸也是千变万化的。现在这里简单的介绍一些常见的民用建筑的结构图和单层工业厂房结构图的内容，以便看图时容易理解。

1. 砖混结构类型的结构施工图

砖混结构施工图主要反映墙身的平面位置，楼板的平面布置，梁或过梁的平面位置、楼梯的平面位置，再有阳台或外廊、雨篷的位置，这些构件的平面位置的布置图，统称为结构平面图。结构平面图上要标出轴线、轴线间尺寸、梁号、板号，以及需要看剖面及详图的剖切标志。这些都与建筑平面图是密切相关的，所以看图时又要互相配合起来看。

除了结构平面图，还有结构详图，如楼梯、阳台、雨篷、梁、圈梁、预制多孔板等。有的详图专有设计的图纸，有的则采用标准图集。在图上主要应绘出剖面尺寸，钢筋配置构造，标注强度等级。这些都是主体结构施工时的依据。

2. 钢筋混凝土框架结构施工图

该类施工图也分为结构平面施工图和结构构件详图。结构平面图主要标志出框架的平面位置，框架编号，柱距、跨度；梁的位置、间距、梁号；楼板的跨度、板厚；以及围护结构的尺寸、厚度和其他需要在结构平面图上表示的东西。

框架结构平面图有时还分划成模板图和配筋图两个部分。模板图部分要标志平面尺寸，框架及梁柱的编号、位置，梁的断面尺寸的大小，楼板的厚度和板面的结构标高等；配筋图部分主要绘出楼板钢筋的放置、规格、间距、尺寸等。

同样，框架结构的框架、梁、柱都有施工详图，详细标注尺寸、断面、标高、配筋及结构构造要求等。同样一些小构件也有构件标准图的。

3. 单层厂房排架结构施工图

一般单层工业厂房，由于厂房的建筑装饰相对比较简单，因此建筑平面图基本上已将厂房构造反映出来了。而结构平面图绘制有时就很简单，只要用轴线和其他线条，标志柱子、吊车梁、支撑、屋架、天窗等的平面位置就可以了。

结构平面图主要内容为柱网的布置、柱子位置、柱轴线和柱子的编号；吊车梁及编号支撑及编号等。它是结构施工和建筑构件吊装的依据。在结构平面图上有时还注有详图的索引标志和剖切线的位置，这些在看图时亦应加以注意。

工业厂房的结构剖面图，往往与它的建筑剖面图相一致，所以可以互相套用。

工业厂房的结构详图，主要说明各构件的具体构造，及连接方法。如柱子的具体尺寸、配筋；梁的尺寸、配筋；吊车梁与柱子的连接，柱子与支撑的连接等。这些在看图时必须弄清，尤其是连接点的细小做法，像电焊焊缝长度和厚度，这些细小构造往往都直接关系到工程的质量，看图时不要大意。如发现这些构造图不齐全时应记下来，以便请设计人员补图。

第二节 地质勘探图

地质勘探图虽不属于结构施工图的范围，但它与结构施工图中的基础图有密切的关系。因为任何房屋建筑的基础都坐落在一定的地基上。地基土的好坏，对工程的影响很大，所以施工人员除了要看基础施工图外，并应能看懂该建筑坐落处的地基的地质勘探图。地质勘探图及其相应资料都伴随基础施工图一起交给施工单位的，在看图时可结合看基础图一起看地质勘探图。目的是了解地基的构造层次和土质的性能，从而明确基础为什么要埋置在某个深度，并在什么土层之中。看了勘探图及资料之后，可以检查基础施工的开挖深度的土质、土色、成分是否与勘探情况符合，如发现异常则可及时提出，便于及时处理，防止造成事故。

一、什么是地质勘探图

地质勘探图是利用钻机钻取一定深度内地层土壤后，经过土工试验确定该处地面以下一定深度内土壤成分和分布状态的图纸。地质勘探前要根据该建筑物的大小、层高，以及该处地貌变化情况，确定钻孔的多少、深度和在该建筑上的平面布置。以便钻探后取得的资料能满足基础设计的需要。施工人员阅读该类图纸只是为了核对施工土方时的准确和防止异常情况的出现，达到顺利施工，保证工程质量。并且根据国家规定，土方施工完后，基础施工之前还应请设计勘察部门验证签字后才能进行基础施工。

二、地质勘探图的内容

地质勘探图正名为：工程地质勘察报告。它包括 3 个部分，一是建筑物平面外形轮廓和勘探点位置的平面布点图；一是场地情况描述，如场地历史和现状，地下水位变化；一是工程地质剖面图，描述钻孔钻入深度范围内土层土质类别的分布。最后是土层土质描述及地基承载力的一张表。在表内将土的类别、色味、土层厚度、湿度、密度、状态以及有无杂物的情况加以说明。并提供各层土的允许承载力。

地质勘察部门还可以对取得的土质资料提出结论和建议。作为设计人员做基础设计时的参考和依据。具体内容我们在下面介绍。

三、建筑物外形及探点图

图 5-1 为某工程的平面，在这个建筑外形的图上布了 8 个钻孔点。孔点用小圆圈表示，在孔边用数字编号。编号下一横道，横道下的数字代表孔面的标高，有的是 -0.38m，有的是 -0.25m（说明孔面比 ±0.00 低 38cm 及 25cm）。钻孔时就按照布点图进钻取土样。这里要说明的是 ±0.00 是该房屋的相对标高，不是地面的绝对标高。

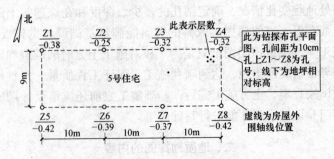

图 5-1　地质钻孔平面布置图

四、看工程地质剖面图

地质勘探的剖面图是将平面上布的钻孔联成一线，以该联线作为两孔之间地质的剖切面的剖切处。由此绘出两钻孔深度范围内其土质的土层情况。例如我们将平面图 5-1 中 1~4 孔联成一线剖切后可以得到如图 5-2 左面部分的样子。其中 I_2 类土约深 3~4m，在孔 4 的位置深约 5m。I_3 类土最深点又在孔 4 处，深度为 8.4m，其大致厚度约有 4m 左右。即用 I_3 类土深度减去 I_2 类土深度就为该 I_3 类土的厚度。从图上再可看出 I_3 类土往下为 II 类土。

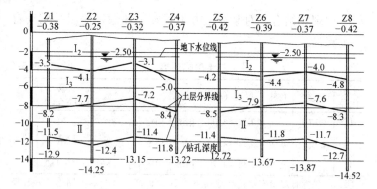

图 5-2　工程地质剖面图

从图 5-2 上还可以看出该处地下水位是 $-2.50m$，以及各钻孔的深度。要说明的是图上孔与孔之间的土层采用直线分布表示，这是简化的方法，实际土层的变化是很复杂的。但作为钻探工作者不能臆造两孔之间的土层变化，所以采用直线表示作为制图的规则。

此外图 5-2 的右半部即图 5-1 钻孔 5-8 的剖面图，其道理是一样的，读者可以自己在阅读中了解。

五、土层描述表

前面我们从土层剖面图看出了该建筑物地面下一定深度内，有三类不同土质的土层。由此勘察报告要制成如表 5-1 所示的土层描述表。表上可以看出不同土层采用不同代号，如 I_2 代号表示为杂填土土层。不同土层的土质是不同的。因此对不同的土层要把土工试验分析的情况写在表上，让设计及施工人员了解。其中的湿度、密度、状态都是告诉我们土质的含水率、孔隙度、手感，使我们有个印象，还有色和味，是给我们直觉的比较。因此施工人员看懂地质勘探图，与工程现场结合，对掌握土方工程施工和做好房屋基础具有一定意义。

土层代号	土类	色味	厚度（m）	湿度	密度	状态	承载力（kN/m^2）	其他
I_2	杂填土		3.10~5.00	稍湿	稍密	杂	70	
I_3	素填土	褐色	3.50~4.70	湿	稍密	软塑	70	
II	黏土	灰黄	2.90~4.70	稍湿	中密	可—可塑*	160/180	

说明：1. 钻探时期稳定水位在地面下约 2m，标高 -2.50m，不同季节有升降变化。

　　　2. 结论与建议：本区域的黏土层在较厚的填土层以下，由于民用住宅荷载不十分大，故建议换土处理，做板式基础、浅埋，承载力按 $100kN/m^2$ 计算。

第三节　看基础施工图

房屋的基础施工图归属于结构施工图纸之中。因为基础埋入地下，一般不需要做建筑装饰，主要是让它承担上面的全部荷重。一般说来在房屋标高 ±0.000 以下的构造部分均属基础工程。根据基础工程施工需要绘制的图纸，均称为基础施工图。从建筑类型把房屋分为民用和工业两类，因此其基础情况也有所不同。但从基础施工图来说大体分为基础平面图，基础剖面图（有时就是基础详图）两类图纸。下面我们介绍怎样看这些图纸。

一、一般民用砖混结构的条形基础图纸

1. 基础平面图

我们还是用那个小学教学楼的基础图纸来看条形基础的

平面图见图5-3。

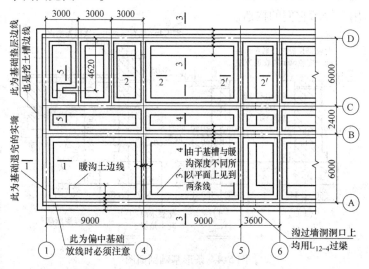

图5-3 条形基础平面图

在图5-3中（这是一张基础平面图），它和建筑平面图一样可以看到轴线位置。看到基础挖土槽边线（也是基槽的宽度）。看到其中Ⓐ和Ⓓ轴线相同，Ⓑ和Ⓒ轴线相同。尺寸在图上均有注写，基槽的宽度是以轴线两边的分尺寸相加得出。如Ⓐ轴，结合5-4图可看出轴线南边是560，北边是为1000，轴线位置是偏中的。除主轴线外图上还有楼梯底跑的墙基该处画有5-5剖切断面的粗线。其他1-1到4-4均表示该道墙基的剖切线，可以在剖面图上看到具体构造。还有在基墙上有预留洞口的表示，暖气沟的位置和转弯处用的过梁号。以上就是图5-3的基本内容。

2. 基础剖面图（详图）

为了表明基础的具体构造，在平面图上将不同的构造部位用剖切线标出，如 1–1、2–2 等剖面。我们绘制成图 5-4，用来表示它们的构造。

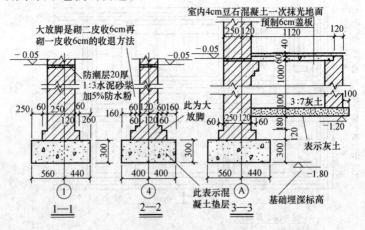

图 5-4 条形基础剖面图

图 5-4 中仅选了基础平面图中的 1–1 剖面、2–2 剖面和 3–3 剖面绘成详图。我们看了 3–3 剖面后，知道基础埋深为 –1.80m 有 30cm 厚混凝土垫层，基础是偏中的，基础墙中心线与轴偏离 6cm，有一步大放脚，退进 60mm，退法是砌了二皮砖后退的。退完后就是 37cm 正墙了。在有暖气沟处±0.000 以下 25cm 处开始出砖檐，第一出 6cm，第二出 12cm，然后放 6cm 预制钢筋混凝土沟盖板。暖沟墙为 24cm，沟底有 10cm 厚 3∶7 灰土垫层。在 –0.07m 处砖墙上抹 2cm 厚防潮层。这就是 3–3 剖面详图说明的该处基础的构造。

2–2 剖面是中间横隔墙的基础，墙中心线与轴线④重合，因此称为正中基础。从详图上看出，它的基底宽度是 80cm，二步大放脚，从槽边线进来 16cm 开始收退，收退二次退到 24cm 正墙。埋深也是 –1.80m。防潮层也在 –0.07m 处，其他均与 3–3

172

断面相同。1-1 剖面用同样的方法可以看懂了，从这 3 个选出的剖面详图，基本上代表了砖墙基础的一般形式。只要能看懂这类图，其他的详图也就可以仿照看懂了。

3. 看基础图主要应该记住什么

看完基础施工图之后，主要应记住轴线道数、位置、编号，为了准确起见看轴线位置时，有时应对照建筑平面图进行核对。其次应记住基础底标高，即挖土的深度垫层的厚度。以上三点是基础施工的关键，如果弄错了到基础施工完毕后才发现那将很难补救。其他还有砖墙的厚度，大放脚的收退，预留孔洞位置等都应随施工进展看清记牢。

二、钢筋混凝土框架结构的基础图

1. 基础平面图

框架结构的基础有各种类型，我们这里介绍一种由地梁联结的柱下基础，基础由底板和基础梁组成。在图 5-5 中可以看到形成长方形的基础平面，在绘制时，由于图纸篇幅有限，中间省略了两条轴线的基础。

在图上我们看出基础中心位置正好与轴线重合。基础的轴线距离都是 6.00m，基础中间的基础梁上有 3 个柱子，用黑色表示。地梁底部扩大的面为基础底板，即图上基础的宽度为 2.00m。从图上的编号可以看出两端轴线的基础相同，均为 JL1；其他中间各轴线的相同，均为 JL2。从看图中间可看出基础全长为 18.00m，地梁长度为 16.50m，基础两端还有为了上部砌墙而设置的基础墙梁，标为 JL3，断面比JL1、JL2 要小，尺寸为 300mm×500mm（宽×高）。这种基础梁的设置，使我们从看图中了解到该方向不要再挖土方另做砖墙基础了。从图中还可以看出柱子的间距为 6.00m，跨距

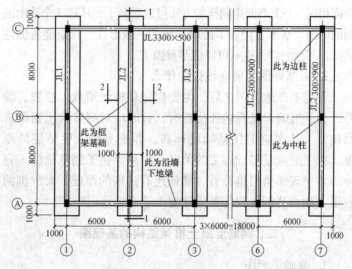

图 5-5　框架基础平面

为 8.00m。

以上就是从该框架结构基础平面图可以了解到的内容。

2. 基础剖面图

该类结构的基础，除了用平面图表示外，还需要与基础剖面图相结合，才能了解基础的构造。带地基梁的基础剖面图，不但要有横剖面图，还要有一个纵向剖面图，两者相配合才能看清梁内钢筋的配置构造。

图 5-6 是取平面图中 JL2 地基梁的纵向剖面图，从该剖面中可以看出地基梁的长向构造。

首先我们看出基础梁的两端有挑出的底板，底板端头厚度为 200mm，斜坡向上高度也是 200mm，基础梁的高度是 200+200+500＝900mm。基础梁的长度为 16500mm，即跨距 8000×2 加上柱中到梁边的 250mm，所以总长为 8000×2＋

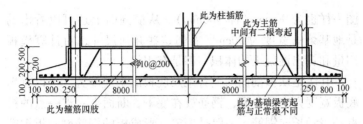

图 5-6　基础纵剖面图（1-1）剖面

$250×2 = 16500$mm。

　　弄清楚梁的几何尺寸之后，主要是要看懂梁内钢筋的配置。我们可以看到竖向有 3 个柱子的插筋，长向有梁的上部主筋和下部的配筋，这里有个力学知识，地基梁受的是地基的反力，因此上部钢筋的配筋多，而且最明显的是弯起钢筋在柱边支座处斜的方向和上部结构的梁的弯起钢筋斜向相反。这是在看图时和施工绑扎时必须弄清楚的，否则就要造成错误，如果检查忽略，而浇灌了混凝土那就会成为质量事故。此外，上下钢筋用钢箍绑扎成梁。图上注明了箍筋是 φ10，并且是四肢箍，什么是四肢箍，就要结合横剖面图看图了。

　　图 5-7 就是该地基梁式基础的横剖面图。从图上我们可以看出基础宽度为 2.00m，基底有 10cm 厚的素混凝土垫层，梁边的底板边厚为 20cm，斜坡高亦为 20cm，梁高同纵剖面

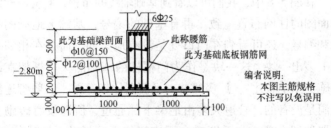

图 5-7　基础横剖面图（2-2）剖面

图一样也为 90mm（即 900mm）。从横剖面上还可以看出的是地基梁的宽度为 30cm。看懂这些几何尺寸，对计算模板用量和算出混凝土的体积，都是有用的。

其次是从横剖面图上看梁及底板的钢筋配置。可以看出底板宽度方向为主筋，钢筋放在底下，断面上一点一点的黑点是表示长向钢筋，一般是副筋，形成板的钢筋网。板钢筋上面是梁的配筋，可以看出上部主筋有六根，下部配筋在剖切处为四根。其中所述的四肢箍就是由两只长方形的钢箍组合成的，上下钢筋由四肢钢筋联结一起，所以称四肢箍筋。由于梁高度较高，在梁的两侧一般放置钢筋加强，俗称腰筋，并用 S 形拉结钢筋勾住形成整体。

总之，纵剖面图和横剖面图都是以看清其结构构造为目的，在平面图上选取剖切位置而剖得的视图。图 5-6，图 5-7，是在图 5-5 上 1-1；2-2 剖切线处产生的纵横剖面图。因此结合基础平面图、剖面图的阅读，才能全面了解该基础的构造。

三、一般单层厂房的柱子基础图

1. 基础平面图

我们仍用那座机修车间来绘制出它的基础图，见图 5-8，用来说明单层厂房基础平面图的特点。

在图 5-8 中，我们可以看到基础轴线的布置，它应与建筑平面图的柱网布置一致。再有基础的编号，基础上地梁的布置和编号。还可看到在门口处是没有地梁的，而是在相邻基础上多出一块，这一块是作为门框柱的基础的（门框架在结构施工图中叙述）。厂房的基础平面图比较简单，一般管道等孔洞是没有的，管道大多由地梁下部通过，所以没有砖砌基础那种留孔要求。看图时主要应记住平面尺寸，轴线位置，

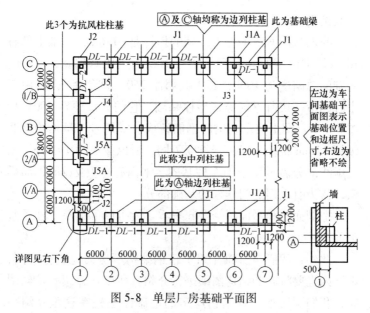

图 5-8　单层厂房基础平面图

基础编号，地梁编号等，从而查看相应的施工详图。

2. 柱子基础图

单层厂房的柱子基础，根据它的面积大小，所处位置不同，编成各种编号，编号前用汉语拼音字母 J 来代表基础。下面图 5-9 中我们是将平面图中的 J1，J1A，选出来绘成详图。我们可以通过这两个柱基图纸学会看懂厂房柱子基础的具体构造。

如 J_1 柱基础的平面尺寸为长 3400，宽 2400。基础左右中心线和轴线Ⓐ偏离 40cm，上下中心线与轴线重合。基础退台尺寸左右相同均为 625，上下不同，一为 1025，一为 825。退台杯口顶部外围尺寸为 1150×1550，杯口上口为 550 ×950，下口为 500×900。从波浪线剖切出配筋构造可以看出为⊈12 中~中 200mm，此外图上还有 A-A 剖切线让我们去查

177

看其剖面图形。

我们从剖面图上看出柱基的埋深是-1.6m，基础下部有10cm厚C10混凝土垫层，垫层面积每边比基础宽出10cm。基础的总高度为1000，其中底部厚250，斜台高350，由于中心凹下一块所以俗称杯型柱基础，它的杯口颈高400。如图5-9所示图上将剖切出的钢筋编成①②两号，虽然均为Ⅱ级钢12mm直径，但由于长度不同，所以编成两个编号。图上虚线部分表示用于J1A柱基的，上面有4根φ12的钢筋插铁，作为有大门的门框柱的基础部分。

把剖面图和平面图结合起来看。就可以了解整个柱子基础的全貌了。

此外，我们在前面介绍了轻钢结构厂房的建筑施工图，本章内也要将它的结构图纸进行介绍。所以在介绍看基础图时，我们顺便把轻钢结构厂房的基础图也先在这里介绍一下。主体结构图放在第四节中结合介绍。

钢结构厂房的基础，都必须采用耐腐蚀的混凝土材料做成。即使钢结构的柱子在地坪以下部分，也必须在施工中用混凝土包裹起来，防止锈蚀。

单层工业厂房的基础平面图和轻钢结构厂房的基础平面图形式是基本相同的。它们的位置主要由柱网位置决定。看图的方法和单层工业厂房一样，在这里我们不再重复。这里主要介绍轻钢结构柱基础的具体详图，了解它们的构造。

轻钢结构的基础，它与钢柱的连结主要靠埋在混凝土内的锚栓和螺帽把钢柱固定住。和单层工业厂房的杯型基础是不同的。

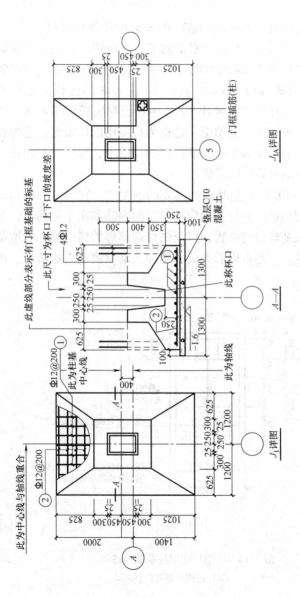

图 5-9 杯形基础详图

179

现将该具体的基础构造，在图 5-10 中加以说明。

图 5-10（a）是柱子根部的节点平面图。它表示了基础颈外围的尺寸为 700×1180，柱子的底部柱脚板的尺寸为 590×1070，该底板厚 32mm，共同 10 根 φ48 的锚栓固定该柱子。工字形柱子的根部用 12 块加劲板与底板焊牢加强。中间部位用虚线表示的槽钢，是作为抗震用的抗震键，它焊在底板的下面，伸入基础颈面留出的坑槽中，安装时和底板下二次灌浆的材料一起灌满。

图 5-10（b）是基础颈部处的剖视图。它可以看出基础颈部内的构造。一是基础应配的竖向钢筋和水平箍筋，二是锚栓伸入基础内的位置，以及锚栓端部焊的锚固板，以增加锚固力量。三是可以看到抗剪键伸入基顶槽坑内的情况。四

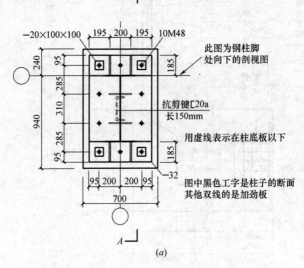

(a)

图 5-10 轻钢厂房钢柱基础构造图（一）

(a) 钢柱根部节点平面图

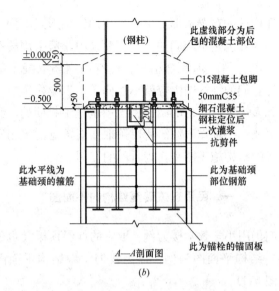

图 5-10　轻钢厂房钢柱基础构造图（二）

(b) 钢柱基础颈部剖视图

是可以看到柱底板与锚栓连结处，上部为两个螺帽，是固定拧紧柱脚用的，下部一个螺帽是安装时调整柱底标高用的。柱底板与基础面中间留出 50mm 作为安装完成后，二次灌浆的空间。最后还可以看到在基础顶到 ±0.000 标高以上150mm 用虚线标出的范围，是工程安装完后，把钢栓根部用C15 混凝土包裹起来的保护层。

通过这个图的看图，我们对轻钢结构柱基础的构造，应该有个基础概念了。

第四节　看主体结构施工图

主体结构施工图包括结构平面图和详图，它们是说明房屋结构和构件的布置情形。由于采用的结构形式不同，结构施工图的内容也是不相同的，民用建筑中一般采用砖砌的混合结构，也有用砖木混合结构，还有用钢筋混凝土框架结构，这样它们的结构图内容就不相同了。工业建筑中单层工业厂房和多层工业厂房的结构施工图也是不相同的。我们在这里不可能一一都作介绍。所以采取一般常见的民用和工业结构形式的结构施工图来作为看图的实例。

一、民用建筑砖混结构的平面图

我们仍用小学教学楼为例，取它的首层顶板（也就是二层楼面）结构平面图为例，作为我们学看结构平面图的例子。见图 5-11。

在图 5-11 中，我们可以看到墙体位置，以及预制楼板布置、梁的位置以及楼板在厕所部分为规浇钢筋混凝土楼板。预制板上编有板号。在平面图上对细节的地方，还画有剖切线，并绘出局部的断面尺寸和结构构造。如图纸上右侧 1-1、2-2 等剖面。

我们再细看可以看出预制空心楼板为 KB60-1、KB60-(1) 及 KB24-1 三种板。在教室的大间上放 KB60-1、KB60-(1) 和横轴线平行；间道上放楼板为 KB24-1；中间⑤~⑥轴的楼板为 KB36-1。②-④轴处厕所间上的现浇钢筋混凝土楼板，可以看出厚度为 8mm，跨度为 3m，图上还有配筋情况。此外平面上还有几根现浇的梁 L1、L2 和 L3。图下面还有施工说明提出的几点要求。这些内容都在结构平面图中标志出来了。

二、砖砌混结构的一些详图

在平面图中主要了解结构的平面情形，为了全面了解房屋结构部分的构造，还要结合平面图绘制成各种详图。如结构平面中的圈梁、L1、L2、L3 梁，1-1，2-2 剖面等。现选出 L1、L2 梁绘成详图，见图 5-12。

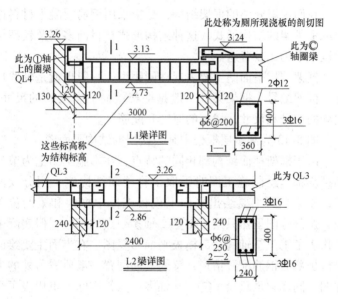

图 5-12　梁详图

在图 5-12 中上图为 L1 梁的详图。说明该梁的长度为 3240，梁高为 400，宽为 360，配有钢筋上面为 2Φ12，下面为 3Φ16，箍筋为 Φ6@200。由图上还可以看出梁的下标高为 2.73m。有了这个详图，平面上有了具体位置，木工就可以按详图支撑模板，钢筋工就可以按图绑扎钢筋。

再如图 5-12 中下面的详图是 L2 梁的构造。从平面和详图结合看，它是一道在走道上的联系梁，跨度为 2400，长度为 2640。梁高 400，梁宽 240，上下均为 3 ⊉ 16 钢筋钢箍为 φ6@250。图上还画出了它与两端圈梁 QL3 的连结构造。

三、框架结构的平面图

我们这里介绍的框架结构，是指采用钢筋混凝土材料作为承重骨架的结构形式。这种结构形式在目前多层及较高层建筑中采用比较普遍。

框架结构平面图主要表现柱网距离，一般也就是轴线尺寸。框架编号，框架梁（一般是框架楼面的主梁）的尺寸，次梁的编号和尺寸，楼板的厚度和配筋等。

图 5-13 为某多层框架中某一楼层的结构平面图。

由于框架楼面结构都相同的特点，在本施工图上为节省图纸篇幅，绘制施工图时采取了将楼面结构施工图分成两半，左边半面主要绘出平面上模板支撑中框架和梁的位置图，这部分图虽然只绘了①至②轴多一点的部位，但实际上是代表了①至⑦轴的全部模板平面布置图。右半面主要绘的是楼板部分钢筋配置情形，梁的钢筋配置一般要看另外的大样图。同样它虽绘了⑦至⑥轴多一点，实际上也代表了全楼面。

模板图部分主要表明轴线尺寸、框架梁编号，次梁编号，梁的断面尺寸，楼板厚度等内容。

钢筋配置图部分主要是表明楼板上钢筋的规格、间距以及钢筋的上下层次和伸出长度的尺寸。

下面我们介绍如何看图，除了图上有识图箭注解外，我们可以按以下顺序来看图。

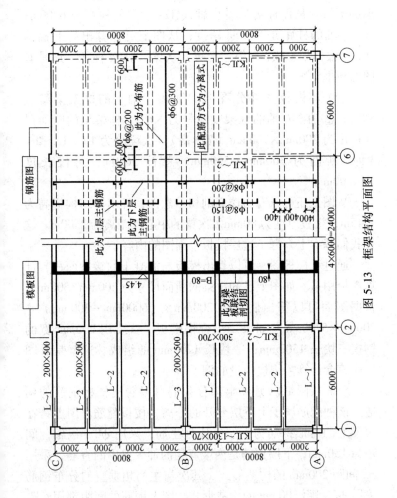

图 5-13　框架结构平面图

（1）这是一张对称性的结构平面图，为节省图纸，中间用折断线分开。一半表示模板尺寸的图；一半表示楼面板的钢筋配置。从图面可以看出轴线①~⑦间的柱距为 6.00m；Ⓐ~Ⓒ轴的柱距是 8.00m 跨度；从图上可以算出有七榀框架，7 根框架主梁，9 根连续梁式次梁，21 棵柱子。这是看图的粗框。

（2）从模板图部分看出①轴和⑦轴上的框架梁编号 KJL1；②轴至⑥轴的框架梁编号为 KJL2。框架梁的断面尺寸标出为 300mm×700mm（宽×高）。次梁分为 L1、L2 和 L3 种。断面为 300mm×500mm，总长 3630m，每段长度为 6.00m。

从图上还可以看出楼面剖切示意图，标出其结构标高为 4.45m，楼板厚度为 80mm。次梁的中心线距离为 2.00m。这样我们基本上掌握了这层模板平面图的内容了。

通过看模板图，可以算出模板与混凝土的接触面积，计算模板用量。如图上已知次梁的断面尺寸为 200mm×500mm，根据图面可以算出底面为 200mm×（6000mm−300mm）= 200mm×5700mm。如果用组合钢模板，就要用 200mm 宽的钢模三块长 1500mm，一块长 1200mm 的组成。这就是看图后应该会计算需用模板量的例子。

（3）从图纸的另外半部分我们可以看出楼板钢筋的构造。该种配筋属于上下层分开的分离式楼板配筋。图上跨在次梁上的弓形钢筋为上层支座处主筋，采用 φ8 Ⅰ级钢，间距为 150mm，下层钢筋是两端弯钩的伸入梁中的直筋，采用 φ8 间距 200mm 的构造形式。其次与主筋相垂直的分布钢筋采用 φ6 间距 300mm 的构造形式。图上钢筋的间距都用@表示，@的意思是等分尺寸的大小。@200，表示钢筋直径中心到另一根钢筋直径中心的距离为200mm。另外图上还有横跨在框架主梁上的构造钢筋，用φ8@200构造放置。这些上部钢筋一般都标志出挑出梁边的尺寸，计算钢筋长度只要将所注尺寸加梁宽、再加直钩即可。如次梁上的上层主筋，它的下料长度是这样计算的，即将挑在梁两边的400mm加上梁的宽度，再加向下弯曲90°的直钩尺寸（该尺寸根据楼板厚度扣除保护层即得，本图一般为60mm长）。这样这根钢筋的断料长度即为2×400mm+200m+2×60mm＝1120mm长即可以了。整个楼层的楼板钢筋就要依据不同种类，间距大小，尺寸长短、数量多少总计而得。只要看懂图纸，知道构造，计算这类工作不是十分困难的。

四、框架梁柱的配筋图

这种施工图主要是说明一榀框架中柱子用什么钢筋，多少根数；梁用什么钢筋如何布放。本图由于篇幅限制，只取了一个局部的构造，用它来向读者介绍如何看懂框架柱、梁的配筋构造，只要懂其道理整个大的框架图也是一样可以看明白的。见图5-14。

首先我们可以看出它仅是两根柱子和一根横梁的框架局部。其中一根柱子可以看出是边柱，另一根柱子是中间柱。梁是在楼面结构标高为4.45m处的梁。

从图上可以看出柱子断面为300mm×400mm，若考虑支模板柱子的净高仅为4450mm减梁高700mm＝3750mm，这是以楼面标高4.45m为准计算出来的。从图上还可以看到柱子内由8根φ20（一边4根）作为纵向主钢筋，箍筋为φ6间距200mm。柱子钢筋在楼面以上错开断面搭接，搭接区钢箍加密，搭接长度为35d。只要看懂这些内容，那么对框架柱

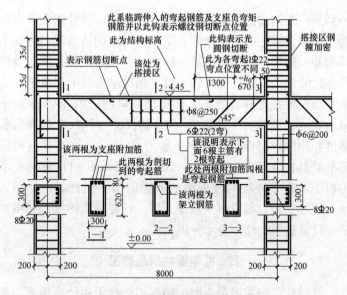

图 5-14 框架大样（部分图）

的构造也就基本掌握了。

其次，我们再看框架梁，从图上可以看出梁的跨度为
8.00m，即Ⓐ～Ⓑ轴间的轴线长度。梁的断面尺寸为宽
300mm，梁高700mm可以从1-1至3-3断面上看出。梁的
配筋分为上部及下部两层钢筋，下部主筋为6根Φ22，其中
2根为弯起钢筋，弯起点在不同的两个位置向上弯起，从构
造上规定，当梁高小于80cm时，弯起角度为45°，当梁高大
于80cm时，弯起角度为60°。弯起到梁上部后可伸向相临跨
内，或弯入柱子之中只要具有足够锚固长度即可。梁的上部
钢筋分为中间部分为架立钢筋，一般由φ12以上钢筋配置。
两端有支座附加的负弯矩钢筋，及相临跨弯起钢筋伸入跨内
的部分。构造上还规定离支座的第一下弯点的位置离支座边

应有 50mm；第二下弯点离第一下弯点距离应为梁高减下面保护层厚度，本图为 700 - 25 = 675mm，图上标为近似值 670mm。梁的中间由钢箍联结，本图箍筋为 φ8 间距 250mm。

通过对框架梁和柱的看图，我们也可以计算出梁和柱要用多少立方米混凝土，用多少各种规格的钢筋，以及需用多少面积的模板等。如果能达到这个水平，那么才算掌握了图纸内容，并能进行应用了。

五、混凝土结构用"平法"表示的施工图

随着经济建设的发展，建设规模的扩大，建筑工程的设计工作量日益增大。同时随着施工建筑队伍的经验积累，对混凝土结构熟悉了解的程度加深，在 20 世纪 90 年代，根据当时的条件，认为可以将混凝土结构的施工图给予简化。采用平面整体表示方法制图规则（简称"平法"），来绘制混凝土结构的施工图。这样可以把如前面图 5-14 那样的框架大样图省略不绘了。仅用一张至三张结构平面图，就可以把一层楼面的柱、梁、板的混凝土结构的构造及配筋表示出来，施工队伍可以以此支模板、配钢筋和根据说明用多少强度的混凝土，进行施工了。"平法"设计既节省了图纸纸张，并减少了工作量，提高了出图效能。

为了规范平面表示方法，当时由中国建筑标准设计研究院，根据现实条件，编制了《混凝土结构施工图平面整体表示方法的制图规则和构造详图》来指导"平法"设计制图的规范化。

在些，我们为了让一些对此不太熟悉的读者，了解该类"平法"施工图，在本次再版中增加该部分内容，让读者了解如何进行识图。

在后面，我们用一张框架结构的局部的平面图［图 5-15 (a) (b) (c) (d)］，来介绍平法设计的施工图的看图方法。

1. 图 5-15 (a)，这是一些局部平面的范围图，该图上标注了尺寸，柱号、梁号，让读者可以对照后面 (b)、(c)、(d) 来看图，但实际的平法图不分开的，均在一张图上的。为了使读者能看得比较清楚，所以我们将平面局部的范围，柱子的表示方法，梁的表示方法及楼板配筋图等分成四张图予以介绍。

现在光看图 5-15 (a) 局部范围图。该图上是说明某框架结构的某楼层的局部，取了纵向两个开间共 16m 的范围，横向两个进深 12m 的范围，可见九个柱子的位置；以及 KL1～KL3 共 10 根框架梁和 12 根 L1 次梁的位置。梁的间距为 2m 中-中，KL1、KL2 跨度为 8m 及 6m，L1 梁的跨度为 6m，并可看出板的跨度为 2m。

2. 看图 5-15 (b)，这是用来表示柱子尺寸和配筋的图。该部分图面仅有 KZ1 柱和 KZ2 柱两种类型。KZ1 是边柱，与边梁 KL1 相连结，其断面尺寸为 500×600，用 8 根ф22 的竖向钢筋，用ф8 作为箍筋，其 100/200 表示加密区为间距 100，一般部位为间距 200，加密区从构造上来说都在梁柱连接节点的上下部位，根据抗震要求，图纸上会加以说明其加密部位的竖向尺寸的。

KZ2 是框架中间柱，它四边与框架梁相连接。其断面尺寸为 600×600，用 10 根ф20 作为竖向钢筋，钢筋配置图内很清楚，箍筋也是ф8，加密区间距为 100，其他部位为 200。该柱位置是纵横轴线垂直交会的中心，不像 KZ1 边柱与纵向轴线有一定的偏位。

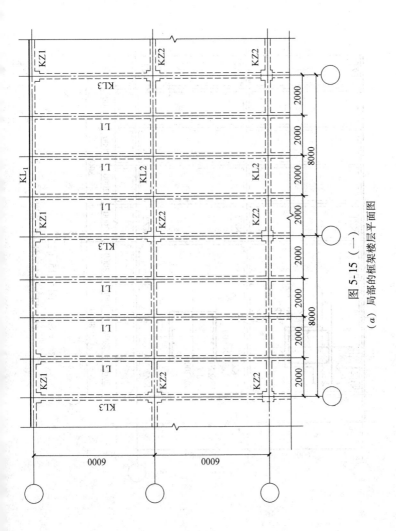

图 5-15 (一)

(a) 局部的框架楼层平面图

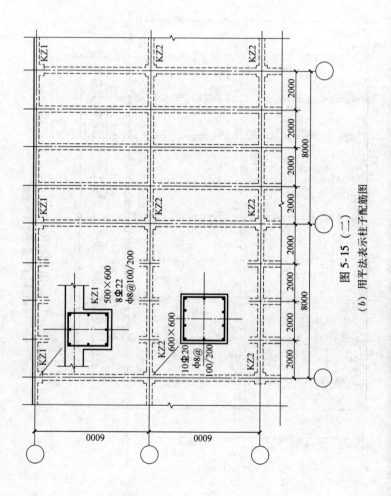

图 5-15 (二)

(b) 用平法表示柱子配筋图

作为柱子的竖向层次的变化，在施工图中会有表格及层次标高的标注说明的。如果柱子到某层要缩小断面时，表格中只表示该层断面尺寸及钢筋数量，而缩小的方法及抽掉的钢筋，则是我们施工中要将四角钢筋向内弯曲，在下层伸入上层时就已收小了。这个方法施工上都有经验可以做到的。平法设计图往往不再绘这类变化的图纸了。

3. 看图 5-15（c），这是一张说明梁的断面尺寸，钢筋的配置以及在梁支座次梁处应加的吊筋等内容的图。

KL1 梁用一条直线指出所示的梁的位置，该梁是边梁，断面尺寸为 250×700，其中的配筋要看两个方法，一是直线边的注写，一是所指梁的梁上梁下的注写。该梁直线边的注写内容有箍筋为 φ8，梁两端加密区间距为 100，中间部位为 200。再有 2 根 Φ20 的通长钢筋，一般指放在梁的上部位，可以作架立钢筋（梁中间段部位），也可以在支座处作负弯矩钢筋的一部分。G4 Φ 12，是构造钢筋，放在梁侧面每边两根，俗称为腰筋，起防止裂缝的作用。而在所指梁的部分。我们可以看出上面在柱边梁端要用 4 Φ20，下面中间注写要用 6 Φ 20¾，这个配筋如何放置呢？根据该图，我们是这样配筋：两端只要各用 2 Φ20，长度为跨度的 1/3，伸入梁内，因为竖直线中已有两根Φ20 通长钢筋了，所以再加两根 lΦ20 就够了。当然伸入梁内 1/3l，但它也要伸入邻跨 1/3l。那么加的钢筋的长度应是（8000÷3）×2≈5400。下面梁底部要配置 6 Φ20 由于梁宽度仅 250 扣除保护层，再放 6 根 Φ 20 钢筋，钢筋间的净距就不符合规范要求了，所以它要把两根放在上面一点，四根放在底下，注写成 2/4。其他 KL2、KL3 的看图意思是一样的。

次梁 L1 它支座在 KL2 梁上，除了竖直线标注 L1 梁的位置及配筋要求外，在 KL2 与 L1 梁交接处绘了 U 形的Φ 20 钢筋，它的意思是 L1 梁支座在 KL2 处，要放一根Φ 20 的吊筋，以抵抗 L1 梁支座处集中力引起 KL2 梁该处的剪力。所以见到有该种形式的钢筋，配筋时不能漏掉。

4. 看图 5-15（d），这是一张混凝土楼板的配筋图。在平法设计图中，它是单独一张的，不和梁和柱混在一起。该图的看图和前面非平法绘图一样。该图中说明在纵向方向铺设板的主筋，板底用Φ 10 钢筋间距@ 200，板面在梁支座处槽形钢筋承担负弯矩的，它是Φ 10 间距@ 150。底筋长度可以按梁间距 2m 下料，也可以 4m 下料，只要伸入梁内有一定锚固长度即可。面筋尺寸已经有注出长 1400，但直弯钩一般按板厚在翻样时确定。以上这些主筋还要用分布钢筋绑扎，使受力能够分布均匀。分布钢筋是 φ8 间距@ 300，而筋内及底筋上均应绑扎。

为了能使读者和过去习惯看图相协调，我们把梁的断面再补充一些图面，使看平法图和原来设计方法的图协调起来，更易接受平法设计的看图。可见图 5-16。

图 5-16 是将图 5-15（c）中 KL2 的平法图，把它立体化，即用过去的制图方法，与平法图对照，就可以便于理解平法设计的制图简化的实际构造。

在平法图 KL2 中，梁底部是 6 根Φ 25，排列时将 2 根放在上排，4 根放在下排贴住箍筋。对照图 5-16，即是 1-1 至 3-3 剖面图的下部钢筋放置形式。平法中梁端部也均为 6Φ 25 钢筋，其表示的构造形式即图 5-16 中 1-1 及 3-3 两个剖面图中所示的上部钢筋。平法中标写成 6Φ 25²⁄₄，剖面图中即 4 根在上排贴住上部箍筋，2 根在下排，绑在箍筋的竖向肢上。在平法中竖线边上绕一注写的 2Φ 25，则可以在图

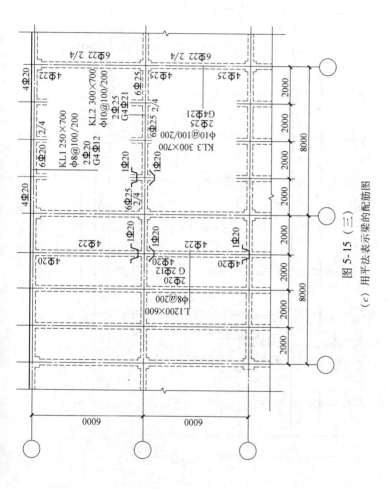

图 5-15 （三）

(c) 用平法表示梁的配筋图

195

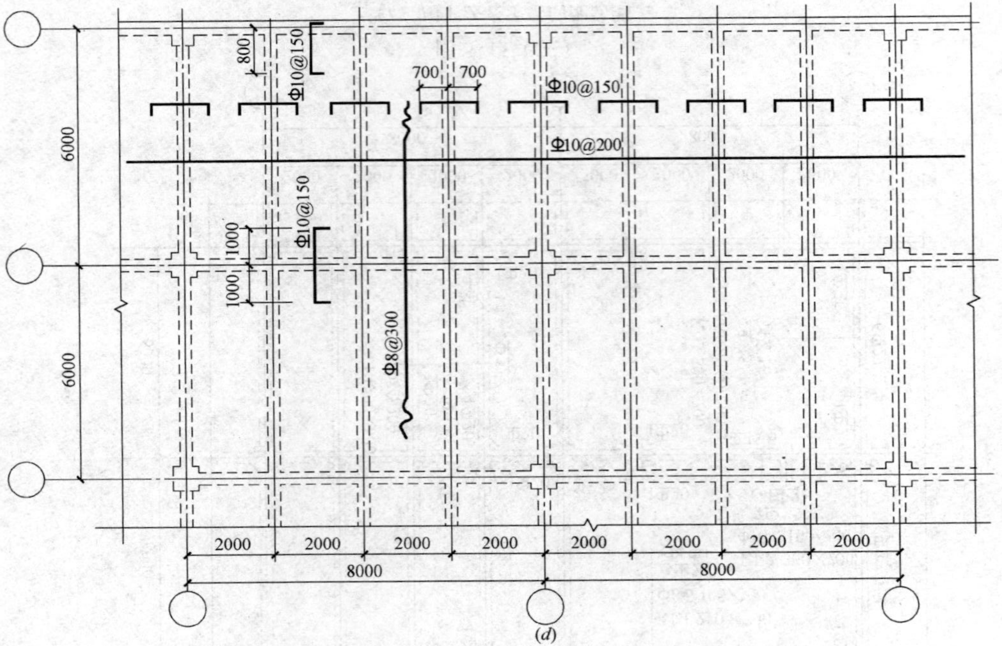

图 5-15（四）

（d）用平法表示的楼板配筋图

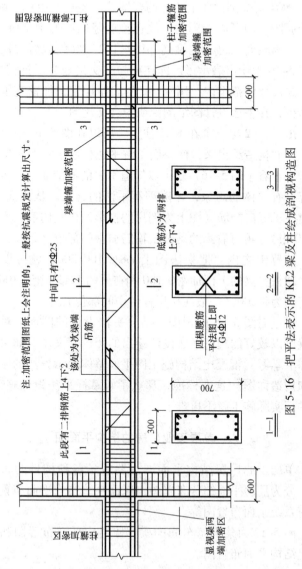

注：加密范围图纸上会注明的，一般按抗震规定计算出尺寸。

把平法表示的 KL2 梁及柱绘成剖视构造图

图 5-16 把平法表示的 KL2 梁及柱绘成剖视构造图

197

5-16 中看 2-2 剖面图上角上两根即是。还有 G4×12。则在 3 个剖面图上均可以看到的，放在箍筋竖向肢的中部绑扎牢，即俗称为腰筋。再有把箍筋 φ10@ 100/200 的放置方法，也在图 5-16 中绘出表示了。即在梁与柱交接处为了抗震构造，在一定尺寸的范围内，用@ 100 的间距加密，加密范围的尺寸多少，在平法设计图纸的说明中会交代的。

由于 KL2 梁支承在 KL2 柱上，所以在图 5-16 中也把柱子的竖向构造绘出来，使我们了解平法仅绘了一个柱的剖切横断面，看了图 5-16，就可以知道平法的横剖面，所表示的内容要有立体的想象，才能理解平法的含义。从图 5-16 中看出柱子竖向配筋（图上为剖见的投影四根竖向筋，实际应是 10 根）。再可看到的是柱子箍筋加密的部位，是在梁的上下一定范围之内。把平法图上 φ8@ 100/200，就可以理解了，即柱在梁的上部加密@ 100 和在梁的下部加密@ 100。不加密的为@ 200（一般在楼层柱的中间部位）。

通过对图 5-16 的识图，结合平法设计的图面，对照图看就可以较好的理解平法设计绘出的图的含义了。如果自己能加上学习《混凝土结构施工图平面整体表示方法的制图规则和构造详图》这本标准，那么了解掌握平法设计施工图，并进行实际施工就不再难了。

六、单层工业厂房的结构平面图

单层工业厂房结构平面图主要表示各种构件的布置情形。分为厂房平面结构布置图，屋面系统结构平面布置图和天窗系统平面布置图等。

图 5-17 为某机修车间的梁、柱结构平面布置图和屋面系统结构平面布置图。

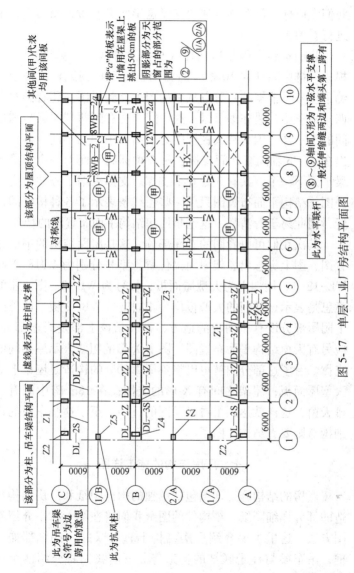

图 5-17 单层工业厂房结构平面图

该部分为柱、吊车梁结构平面

该部分为屋顶结构平面

此为吊车梁S符号用边跨用的意思

此为抗风柱

虚线表示是柱间支撑

其他间(甲)代表均用该间板

带"a"的板表示山墙用在屋架上挑出50cm的板

阴影部分为天窗占的部分范围为 ②～⑨

⑧～⑨轴间X形为下弦水平支撑 一般用在伸缩缝两边和端头第二跨有

此为水平联杆

199

我们先以柱、吊车梁、柱间支撑这半面平面布置图为例，来进行看图。

我们看到有两排边列柱（根据对称线可以算出）共 20 根，一排中间柱共 10 根，两山墙各有 3 根挡风柱。柱子均编了柱号，根据编号可以从别的图上查到详图。还看到共有四排吊车梁，梁亦编了号。这中间应注意到两端的梁号和中间的不一样，因为端头柱子中心距离和中间的不同。再可看出在④~⑤轴间有柱间支撑，吊车梁标高平面上一个，吊车梁平面下一个。共有 3 处 6 个支撑。支撑也编了号便于查对详图。结构平面布置图只用一些粗线条表示了各种构件的位置，因此易于看清楚，这也是厂房结构平面布置图的特色。

其次我们可以看图的右面部分，这是屋面结构的平面布置图，图上标志出屋架屋面梁位置，型号分别为 WJ18-1 和 WL-12-1，屋架上为大型屋面板，板号为 WB-2。图上⑭的意思是表示该开间的大型板均为相同型号 WB-2 板。此外图上阴影部分没有屋面板的地方，是表示该上部是天窗部分，应另有天窗结构平面布置图。图上 X 形的粗线表示屋架间的支撑。看了这部分图就可以想象屋面部分的构造是屋架上放大型屋面板；屋架之间有 X 形的支撑；在 18m 跨中间有一排天窗；这样就达到了看平面图的目的。至于这些东西的详细构造则要看结构详图了。

七、厂房结构的施工详图

厂房的结构施工详图包括单独的构件图纸和厂房结构构造的部分详细图纸。结构件的图纸我们将在第七章中介绍看图方法。这里主要介绍厂房结构上直关联的一些细部如门框，吊车梁与柱子联结的构造等。下面我们将介绍两个详图，一个是门框大样图，一个是吊车梁连结构造图。

（1）图 5-18，为吊车梁与柱子联结详图。在图上我们结合透视图可以看到正视图、上视图、侧视图几个图形。从图面上可以看出吊车梁上部与柱子连结的板有二处电焊，一处焊在吊车梁上是水平缝，一处焊在柱上是竖直缝。图中标明焊高度为10mm，连接钢板梁上一头割去 90mm 和 40mm 的三角。此外，垫在吊车梁支座下的垫铁与吊车梁和柱子预埋件焊牢。吊车梁和柱中间是用 C20 细石混凝土填实。看了这张图，我们就可以知道吊车梁安装时应如何施工和准备哪些材料。

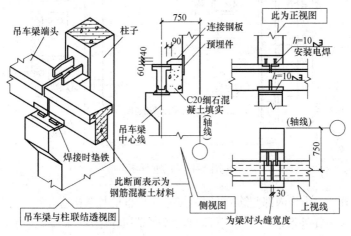

图 5-18　吊车梁端头大样图

（2）图 5-19，为大门门框结构大样图。因为工业厂房门都较重、较大，在普通的砖墙上嵌固是不够牢固的，因此要做一个结实的门框作为安门的骨架。

从这张门框图中，我们看出它是由钢筋混凝土构造成的。图上标出了门框的高度及宽度的尺寸，图纸采用一半为外形部

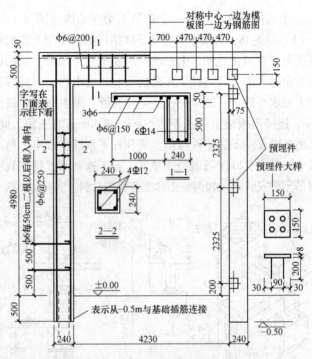

图 5-19　门框详图

分，一半为内部配筋的方式反映这个门框的整个构造。

在外形这一半我们可以看到整个门框根据对称原理共有 15 块预埋件，作为焊大门用的；在外形的另一半我们可以看到它有 1-1 及 2-2 剖面，说明其中梁的配筋为带雨篷的形式，上下共 6 根 Φ 14 钢筋，雨篷挑出 1m，配筋为 $\phi 6@150$，断面为 240× 550，雨篷厚 50。柱子的配筋为 4 Φ 12 主筋和 $\phi 6@250$ 的箍筋，断面是 240×240，柱子上还有每 50cm 一道 2ϕ6 的插筋，以后与砖墙连结上。柱子根部与基础插筋连结形成整体。图上用虚线表示柱基上留出的钢筋，搭接长度为 50cm。

202

第五节　看轻钢结构的结构施工图

轻钢结构建筑是近二十年来在我国发展起来的。本书在这次再版时，将介绍如何看懂该类图纸的方法和要点。通过看该类图纸了解结构构造和节点如何连结的，那么对各种不同钢结构也就可以融会贯通了。

为了能够懂得钢结构设计的施工图中的含义，这里先介绍一些有关的术语和符号。

一、钢结构用材的标志方法

钢结构用材主要是它的强度和性能。现将规范中目前常用的几种钢材介绍如下：

1. 按它们的强度可分为四个等级：Q235、Q345、Q390、Q420。前面的 Q 字母是汉语拼音屈的字头。Q235 表示该材料的屈服点强度可以达到 $235N/mm^2$ 及以上，其他三种的含义相同。在设计的结构施工图中会写出采用何种强度的材料要求，则将选用的那种标写明确。

2. 按其性能又可分为 A、B、C、D 四类。A 类属于质量合格，化学成分符合国家标准；B 类较 A 类质量更好一些，尤其可焊性较好；C 类不但具有 B 类的性能，还具有抗冲击韧性较好的性能；D 类是特种钢在低温情况下钢材不因低温而发生性能变化。这四类一类比一类要求高，且在其中掺加的合金也有所不同。这与我们常规思维认为 A 大约是最好的，是不相同的。

由于不同的要求，因此在施工图中要把强度要求和使用性能一起标注出来。如强度要求不高，但要进行大量焊接，那么在结构说明中会写明本工程采用钢材为 Q235-B 这样的文字。Q235 属一般碳钢，Q345 以上的一般均为含其他金属元素的合金钢，因此往往还注明采用什么类型的焊条（可焊丝）材料才能符合焊接要求。

二、术语和符号

1. H 形钢：H 形钢的称法是舶来品名。实际上转个 90°，即是汉字的工字。由于它的形状在外文字中只能用 H 表示。还有一个原因是我国多年来形成的轮制标准的工字钢不能完全适应工程的需要。比如在国家标准中工字钢最大的号是 $I_{63.c}$，其尺寸高度 630mm，宽度 180mm，壁厚 22mm，尺寸受到一定限制。而 H 形钢可以把钢板切割后再焊接成较大的工字形的梁或柱。比如一根高 800mm，宽度 300mm 的工字形梁，只要将要求厚度的翼板和腹板组合焊接就可以做出来的。比如一根梁用 H800×300×10×16 表示，那么我们就知道该梁的高度为 800mm，宽度为 300mm，腹板厚用 10mm，翼板厚用 16mm。这种数字标注不能搞错位，10 是和 800 有关，16 是和 300 有关。可见图 5-20。

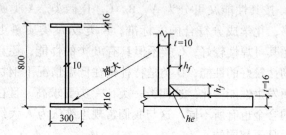

图 5-20　焊接工字钢梁示意图

为了便于施工，在上世纪末，我国也根据国情，出台了轧制 H 形钢的标准"GB/T 11263-1998"该标准的表格将轧制 H 形钢分成宽型的用 HW 表示，中型的用 HM 表示，窄型的用 HN 表示。这样在设计时可以根据计算直接选用。也就可以减少加工过程及焊接等的繁琐工作。

2. 轻型薄壁檩条：檩条都用于轻钢结构的屋苇部分。它一般用 3mm 厚以下的钢板裁剪及折成的。它有两种形式，一种称为 C 形檩条，一种称为 Z 形檩条。可见图 5-21。

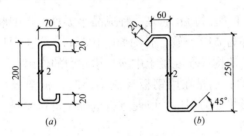

图 5-21 两种檩条的断面详图

根据图的形状，在施工图的文字中是这样标注的：（a）图标注成 C200×70×20×2，（b）图标注成：Z250×60×20×2。

3. 高强螺栓：它是用优质碳素钢或低合金钢材制成的一种特殊螺栓。由于螺栓的强度高而得名。它的承载能力比过去老的铆钉约大 18%。它的强度分为 10.9 强及 8.8 级两种。它在工程中采用摩擦型连接或承压型连接。螺栓和螺母加垫圈称为一套。在术语上又称为高强螺栓连接副。

4. 抗滑移系数：它是指高强螺栓连接中，使连接件摩擦面产生滑动时的外力与垂直于摩擦面的高强螺栓预抗力之和的比值。根据不同钢材强度，和连接处构件接触面的处理方法不同。摩擦面的抗滑移系数 μ 可见表 5-2。

摩擦面的抗滑移系数 μ 表 5-2

在连接处构件接触面的处理方法	构件的钢号		
	Q235	Q345 及 Q390	Q420
喷砂（丸）	0.45	0.50	0.50
喷砂（丸）后涂无机富锌漆	0.35	0.40	0.40
喷砂（丸）后生赤锈	0.45	0.50	0.50
钢丝刷清除浮锈或未经处理的干净轧制表面	0.30	0.35	0.40

5. 焊钉（栓钉）：它是一种成品小零件，形似蘑菇的半圆帽顶下部为 $\phi 19$ 空管，长约 $80 \sim 100 \text{mm}$。它主要用于焊在构件外表，使构件在混凝土中增加锚固力的作用。

6. 剖口：这是在用钢板焊成构件时，板与板之间要切割成斜坡形状称为剖口，以便进行电焊。可以参见前面钢结焊缝的图例。

7. 除锈等级：它是根据钢材表面涂刷何种油漆来决定的。用符号 S 表示。可见表 5-3。

各种底漆或防锈漆要求最低的除锈等级   表 5-3

油漆（或涂料）品种	除 锈 等 级
油性酚醛、醇酸等底漆或防锈漆	St2
高氧化聚乙烯、氯化橡胶、氯磺化聚乙烯、环氧树脂聚氨酯等底漆或防锈漆	Sa2
无机富锌、有机硅、过氯乙烯等底漆	Sa2 1/2

8. 符号：用字母表示含义的方式

（1）P   为高强螺栓设计预拉力

（2）T   高强螺栓检查扭矩

（3）To   高强螺栓初拧扭矩

（4）Tc　高强螺栓终拧扭矩

（5）h　构件截面的高度

（6）b　构件截面的宽度

（7）d　直径

（8）H　柱的高度（指柱身的竖向高度）

（9）Hi　各楼层高度

（10）l　跨度或长度

（11）r　半径

（12）t　板或壁的厚度

（13）hf　电焊的焊脚尺寸（角焊缝的）

（14）he　角焊缝的计算厚度

以上这些术语和符号，在看图前必须有所了解，这样看图时就可以比较"省力"了。

三、结构施工图中的一些零件的名称

轻钢结构房屋的结构构造中，有一些节点都由零件组成的。这些零件在施工中我们都给了它一个名称。了解这些名称，就便于在施工及加工生产中进行交流。

本部分看轻钢结构的结构施工图，需要和前面第四章的第四节看轻钢结构的建筑图相配合，因为本章第五节看轻钢结构的结构施工图与前面的建筑图是配套的图纸，这样就容易结合起来看，并能加快了解掌握。

现将在结构图中一些杆件、零件名称做些介绍：

1. 檩托板：它是支托屋面或墙面檩条的一个零件，它由一块钢板和加强它的小三角板组成，焊接在屋面梁或柱子外侧，作为支托和确定檩条位置的零件。钢板上还要钻孔，作为安装檩条时固定檩条的螺栓孔。具体的图形可看后面的

屋面梁的翻样图中的绘出的样子。

2. 隅撑：它是支撑屋面檩条或墙面檩条，加强结构稳定性的小支杆。一般用小型角铁根据支撑需要长度下料，两端开孔用螺栓马主结构屋架梁或柱的连结板和檩条近支座处开的孔穿螺栓连结。

3. 系杆：一般用 XG 符号表示。它由钢管做成杆件，作为柱顶及屋架梁的纵向支撑用的。

4. 拉条：用在檩条之间互相拉撑的细圆钢条。一般为 $\phi12$。

5. 屋面的 X 形的水平拉撑：它用 SC 表示。

6. 柱间支撑：用于柱子间的纵向支撑以加强房屋的整体稳定。用 ZC 表示。

7. 构件连结板：主要用于屋架梁上，由于轻钢结构跨度相对大，屋架梁构件由几段拼装结合成的。连结板用在段与段之间，板厚约 20mm。连结板用高强螺栓连结。要计算抗滑移的能力。

8. 加劲板：它是用在主构件（如柱子、屋架梁）的翼板之间，以加强该部位翼板及腹板的受力能力用。如柱子的牛腿面和牛腿底两个部位，往往要加水平的加劲板，以加强牛腿部位的柱翼板和柱腹板的受力能力。

9. 柱底板：它是用在柱子底部与基础中的锚栓用螺母连结的一块板，它在制作时与柱身焊接一起的。在板上钻孔以穿锚栓结合。柱底板一般较厚要达到 25~30mm。

四、看结构施工图

轻钢结构厂房的结构施工图，大致内容有钢结构设计总说明，钢结构的基础施工图，柱网平面位置布置图，门式钢架的平面位置图和门式钢架的结构图。还有屋面檩条、支撑体系布置图。椿面檩条布置图，柱间支撑布置图以及有关的各种节点详图等。

在这里我们将主要的一些结构图看图方法及大致内容向读者介绍。其中结构设计总说明，均是文字内容，大家看了就会明白的。结构的基础图在图 5-10 中已经作了介绍。柱子的平面位置图在前面图 4-10 中可以看出，这里也不再占篇幅了。现在重点介绍的是钢架的结构图，檩条图、支撑图等看。并将其中柱子和屋架梁通过拆分成加工图（俗称翻样）也作一点介绍，便于更明了钢构件是如何组成的。

1. 看钢门架结构图

这是一张建筑图的剖面图，把屋面、墙面去除，留下的钢结构骨架，见图 5-22。该图是两跨 24m 的钢结构门式钢架的结构图。我们在图上可以看出它有Ⓐ、Ⓑ、Ⓒ三列轴线，是纵向长度的，结合平面图可以知道开间（即门架的间距）为 7m，即每隔 7m 就有一榀门架。

其中Ⓐ轴线上的钢柱为 GZ1，Ⓑ轴线上的钢柱为 GZ2，Ⓒ轴线上的钢柱为 GZ3。三根钢柱是不同的。正式施工图上一般在图纸边上有表格来标明柱子的尺寸的。这里由于篇幅的关系省略了。在图上我们先看柱子，它顶部与钢梁端头连结，用节点图⑯来标明。另一面有一根做女儿墙的立柱的槽钢（在建筑详图上已见到过）。柱子中间部位有一个高度为 7.5m 的钢牛腿，牛腿面和底的侧面有两道水平的加劲板，还有牛腿上竖向也有一块加劲板。柱的外侧上有放置墙檩条的檩托板，并结合檩条也标志出来了。GZ3 与 GZ1 的情况基本相同，但标的编号不同，原因是柱子的翼板或腹板或柱子的宽度有所不同，还有柱子的所在地点的相关构造也不同。

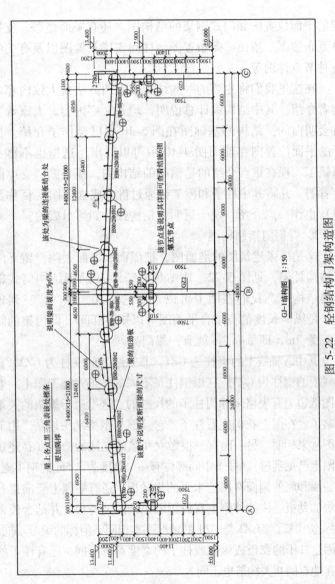

图 5-22　轻钢结构门架构造图

中间栓在Ⓑ轴线上，它在这门架中称为中柱。承受结构中的大部分荷载。柱顶有与梁底连结的柱顶板，该节点㊱也有详图可查。柱子中部7.5m高处有两个牛腿，牛腿处也有水平的两块加劲板。但在看图时要联想到柱的那一侧也要有两块加劲板的，实际上是该处要用四块加劲板。

再看尺寸和标高，我们可以看到钢梁面的沿口处标高为11.400m，女儿墙小柱顶（也是前面建筑图上女儿墙顶的标高为13.400m。实际上女儿墙顶加了封顶盖后，要稍高10～20mm，在标注上也不标那么细了。还有竖向尺寸，它主要是结合建筑的窗口高度来标的。如Ⓐ轴处，下面1500指的是砌体高度，在该处一般放一根彩板墙的墙底檩条。往上3个1200尺寸是该处有高为3.6m的窗子，无窗的地方檩条间距以1.2m安装，作为钉外墙彩钢板的竖向间距。到7.900m标高处，其上有一个竖向尺寸为1500，这是安装固定窗的位置。因此7.900m标高标注的是固定窗的底标高，这结合建筑图看就容易明白了）。

结合前面图4-12看，厂房宽度水平尺寸标出结构总宽48.00m，柱间的轴线尺寸，也称跨度为24.00m。再有在山墙处的抗风柱也标出间距为6.00m，将跨度四等分，虽然没有画出抗风柱，但这尺寸的标注是让看图的人记着山墙处有6.00m间距的抗风柱的。

最后，我们看上面的屋架梁，它是由七段梁体构件拼合连结的双跨大梁。共有8个拼接节点。前面提到的连结板，就用在这些节点上。该大跨梁中央段长9300mm，其他两边对称的各为6000、6350、6400等两段，其七段总长为4680mm。其中6000mm及6400mm长的构件是等断面的，用H500×250×10×12标明处，其余三段都是变断面的。中央段

211

正中的高 700mm，两端为 500mm，6350 这段和柱子连结处高为 700mm，另一端为 500mm。

但在构造上，连结处的连结板的竖向尺寸要比梁断面竖向尺寸大些。如果尺寸 700mm 断面处，连结板尺寸要 960mm（可参看后面的翻样图），500mm 断面处连结板为 720mm。高出的部分主要是用高强螺栓结合拧紧，封住连结点的上下部位，达到连结板紧密结合。并和中间部分的高强螺栓一起来承受该节点处的弯矩和剪力。了解这个原因后，在制作加工钢梁时，就知道连结板的作用和重要性了。

此外，在钢梁上部我们还可以看到一根根 C 形檩条的位置，除两端沿口处和中央屋脊处间距尺寸略小外，中间檩条间距（水平尺寸）为 1400mm。檩条上有黑三角标注的，是说明该排檩条均要设置隔撑的意思。这在看图时要懂得。

还有梁身的侧面有一条条竖向墨线，它是表示需要焊上去的加劲板，并两侧对称设置的。梁面上还标出了屋架梁的结构坡度 6%，这和前面建筑图上标注的是一致的。

以上这些图面内容，就是该钢架图的基本内容，再结合图纸的节点详图阅读，那么就能比较全面地了解该门架的结构构造了。

2. 看屋面檩条布置和屋面支撑的结构图

这里选择了一个开间的屋面檩条布置图及一个开间的支撑体系的平面布置图，见图 5-23，作为了解轻钢结构的屋面次结构的布置和位置等构造情况。

图的右侧是厂房中⑨轴至⑩轴线间的 7m 开间中半坡屋面的檩条布置图及拉条设置。

在图中可以看到檩条是搁置在⑨轴和⑩轴的 GL1 门架梁上。檩条的水平间距大多为 1400mm。共用檩条 18 根，檩条之间用两根拉条拉结，拉条直径为 φ12，开始一排檩条和末端一排檩条还要用斜拉条。拉条的根数是根据规范定的。当檩条跨度大于 4m，要中间拉一根拉条，当跨度超过 6m 时，要求在跨度中间部位设置两根拉条，将跨度分成三等分中设置如图所示，标出檩条的线上有黑色三角标志的，则说明被标出的这根檩条在两端支座处要加设隅撑。

该图上可以看出檩条跨度即为轴线开间的距离 7m。在上角还标出了 C 形檩条的材质要求为 Q345，断面尺寸为 200×70×20×2。檩条间的拉条用 φ12 的钢筋，拉条的长度则按檩条间距尺寸加 100mm 算出的。

图的左半侧是一个张屋面支撑系统的平面图，图面也仅仅是一个开间的例子。支撑系统的设置和房屋的长度有关。一般设在两端的第二开间和房屋中央部分的一个开间内，形成三个支撑体系。本图是取的该厂房的中央部位的一个开间⑯轴至⑰轴线间的一个支撑体系。

在该部分图中，我们可以看到有两类支撑形式，一种是系杆 XG，它是属于刚性支撑，一般用钢管制成的。另一种是 X 形的，它是用圆钢并在中间加花兰螺丝可以收紧的，称为柔性支撑。该些支撑的连接处都有详图可查，由于图幅的原因，在这里我们只做位置布置和外观形式的介绍。读者在看到正式施工图时，并查找到详图后，对照看看图是很容易明白的。

3. 看墙面檩条及柱间纵向支撑的图

在图 5-24 中我们将一个墙面局部的檩条布置图和柱子纵向开间⑨至⑩轴中的柱间支撑布置图，向读者介绍。在钢结构设计图纸中，往往只用线条表示杆件的位置。不像混凝土结构绘制得相对仔细。但只要看习惯后，并对杆件的型式有了了解，那么就能明白图纸的含义了。

现在我们先将左边的 5-24（a）图，墙面檩条布置图向读者介绍。该图上说明除门口处，墙体的底下 1.5m 是砖砌结构，其上除窗口位置外均用墙檩条作支承安装彩钢板墙。从图上看出除两个高 1.5m 的窗口位置无檩条拉条外，其他部位都是要安装彩钢板墙面的。檩条的排列除考虑窗口之年，还得考虑门口的高度。所以在右侧边上注的尺寸出现 1.0m，1.10m 的间距，和通常的 1.4m 的安装板材的间距有所不同。图上还标出了各柱的竖向尺寸和不同标高。

其次该图上还将拉条的规格 φ12，及墙檩条的规格用材也标注明确。并标注了门口上坎要用槽钢 [20 作为过梁，比薄壁檩条要结实得多，在水平尺寸中标的轴线和间距，也可以使我们看出该部分墙檩图是取的厂房山墙部分的位置。

然后我们再看右边图 5-24（b），介绍⑨至⑩轴的柱间支撑。该图上我们可以看到在沿口标高以下有二根水平支撑 XG 和两档剪刀支撑 ZC，它们均用线条表示。在实际施工图中一般要标明支撑用的杆件的规格和尺寸，以及它与柱子的连结点的构造详图。从而经过翻样进行加工制作和进行工程安装。

五、看钢结构构件的翻样图

根据本次该套丛书进行再版的要求，希望能通过看懂施工图之后，学会进行翻样。笔者认为钢筋的翻样会在《钢筋工》这本丛书中解决的。木工翻样也会在《木工》这本书中做介绍的。因此，本书主要是将钢结构如何进行翻样做了介绍，以便读者了解其基本方法。

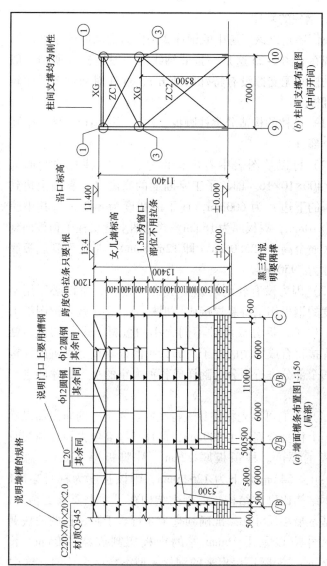

图 5-24 墙面檩条及柱间支撑布置图

1. 钢柱的翻样

我们还是以该厂房中的钢柱 2 来作为实例进行介绍。

现在看图 5-25 这是一张Ⓑ轴线的一般钢柱（所谓一般指的是柱间无支撑没有特殊的地方），这样对初学者看比较容易翻样。

（1）该柱的构造分类柱脚板、柱身、柱顶板、柱上牛腿这几个部分。

（2）可以从图表中看出构件号为 GZ2 柱身的断面为 H600×400×10×16。即柱子工字断面的高度（上翼板上边到下翼板的下边）为 600mm，柱子的宽度为 400mm，其中腹板厚为 10mm，翼板厚为 16mm。并从图上看出柱子顶板面到底板底面全高为 12580mm（即 12m58cm）。半腿面到底板底的尺寸为 7950mm。

（3）因为没有轧制的该类型的 H 形钢，所以必须用不同厚度的钢板切割拼装焊接成一根柱子。翻样就是把图纸上的柱子样子，拆分成各种不同大小的板材，进行切割、钻孔、焊接拼合成如图的柱子。那么我们就要按上面讲的柱构成的四个部分进行拆分，翻样成各种大小的板形，才能进行加式。

（4）我们可以先将柱身进行翻样。先把柱的净高加以确定：图上柱身全高为 12580mm，但柱身净高要去掉柱顶板及柱脚板的厚度。柱顶板厚 22mm、柱脚板厚 32mm，总长 12580 扣去 54mm 余下为 12526mm，则该长度为柱身净高。由于钢结构比砌体结构、混凝土结构在尺寸上要求更精确，所以基本最小尺寸必须准确到毫米才行。于是，柱的两块翼板的尺寸应该是用 16mm 厚的钢板切割成宽 400mm，长 12526mm。（实际厂房出来的钢材板型不会这么长的，这中

216

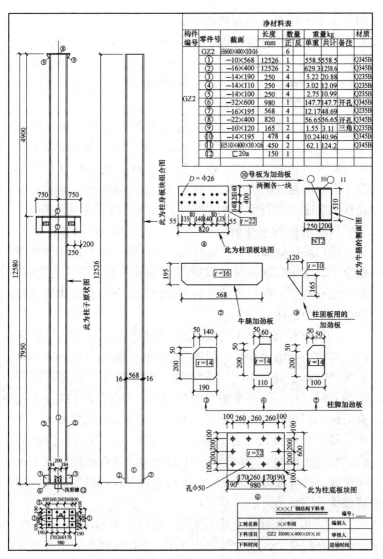

净材料表

构件编号	零件号	截面	长度 mm	数量 正 反	重量kg 单重 共计	备注	材质
GZ2		H600×400×10×16		6			
GZ2	①	−10×568	12526	1	558.5 558.5		Q345B
	②	−16×400	12526	2	629.3 1258.6		Q345B
	③	−14×190	250	4	5.22 20.88		Q235B
	④	−14×110	250	4	3.02 12.09		Q235B
	⑤	−14×100	250	4	2.75 10.99		Q235B
	⑥	−32×600	980	1	147.7 147.7	开孔	Q345B
	⑦	−16×195	568	4	12.17 48.69		Q235B
	⑧	−22×400	820	1	56.65 56.65	开孔	Q345B
	⑨	−10×120	165	2	1.55 3.11	三角	Q235B
	⑩	−14×195	478	4	10.24 40.96		Q345B
	⑪	H510×400×10×16	450	2	62.1 124.2		Q345B
	⑫	⊏20a	150	1			

此为柱身板块组合图

此为柱子原块图

此为牛腿的侧面图

⑩号板为加劲板
两侧各一块

$D = \phi26$

⑧ 此为柱顶板块图

NT2

⑦ 牛腿加劲板

⑨ 柱顶板用的加劲板

⑤ 柱脚加劲板

⑥ 此为柱底板块图

孔$\phi50$

抗剪键⑫

×××厂钢结构下料单		编号：
工程名称	××车间	编制人
下料项目	GZ2 H600×400×10×16	审核人
下料时间		进场时间

图 5-25　钢柱翻样图（已翻完成的图）

217

间在加工上就要采用对接焊接，达到该长度）。柱子的腹板则要用 10mm 厚的钢板切成 600－16－16＝568mm 宽的腹板，然后三板通过焊接成为柱身。那么翻样拆分到 10×568×12526 及 16×400×12526，即达到翻样的目的了。可参看图中材料表中的零件号①及②。

（5）柱身的翻样出来后，第二步就是将柱顶板进行翻样，柱顶板在该图上定为⑧号板，（由于本图太小板厚不好注写）正式图上绘出的是板厚为 $t＝22mm$，这样厚度首先确定了。板的宽度一般应用柱的宽度。则为 400mm，其长度应比柱的宽度（指计算断面的高 h）大些，现图上为 820mm，这样这块顶板的尺寸就定下来了。由于要和屋面梁连成一体，所以翻样的加工图上要开孔，并注明孔位，这样翻样图就全了，这块柱顶板就可以按图上⑧号板加工了。安装时，按焊在栓身顶的柱顶板的孔位和屋面梁上开的孔位用高强螺栓连结成为整体。

（6）同样将图纸上的柱底板，根据图纸尺寸翻样。在该图上将该底板编为⑥号，板厚为 32mm，板宽为 600mm，板长为 980mm。并钻 10 个 φ50 的孔，因基础图上的锚栓杆直径为 φ48，所以孔眼要加大 1.5～2mm。同时在柱脚板上还有与柱子相连的加劲板③号、④号、⑤号，这几号的板块大小、厚度在材料表上都表明了。再有的是柱底板下的抗剪键，它是用槽钢 [20a 做的，长 150mm，要焊在柱底板下正中位置。这块柱脚板完成后，要将它焊在栓的根部底面，这样柱子才完整了。

（7）由于该柱子上还有牛腿，这柱子加工时，必须把牛腿也焊在柱身上，才全部完整可用。因此要把牛腿也进行翻样，本图将牛腿编号为⑪号，以 NT2 标注，即先将牛腿做成长 450mm、宽 400mm、高 510mm、侧面离柱侧 250mm 处还要焊两块加劲板（编号为⑩），这样一根短的 H 形构件，再焊到柱子的 7950 高度的翼板面上，成为柱子上的牛腿，才能搁置吊车梁。为了加强柱子局部受力的能力，从图上看出，牛腿之间在柱子部位上还要加⑦号板共四块加劲板予以加强。

通过以上叙述，说明一根柱子的翻样过程及要给出的板块的具体图形，从而才能进行加工。加工人员看了柱子的原状图及其拆分的加工板块图及材料表，就可以进行加工生产了。

2. 钢屋架梁的翻样

图 5-26 是该厂房内一根屋架梁的翻样图。本图上面斜向的半榀屋架梁，是从正式设计的钢结构构件施工图中"搬来"的原状图。其上的编号，是我们根据它的构造零件进行编的，并做成材料表，以便查找也比较清楚。

从原状图上，我们可以看出对称符号处的两边段梁是变断面的，中间高两侧低；端头Ⓐ轴处一段梁也是变断面的；而中间两段梁则是等断面的。由于图面较小，其梁的断面尺寸图上未注。因此在此向读音交代一下，Ⓐ轴处一段的断面为 H(700~500)×250×10×12；中间两段的断是 H500×250×10×12；中央段的是正中处高为 700mm，两头为 500mm，梁宽也是 250mm，腹板厚 10mm，翼板厚 12mm。这个了解之后，原状图的情况就比较清楚了。进行翻样则按自己编号进行翻出板块的大小。在这里，我们按材料表的编号及原状图上注的编号，来看它翻出的板块尺寸。

（1）①号翻的是Ⓐ轴处段的上翼板，这是一块矩形板，边上没有绘零件图，只是在表格中标明了板厚为 12mm，板宽为250mm，板长为6289mm，由于对称，所以数量为2件。②号板原状图上标在腹板上，它是个梯形图，所以翻样图中把零件板块图绘在表格上方，并标出了尺寸，加工时就可以按它落料切割成形。③号板是该段梁的下翼板，是矩形的但其长度比①号板要长为6335mm，一共也是2块。④号板及⑥号板均为不变断面那两段梁的翼板，只是各段的长度不同，形状也是矩形不需要绘详图出在表格中标明尺寸就可以了。⑤号及⑦号板是该两段梁的腹板，其板厚为10mm。板宽476mm、只是各段长度不同，所以也只是在表格中标明尺寸就可以了。⑧号板是中央段（表中称4段）的上翼板，翻样人员由于板较长，把它切成两块每块都是矩形，也只要在表格中标明就可以了。只是加工时在顶部要进行对接焊接。⑨号板是中央段的腹板，翻样人员特别绘制了详图板块，尺寸是（476~681）×10×9290，但9m多长的板块也需要拼接的，并必须与翼板拼接的对接焊绝错开，错开尺寸越大越好，但至少应错开大于200mm规范规定的最小尺寸。所以翻样人员就把该板块绘成整块大的腹板，让具体下料的人员根据实际情况确定对接焊缝应放在何处，达到符合国家焊接规范的要求。⑩号板是中央段的下翼板，由于是正中的位置，设计时在屋架梁的构造上是用了一块⑱号板，它是与GZ2柱顶板相连结的。因此该段梁的下翼板分成两块板长为4105mm，板厚为12mm，宽为250mm。该块下翼板一头与梁连结板节点焊接，一头与中央⑱号板焊接，与⑱号板焊接的对接焊缝也必须与腹板的对接焊缝也要错开大于200mm以上。

（2）通过⑯号板的翻样之后，则各段梁均可以按翻样的尺寸拼成一段段梁的雏形了。但它还需要的上其他的零件板块，焊接结合在屋架梁上，才能成为可使用的屋架梁。这些

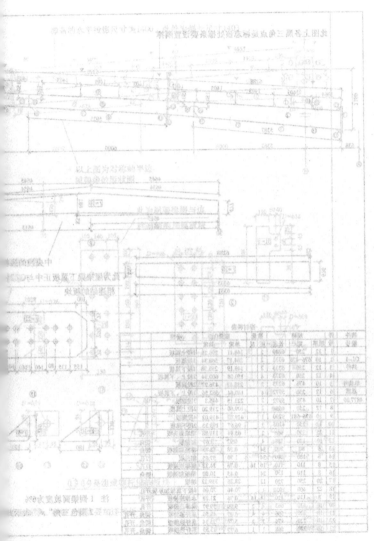

零件板块就是材料表中⑪号至㉓号的板块。它们包括节点的连结板、梁上的檩托板、系杆、隅撑等的连接板。这些在翻样时均要翻出来，有的还要绘出图样布置在这张翻样图的图纸上。我们可以在图 5-26 中自己对照编号、材料表及布置在图面上的详图进行看图了解。比如⑪号板的图绘在图面中间部位，尺寸是 960×350×25，并在板上要开 12 个孔，孔径为 32mm。对照图和材料表，就可以看明白了。其他号的板都是相同的道理，读者自己看图就可以弄懂的。

第六节　建筑图和结构图的综合看图方法

我们讲了怎样看建筑施工图和结构施工图。但在实际施工中，我们经常是要同时看建筑图和结构图的。只有把两者结合起来综合的看，把它们融洽在一起，一栋建筑物才能进行施工。

一、建筑图和结构图的关系

建筑图和结构图有相同的地方和不同的地方，以及相关联的地方。

（1）相同的地方，像轴线位置、编号都相同；墙体厚度应相同；过梁位置与门窗洞口位置应相符合等。因此凡是应相符合的地方都应相同，如果有不符合时这就叫有了矛盾，有了问题，在看图时应记下来，留在会审图纸时提出，或随时与设计人员联系以便得到解决，使图纸对口才能施工。

（2）不相同的地方，像建筑标高有时与结构标高是不一样的；结构尺寸和建筑（做好装饰后的）尺寸是不相同的；承重的结构墙在结构平面图上有，非承重的隔断墙则在建筑图上才有等。这些要从看图积累经验后，了解到哪些东西应在哪种图纸上看到，才能了解建筑物的全貌。

（3）相关联的地方，结构图和建筑图相关联的地方，必须同时看两种图。民用建筑中如雨篷、阳台的结构图和建筑的装饰图必须结合起来看；如圈梁的结构布置图中圈梁通过门、窗口处对门窗高度有无影响，这时也要把两种图结合起来看；还有楼梯的结构图往往与建筑图结合在一起绘制等，工业建筑中，建筑部分的图纸与结构图纸很接近，如外墙围护结构就绘在建筑图上还有如柱子与墙的联结，这就要将两种图结合起来看。随着施工经验和看图经验的积累，建筑图和结构图相关处的结合看图会慢慢熟练起来的。

二、综合看图应注意要点

（1）查看建筑尺寸和结构尺寸有无矛盾之处。

（2）建筑标高和结构标高之差，是否符合应增加的装饰厚度。

（3）建筑图上的一些构造，在做结构时是否需要先做上预埋件或木砖之类。

（4）结构施工时，应考虑建筑安装时尺寸上的放大或缩小。这在图上是没有具体标志的，但在从施工经验及看了两种图后的配合，应该预先想到应放大或缩小的尺寸。

（5）砖砌结构，尤其清水砖墙，在结构施工图上的标高，应尽量能结合砖的皮数尺寸，做到在施工中把两者结合起来。

以上几点只是应引起注意的一些方面，当然还可以举出一些，总之要我们在看图时能全面考虑到施工，才能算真正领会和消化了图纸。

第六章　怎样看高层建筑施工图

第一节　概　　述

建筑向高和大的发展，体现了人类社会和经济实力的发展。当然与当时的社会制度、意识形态也有密切的关系。在古代，埃及的金字塔高 100 多米，古罗马的教堂也高 100 多米，我国古代的塔也高达百米。这些都是历史上高大建筑的代表。这些都说明在古代就开始建造"高层建筑"了。只不过它的规模、使用价值、内部设施与现代的高层建筑的差异实在是太大了。在本节中简单介绍一些高层建筑的特点、形成和构造，便于看图掌握。

一、为什么会出现现代高层建筑

随着社会历史的发展，到经济发达的资本主义阶段，造成一些国家城市人口的高度集中，一些城市人口密度剧增，达到每平方公里超过了 4000 人。由于城市用地的紧张，地价贵昂，土地成了"寸金地"。要解决人的住、行的问题，只有向空间发展，由此认为发展高层建筑可以解决住房及城市规划建设中的一系列问题。据有关资料介绍，9~10 层的房屋，比 5 层的房屋可以节约用地 23%~38%；16~17 层可比 5 层节约用地 32%~49%。

当然，高层建筑的建造和发展需要社会的经济实力，以及建筑科学技术的发展。如建筑材料、结构理论、设计能力、施工技术等的条件的具备和成熟。

国外高层建筑的发展共分为 3 个阶段，第一阶段是在

1850 年以前，在欧洲和美国能建造到 6 层高的房屋，现在看来只是多层建筑，限于 6 层的原因是缺少可靠的垂直运输系统；第二阶段是从 19 世纪中叶至 20 世纪中叶（约 1850～1950 年）这段时间，在这个世纪中奥铁斯发明了电梯，再加上钢铁工业的发展，于是在经济发达的欧美国家的主要城市中，开始建造 20～30 层的房屋；第三阶段是在 1950 年之后，特别是 1960 年后出现了一系列全新的结构体系，建造起 40～60 层的房屋，更高的达到 100 层以上。

在这个发展过程中，也不是都在 1950 年之后才出现 40 层以上的高大建筑，而在美国纽约 1931 年就建造了 102 层的"帝国大厦"，高度最高点为 381m，而这个高度竟在世界上保持了长达 40 年的纪录。直到 1974 年美国在芝加哥建造了 109 层，高 443m 的西尔斯大厦，才打破这个纪录。从有关资料来看，要建造一幢高层建筑是很不容易的，没有足够的经济实力和高度的科学技术水平是建不起来的。就举美国芝加哥的西尔斯大厦来说，它的建筑面积达 405000m^2；其总重量为 222500t；用去钢材达 69000t；所有的柱连接起来可达 41km 长；楼内有 70～80 台电梯，速度最快的每分钟上升达 400m；整个大厦每天要有 16500 人在内办公。

在施工建筑的速度上也是很快的，以 1969 年 7 月规划算起，到 1970 年 7 月决定设计方案，同年九月份进行现场施工准备，至 1974 年 6 月第一批人员进入大楼使用，前后施工仅用了三年半多些的时间。如果没有高技术、相应的施工设备，从地下到结顶，用这么短的时间完成也是不可能的。

可是这个美国创造的最高建筑的纪录，在现在只能排到后面去了。即使过去高层建筑很少的我国，在 1980 年后改革开放发展经济的 30 年来，从经济特区深圳开始，也建了不少高百米以上的如经贸大厦、地王大厦等高层，于是在国内广大的国土上，高层建筑也如雨后春笋的发展起来。如上海的金茂大厦、上海环球金融中心，都高达 400m 以上。

在当今资料中列在世界高层前列的建筑有中东阿联酋的迪拜塔高达 818m；中国台北 101 大楼 508m；上海环球金融中心 492m；马来西亚双峰塔 452m；而芝加哥西尔斯大厦 443m，只能排在后面了。

为了反映经济实力和建筑技术，相互攀争。不管今后如何，目前从我国的建筑技术和施工水平，也说明了我国的建筑发展、科技水平也列入了世界先进水平的行列。

二、高层建筑的划分标准

人们或许要问到底多高才称得上高层建筑？由于国家不同、具体情况的差异，因此对高层的称法也不一。有的叫做"特多层建筑"、有的称为"塔式建筑"、有的称"高层建筑"、也有叫"摩天大楼"的。尽管房屋可以用高度或层数来划分，如单一以层数多少来算建筑的高度也是不确切的，因为层次的高度随不同类型的建筑而变化，层高可以从 2.7~5m 不等，这样总的高度可以差异 50%~60%。直至 1972 年国际上召开了关于高层建筑方面的会议，才规定了大致划分的标准：

第一类高层：层次为 9~16 层，最高可达 50m；这与我国 8 层以上、25m 以上算高层，差不多。

第二类高层：层次为 17~25 层，最高可达 75m；这类高层用于住宅、旅馆、办公楼较多。

第三类高层：层次为 26~40 层，最高可达 100m 左右；

第四类高层：层次超过 40 层，高度超过 100m 的，被称为超高层建筑。

以上的分划已经过去 30 多年了，而超过 200m 的建筑，世界上也相当多，今后是否还会划出一类也很难预料。

虽然大量建造高层建筑，已出现了不少非议，如造价高昂、能耗太大、距地面高远、火灾、风灾的威胁、没有绿化、庭园等。但其建造的量还是日益增多，甚至有互相竞争、攀比之势，以反映其经济实力和建筑科技的发展，同时随着人口增多土地减少因此高层建筑的建造将不会减少。

三、高层建筑的结构类型

高层建筑由于其高、重和受风、地震等特殊荷载作用，砖混结构一般是不适合采用的。因此目前大致可分为以下这些结构类型：

1. 框架结构

框架结构可用钢筋混凝土材料做成，也可用型钢材料做成。前者一般高度在 50m 左右；后者若采用密柱式外框，其内用简体则可以建筑超高层的房屋。框架结构的特点是建筑布置较灵活，可以形成较大的空间，在公共建筑中采用较普遍。其若用一般钢筋混凝土材料建造，由于它抗水平荷载的刚度和强度较弱，抗震性能也较差些，因此一般该类结构宜建在 16 层以下，不宜再过高。

2. 框架剪力墙的结构

它主要用钢筋混凝土材料建成。由框架和在一些关键部位设置抗剪力的钢筋混凝土墙体，共同组成的结构型式。它优于纯框架结构类型，承载能力较大，抗震性能也较好，建筑布局上也较方便。在美国的混凝土协会曾建议该类结构型式可以建造到 40 层左右。

3. 剪力墙结构

它是以墙体联结成的一种多功能、强度高的结构体系。主要用钢筋混凝土材料建造，其抗震性能好，仅适用于公寓、住宅和旅馆建筑。目前世界上采用这种结构形式的已建到 70 层楼的房屋，进入超高层这一范围。

4. 筒体结构

这是近 20 年来，为建造超高层建筑而研究出的新型结构体系。它可分为：框架加内筒的结构、外筒体加内筒体形成的筒中筒结构两大类。

框筒结构是在建筑外围部分采用梁、柱结合的框架；其结构中心部位如楼梯间、电梯井及有些房间组成以墙体为主的筒形（一般为方形）结构，用梁板把外框架与内筒连接起来，形成我们称为的框筒结构。本章介绍的高层建筑看图的图例就是这种框筒结构。上海建造的金茂大厦就是采用钢筋混凝土高强材料的内筒，外围四周采用钢框架结构组成的框筒结构。

筒中筒结构体系是外围用墙体组成外筒，或用密柱（间距较小）组成称为密柱筒体；内部中心位置和框筒结构一样是一个高强度钢筋混凝土内筒，这样内外由梁、板连接后，整个建筑就称为筒中筒结构。我国深圳的国贸大厦是该种体系；美国的西尔斯大厦更别致，它由 $22m \times 22m$ 的单个钢筒体（密柱钢框架），共 9 个单位组成一个方形的整体，而称为束筒体结构类型。

总之，框筒结构或筒中筒结构都是由于超高层建筑的发展而出现的。因此在施工图纸方面、施工技术方面也就出现了新的情况，这是我们要进一步学习的。

此外，在高层建筑中，由于楼高、体重，因此基础等也和通常建筑有所不同。基础基本上采用桩基础，其上做整体底板和地下室，形成一个地下结构。它的桩的长度、数量，地下室的深度、层次，不但与上部荷载、桩的承载能力有关，并与上部建筑的房屋总高度有关。当上部建筑造得越高，那么桩的埋深、地下室的深度、层次也将越多。可以起到在地下的嵌固平衡作用。

再有是因为高层建筑很高，其外围护一般采用较轻的材料，由此出现了玻璃幕墙、轻型材料加涂料等。而石材、陶瓷材料等饰面一般只做在下部群房四周以显示庄重或华贵，但高层上都不用，以保证安全。还有的是采用清水混凝土或花饰混凝土再喷涂或涂刷涂料，上海国际商城就是这样做外装饰的。其内部装饰则和一般多层建筑一样，根据使用要求而确定。

本章以后几节中，将介绍建筑和结构的看图，以及部分装饰的图纸或节点，从而达到对高层建筑的施工图的阅读有所了解和掌握。

第二节　看高层建筑的建筑图

高层建筑房屋的建筑部分图纸，同一般多层建筑的图纸在图形上，看图方法上没有什么大的区别。只是由于高层建筑较高时，其下部分成主楼和群房两部分。主楼一般要高出群房几十米乃至几百米，而群房往往则是多层建筑，因此由于沉降变形的不同，主楼与群房间都设置变形缝予以分割。这也是高层房屋建筑的特点。现我们将某高层房屋（属于第

228

二类高层）的建筑图看图介绍如下：

一、看首层建筑平面图

（1）我们介绍的这张首层平面图，由于原图幅很大，不可能绘制得很细，借用于此仅作为了解高层房屋首层平面的特点。其看图方法和步骤与以前介绍的是一样的。

我们可以从图 6-1 中看出它是一个主楼与其群房相联的一张平面图。这是一个外形变化较多的平面图，有直线部分，有弧形部分，外形不规则。房屋为南北长度约有 60m，东西方向在北侧长约 60m 多一点，南侧端头直线部分为 24m（轴线至轴线）。

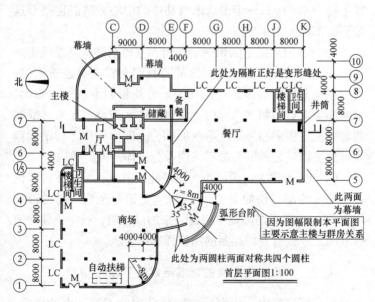

图 6-1　高层建筑平面图（带裙房）

从图上可以看出东北角一块为主楼部分，其余南面一块和西边一块为相联的群房。其中柱距基本为 8m。共有柱子 58 根，外墙有幕墙及砌筑的墙体，这是总体的形状。

（2）从图上可以看出首层平面的布局，南面为餐厅，角上有上二层的楼梯间：和公共卫生间；西部为商场，有上二层的自动扶梯的位置和东北角上有卫生间和上二层的楼梯间。

可以看出大楼的主入口为朝西南方向的，大门为弧形墙和弧形门。门前有 4m 宽的弧形平台以及台阶三级。为建筑外观该处 4 根柱子为圆形柱，组成一座门廊。圆柱中心的定位在图上也作了交代，即主楼西南角两柱中心的连线延长，离第二根柱中心 4m 处定位的圆心。以与中心线夹 35° 角，且半径为 8m 和 12m 定出这四根圆柱的中心。这点也是看这张平面图的一个主要点。

（3）我们从图上的识图箭指出，主楼与群房隔断处正好是一条在房屋内的变形缝。这就要我们在看全套建筑图时，去查找变形缝的具体做法的详图。另外我们也从图上看出，主楼的主入口为朝北的大门。它自成体系与群房无直接通联的地方。主楼中心黑墨线所框的部分，即为结构上称谓的筒体，这主楼就是外围为框架，内心为筒体的框筒结构。

（4）由于把大幅图缩小，图纸比较简单，但从图也可以看出在窗的部位注的是 LC，这说明是铝合金窗，门的部位用 M 表示，正式图纸则有门窗表来加以说明，或指出使用何标准图册，或有专门绘制的门窗详图来表示。

二、看主楼的标准层建筑平面图

在高层建筑中，所谓标准层就是这些不同高度的楼层，在建筑和结构布置上都是一样的。一般在与群房相连部分结束后，主楼单独部分的各楼层只要使用功能相同，一般把这些相同的层次绘制一张平面图就可以了。这张平面图我们就称为标准层建筑平面图。

（1）我们从图6-2中可以看到该建筑的主楼标准层的形状。它南北宽为28m，东西长为39.0m。东北角和西南角为弧形的长窗。中心筒体部分为电梯间和楼梯间、储藏室、电

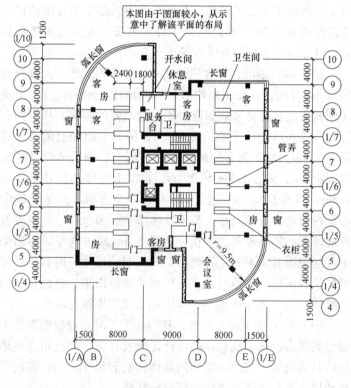

标准层建筑平面图 1:100

图 6-2 高层建筑（高层部分）平面图

231

梯间通道厅。环着中心筒体的是标准的客房房间，开间为4m。在主楼中共有 16 根大柱子，外围墙离柱中心有 1.5m 的距离，墙在轴线处有构造柱（图上黑色点表示）。这是该图的总体概念。

（2）我们再看外角弧形墙体，是由从左至右第二列柱和第三列柱中的二根柱子中心，与竖向轴线的夹角为 45° 的方位定出弧墙中部处的角柱。并可以看出弧墙中心与定位柱中心的距离为 9.5m，并以它为半径定出弧形墙及楼面弧形位置。这点也是看图时要掌握的。

（3）再看细部，如客房的尺寸，除个别的外，大部分客房为 4m 开间，这在图侧均有从隔断墙中—中的尺寸，而进深则就要通过计算才能知道。如左右两侧的客房，从中间列柱到客房入口隔墙中心为 1.8m，客房卫生间和通道尺寸进深为 2.4m，余下为客房的进深了。那么它的尺寸就是柱轴线间距 8m，减去 1.8m 和 2.4m，再加上墙体离边柱轴线的 1.5m，即等于 5.3m。这 5.3m 不是净空进深，而是外墙中心至内隔墙中心的尺寸。至于具体净空是多少尺寸，则要看外墙厚度和隔墙厚各为多少，再用 5.3m 减去就可以得出来了。这说明看图不光是看到可见的注明的尺寸，而有些尺寸则要从看图理解中通过计算或核对才能得出来，这也是看图中要记住的（由于图面小，本图隔墙仅用墨线表示）。

（4）除上述主要几点外，我们在施工时还要根据图纸上表示的图意，再去找具体的设计说明及详图，如选用卫生洁具的具体型号、尺寸，壁橱的具体构造和尺寸，门、窗的型号和尺寸等，才能把该张图纸充分掌握。

以上介绍的是看高层房屋的平面图的一些大致情况，它和多层一般建筑有共同点和不同点。只要从构造上了解高层房屋的特点，一般是容易掌握的。这里只选了两张图，其他屋顶平面图或非标准层平面图，原理都是一样的，这里就不多占篇幅了。

三、看高层建筑房屋的立面图

本图 6-3 是一张该高层房屋的西立面图，结合首层平面

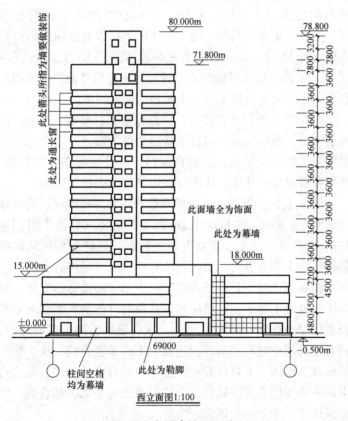

西立面图1:100

图 6-3　高层建筑立面图

图可以看出它是该房屋的主立面。由于采用的原设计图纸很大，这里把它轮廓缩小，绘成一张能表明立面图意的简图，向读者作为高层房屋立面图的介绍。

（1）首先我们从前面介绍的看立面图的方法，可以看出该立面南至北最外的轴间投影尺寸为：69m；室内外高差为50cm；最高点标高为80m。还有三层群房与主楼共组成楼层的不同层高是：4.8m、4.5m、4.5m；再加2.20m的设备层，然后就是主楼的标准层了。从图上可以看出同层高的标准层共有15层，每层层高为3.6m，最高三层为2.8m高两层，3.2m高一层，可能就不是像前面标准层平面图所示的作客房用了，而是电梯机房、上屋顶的楼梯间等。

（2）从立面图上可以看出墙面做法有：幕墙、饰面；标准层部分是通长长窗，窗台下墙面要做装饰，这要看建筑总说明来了解是做贴面，还是做涂料；此外还有勒脚和台阶，这也要看具体的详图，才能够知道如何做法和怎样施工。

（3）我们再细看一下，发现最高点和房屋最顶层的顶标高之间有：80m-78.8m=1.2m的差，这要从看图中想到这1.2m的高就可能是屋顶女儿墙的高度。这样我们再从详细的构造图上去查看女儿墙的做法和构造尺寸。再有我们在立面左侧看到边线不是一条直线竖直下来，而是弓形变化，这是因为外墙上窗子立在墙中间，其窗的外侧投影和墙的外侧投影线是不在同一竖向平面上。这也要从看图中能够理解。还有是高层中间两撑窗的两边是上下两条竖直线，这点我们从标准层平面图上可以看到，这是中间有窗的一块，是比边上两侧墙体凹进去一块的。看图时通过与平面图结合看，应形成这么一个立体的概念。

以上三点就是看这张简化了的立面图，所应该掌握的。

实际大开张的全形立面图内容要丰富得多，但只要掌握看图方法，高层房屋的立面图并没有特别复杂和难度的地方。

四、看该高层建筑的剖面图

该剖面图是从首层建筑平面图的中部，南北方向 1—1 剖切线剖得的，它从顶到底至地下室的底板。具体图形可见图 6-4。

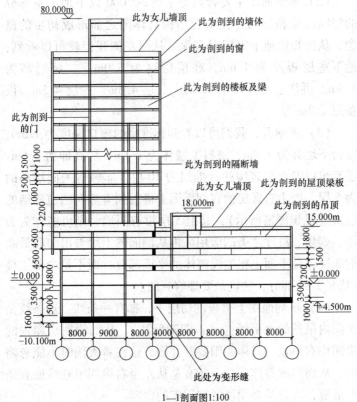

1—1剖面图1:100

图 6-4　高层建筑剖面图

235

（1）从剖面图上可以看竖向被剖到的墙、窗、门的情形；横向的楼板、梁的位置。在该图上由于层数较多，主楼部分标准层中用了断裂线省略了部分层次的重复绘图。此外由于立面图上标注了每层尺寸和标高，本图又省去了一部分竖向尺寸，只注了几个主要标高。这都要在结合看图中互相理解。

（2）本剖面图主要特点是了解±0.000以下地下室部分的竖向尺寸和标高，在未看结构具体图之前形成初步的概念，从而知道地下室埋置多深。从图左侧我们就可以看到：地下室底板厚为1.6m，底层层高为5.0m，二层层高为3.5m。再往上就是首层4.8m、二层4.5m、三层4.5m、设备层2.2m等。

（3）再细看，我们可以看到标准层的窗口高度为1.5m，窗台下墙高为1.0m，窗口上墙体为1.1m，层高即为3.6m。还有可以发现有客房的标准层为10层，非客房的同层高的为5层。因为有客房的在剖面图上可看到有竖向两道隔墙的层次（见识图箭所示），其上5层没有隔墙，则可能作为会场、娱乐、舞厅之类的应用。再从剖面图上可看出中间最高的3层，是平面上粗墨线筒体的平面部分，而不是全部主楼（塔楼）的部分，这也是要理解到的。

（4）从剖面图上梁板剖切层下，都有一条线，这条线是房间内吊顶的水平线（见识图箭所注），从而说明房屋内的房间均有吊顶。具体的则要看详图，这在看大图时不能忽略的，从而形成整体概念。还有是从左至右第四道轴线处有条变形缝，这也是必须注意和记牢的内容。

第三节　看高层建筑的结构图

高层建筑的结构形式在第一节中已进行了初步介绍。在这里我们和建筑图相配合，采用该建筑的结构形式（框筒结构），进行学习看懂结构图纸。我们从施工的先后程序，介绍结构图的部分内容，达到了解高层建筑结构图纸的情况。

一、看主楼桩位平面图

高层建筑一般均采用桩基础。桩可以是钢桩、钢管桩、钢筋混凝土桩，钢筋混凝土桩又可分为预制打入桩、钻孔灌注桩和大直径（直径大于 lm）的混凝土桩等。本图采用的是预制钢筋混凝土方桩，施工时打入土层中（或采用静压压入土层中），达到做基础承载的目的。

（1）图6-5为该建筑80m高的主楼部分下面桩位的平面位置布置图。从图上可以看出桩的布局范围是左右宽约25m，上下长约36m。总计桩数为269根，其中3根黑色的为试桩位置。在图上笔者省略了13列桩的绘制，在看图箭指出处均注了说明。在图上还可看出在ⓖ轴及ⓒ轴以下，ⓢ轴及ⓢ轴以上，布置桩位的网格线上不需打桩的共有上下46根。再有其中的黑色桩位为试桩的点，是表示要求施工单位在全面打桩前先行打入的，经试验合格后才能全面开始打桩。若试验不合格，则设计部门要重新布置桩位图，那么平面布置图，也就与本图不一样了。

（2）从图上我们还要看到桩与桩之间的中心距离为1.8m，上下左右均相同。因此在施工时测量确定桩的位置要以此为准，并要注意这些桩位形成的网格线和图纸上轴线间

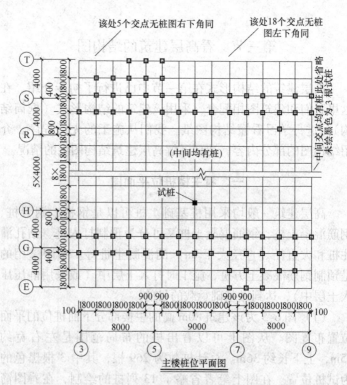

图 6-5　桩位平面布置图

的尺寸关系。才能准确定位保证工程质量。如从图下部往上数第三道桩位线，它与 G 轴线的关系是向下 40cm；又如左右两边的桩位线与③轴、⑨轴均偏过 10cm。其他在图上可以看出有相距 80cm 的、90cm 的等。只要看图仔细，轴线定位准确，看了该图后，桩位也就比较容易定出来了。

二、看钢筋混凝土桩的详图

为了便于读者了解桩的具体构造，我们在这里介绍两种常用的钢筋混凝土材料的桩。

1. 预制的方形钢筋混凝土桩

图 6-6 为本图工程所采用的 40cm×40cm 的方形预制桩。从图上可以把桩分成三部分来看：尖的部分称为桩尖，是打入土的尖钻部分；中间最长的那部分称为桩身；平头有预埋铁板的部分称为桩头。

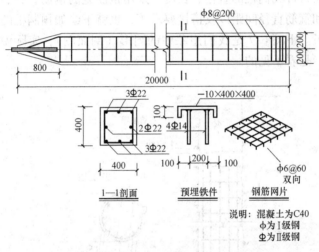

图 6-6　钢筋混凝土预制桩（方桩）详图

从图的边上说明中可了解到该桩采用 C40 强度等级的混凝土浇灌成型；主筋采用Ⅱ级钢，箍筋和桩头网片采用Ⅰ级钢；预埋铁板采用 A3 钢。桩的尺寸为长 20m，断面 40cm×40cm；主钢筋为Φ22、箍筋为 φ8@200。其他在图上都较清楚地可以看出来。

2. 钻孔灌注桩的图形

钻孔灌注混凝土（其中加入钢筋笼）的桩，由于噪声小，设备较简单，目前使用也较多。虽本工程介绍的图上无该类桩，但为可能在施工中遇到，这里做个大致介绍。钻孔桩都为圆形断面，若绘成桩位平面图时，平面图上桩位处均用圆圈表示，所以我们只要看了桩位平面布置图形，就可以知道该工程采用什么桩了。

图 6-7 为设计设想的成桩后在土中的形状。一般有的设计仅告诉我们桩的直径、长度，采用钢筋笼的钢筋直径、根数和箍筋直径间距以及搭接要求等，也就不绘如预制桩的图形了。下图 6-7 是我们想象中的图形（剖面图），实际做好后，是看不见的。

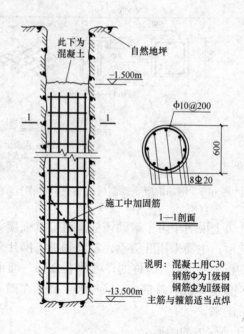

图 6-7　钢筋混凝土灌注桩详图

现在我们将图 6-7 作为看灌注桩详图的例子，进行看图介绍。

（1）从图上可以看出它的直径为 60cm；长度为 12m（中间有断裂线省略部分长度）及顶面标高。

（2）在图上可以看出它用的主筋为Φ20 共 8 根，均匀分布在圆周上；箍筋为 φ10 间距 200mm 要求交接点用电焊点牢。点牢的目的是比绑扎稳固，在用吊机把钢筋笼放入钻孔内时，不易变形走样。在施工中有的还采取斜向拉结钢筋，保证形状不变的措施，而这种钢筋图纸上是没有的。

（3）再有从图角上的说明中可以知道：混凝土采用 C30；主筋为Ⅱ级钢、箍筋为Ⅰ级钢等。

三、看地下室底板的平面图

地下室的底板其构造一般为一块实体混凝土，在其中再配置钢筋，而在底板面再有墙、柱等结构构件以及往上的楼梯和地下室的集水坑。

本图 6-8 为该套图纸的主楼部分的地下室底板图。

1. 看平面尺寸

该底板东西长为轴线尺寸是 36m，加外挑 50cm，共 36.5m，南北宽为 26m。其实心的混凝土底板比其上面的地下室外围要宽出一个台，其尺寸约为轴线外 50cm 或墙边外 50cm。这在图上均有所表示。

2. 看图上的具体内容

（1）底板向上伸出柱子共 22 根，其中中间 6 根为筒体的墙内柱，到±0.000 后即为隐入墙内，变成墙筒体的加强柱了。而其他 16 根柱则一直到主楼顶层约 70m 标高处。

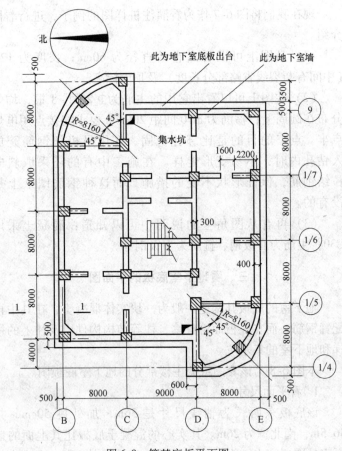

图 6-8 箱基底板平面图

（2）除打阴影线的柱外，其余均为墙体，从图上可以看出外墙厚为40cm，筒体内墙厚为30cm，各墙体均留有进出口，其中一处标的尺寸为1600即1.6m宽。其他省略未标，只要我们知道是个门洞口即可。若正式图纸上未标尺寸，那么我们应懂得必须作为问题提出，在会审图纸时进行解决。

（3）东北角及西南角的弧形墙，在图纸上也作了定位的标志。即从第二列、第三列的左上角第二根柱和右下角第二根柱中心为圆心，以与该柱垂直相交的轴线为中心角的边线，由柱心引出与边线交角 45° 的斜向中心线，并量出8160mm 的长度为半径，从而定出外墙弧形的外边线，以及定出弧上的角柱。这点也是具体看图应注意的。

（4）在筒体墙处应看到有两座上下的楼梯。在真正看图时就要结合查看具体的楼梯图纸，才能知道其长度、宽度、平台、踏步尺寸等。本处仅是示意说明该处有楼梯作为上下交通用。

（5）在图的左下角处有 1-1 的局部剖切图的位置示意。这是说明底板和该处墙体构造的详细情况，我们在图 6-9 中进行介绍。

3. 应注意的是：本图主要的作用是提供支撑模板的尺寸，了解墙柱的位置、轴线和编号、断面大小。具体配筋、所用混凝土强度等级则要看具体的详图。再应注意看图时应与建筑图进行对照，看看尺寸、位置是否相符，不要只看一张图。

需要说明的是引用的原图很大，原图的柱断面约为本图的 6 倍，所以本图上的编号、柱断面尺寸，由于注写困难都省略了，请读者谅解。但正式看图时以上提及的均应注意到。

四、看底板局部剖切图

在图 6-8 中 1-1 剖切处的图，我们绘成如图 6-9 所示。

该图说明了底板和该处墙壁的具体构造。

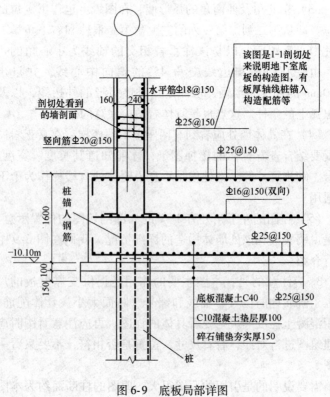

图6-9 底板局部详图

（1）我们看出底板挖土至底标高为-10.10m 再加垫层和碎石，即土面的基面标高为-10.35m。底板的厚度为1.6m，桩头要伸入底板，并将桩头上的钢筋经破桩头伸入底板。再有可看出墙壁板的厚度为40cm，而轴线是偏中4cm的，轴线外侧为16cm，内侧为24cm。

（2）从图上可以看出钢筋的配置，1.6m 厚的底板，其底层钢筋为Φ 25@ 150，纵横方向均相同，而面层钢筋也为Ⅱ级钢直径 25mm、每根钢筋的中心距离为 15cm（这是说明Φ 25@ 150 的意思）。此外，在中间部位一般 1.6 厚的 1/2 处，配置了Φ 16@ 150，纵横方向均相同的钢筋层。这时我们看图还应联想到施工，这两层钢筋如何架起来，这就要根据钢筋的重量、施工荷重、浇混凝土的冲力，经过施工计算设置撑铁来支架上层钢筋。应设多少，一根撑铁支撑多少面积，均由计算确定。这类钢筋在设计的施工图上是没有的，而实际施工中则是需要的，在工地现场也是能看到的。

除了底板配筋，我们也看到墙壁配的配筋情况。图上标注出墙板的竖向钢筋为Φ 20@ 150，其伸入底板锚固坐落在底板中间一层钢筋上。伸入长度为 80cm，约为Φ 20 的 40d（40 倍直径），按规范规定是足够了。墙板的水平钢筋为Φ 18@ 150，竖筋和水平筋分为内外两层。

（3）从图上引出线可以看出底板的混凝土强度为 C40，这在目前来看是强度较高的，这也就提醒我们要提前进行混凝土配合比的设计和试配。再有是垫层 10cm 为 C10 强度的混凝土，还有 15cm 碎石铺垫在地基土上。这要求我们施工做好厚度标高控制的办法，才能达到图纸的要求。

以上几点，就是我们如何看全这张较简单的局部剖切图的要求。

五、看主楼标准层结构平面图

在前面第五章中已介绍过框架结构平面图的看图，这里高层部分的结构平面图,实际上与前面的没有很大的区别。因为该主楼属于框筒结构的形式,其中主要区别是中间有一个用黑墨线粗线条绘出的矩形筒体,其他的梁、柱框架和楼板的构造原理是与框架结构相同的。

1. 在图 6-10 上应看到的内容

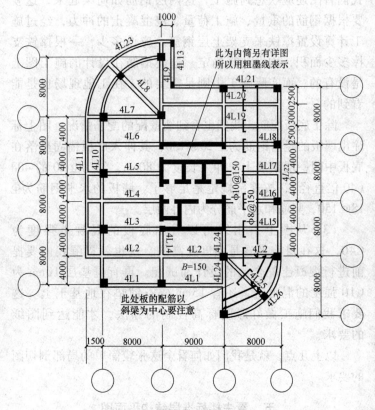

图 6-10 高层中某层结构平面图

（1）外框架的尺寸，主轴线的距离和底板的柱距尺寸均相同。内筒的外围尺寸是左右轴线间距离为9m，上下墙中心间的距离是12m。再有是平面图的左侧向外挑出了1.5m，这可以与建筑剖面图对照看出。还有是平面上梁的间距大部分为4m，少数为3m和2.5m。这些就是我们看平面图应先掌握的。有了这些尺寸概念，对施工时模板制作、拼装；钢筋长度要求可以有一个大致的"心中有数"。

（2）可以看到柱的编号（本图已省略）、梁的编号为4L1～4L25等。其中L代表梁，前面的4一般代表楼面的层次。在图上还可以发现在上部4L13的两端多了两个小柱子，这小柱子不属于主结构中的柱，而是建筑上需要为架设4L13这根梁而设置的。具体的尺寸、长短就要相应去查找该详图了。

（3）可以看出板的配筋图及板的厚度。板的厚度在4L1，梁上空白处标注出 $B=150$，说明该混凝土的板为15cm厚。板的配筋由于图面较小，只绘了示意图形，说明板的配筋为分离式配置，梁上为承担支座弯矩的带90°直钩的上层筋，板下为伸入梁内的按开间尺寸下料的钢筋。这里上部钢筋是 $\phi10@150$、下部钢筋为 $\phi8@150$。其他部分钢筋均省略未绘。应注意的是弧形面处的板的配筋应以中间梁为中心，钢筋的长度是变化的，配钢筋时要按比例绘出大样图进行量取尺寸确定各根钢筋的长度变化。

这是在这张平面图上可看到的大致内容。由于图面较小，所以只能给读者提供一个概念。

2. 结合本图应看哪些详图

（1）应看柱子的详图。根据柱子的编号查到该柱的断面尺寸、高度、钢筋配置的规格数量、箍筋的间距，梁柱节点的构造要求及形式。

（2）应查看各编号梁的详图。应根据梁的层次来查，一般同层次的详图都是连在一起的几张图。要看梁的断面尺寸、净跨度长、梁中心线与轴线或柱中心线有无偏心。如本平面上就可以看出 4L22 梁中心线与柱心就是偏离的。再看梁的钢筋配置，上下主筋数量和规格、箍筋规格和间距以及梁柱节点处的构造。

（3）应查看筒体结构部分的详图。主要是墙的厚度、配筋；墙体内转角处、丁字处的隐性柱的构造和配筋等。再有是在筒体内的楼梯详图、电梯井的基坑、井筒的一些构造与要求。

由于看结构施工图的原理与第五章介绍的都一样的。所以我们在这里结合看标准层平面图，粗略把看详图等注意的要求，作一些简单介绍，使之懂得看高层房屋结构图的一些特点，在具体的实际看图中就会容易掌握的。

第四节　结合高层建筑看装饰图纸

随着高层建筑的发展，一些高层宾馆等建筑，相应出现了要求较高的装饰，俗称二次装修或"精装饰"。在这些装饰施工之前一般都要先绘制效果图，实际上是一些设计人员设计想象的透视图。都用彩色绘成，让使用者选择，在选择确定之后作为正式的效果图，成为施工的依据。有的较复杂的还要绘制出详图。在这里我们选择一些图形作为读者对效果图和一些详图的了解。

一、设计者设想的效果图

我们在这里只能用黑白画面来进行看图，并作些介绍提供读者参考。

图 6-11 是一座宾馆高层的外部效果图。即建成之后，大致是这么一个形状，以及配套的一些群房。

图 6-11　某高层建筑的外观效果图

效果图不同于我们以前所讲的立面图，它较立面图更有立体感，容易使人在脑子中形成感性认识。但它不能标志具体的高度、尺寸、标高、朝向等内容，而只具有形象性。从这张图上我们可以看出楼前有道路、广场，相应的一些绿化。大部分为坡屋面，左侧半球形的大门雨罩是该座建筑的主入口。主楼是框格式大型窗的立面，屋顶为四个向的坡面，其中一个坡面特高和陡，其他群房大多为两层坡屋面。至于这个效果好不好，美观与否，则各有各的观点和选择，在这里我们不作评论，只要明白图意就可以了。

图 6-12、图 6-13、图 6-14，都是室内装饰的效果图。

图 6-12 是一个入口大厅的装饰效果图。入口处上部为框格的大玻璃窗，有阳光可以透入室内。侧墙为具有装饰的墙面，其下有通道和出入的门口，这必须和建筑平面图结合起来。绘制内部装饰效果图必须不能脱离实际建好的建筑结构状态。所以看内装饰效果图，必须结合看建筑平面图。

图 6-12　室内大厅效果图

图 6-13 是为具有某种服务性的营业大厅。左侧是通道，右侧是柜窗。设计者为了说明其装饰内容，在图上绘制了一些标志和说明。例如柱子采用喷涂色彩；地面采用银色地砖；吊顶采用石膏板；柜窗上采用塑料条板作隔断；柜台侧面采用贴塑的木板具有一定的花纹色彩。总之使人看后有一

种具体感，对使用者有选择的确认；对已定后的施工者有一个施工后应达到什么结果的确认。

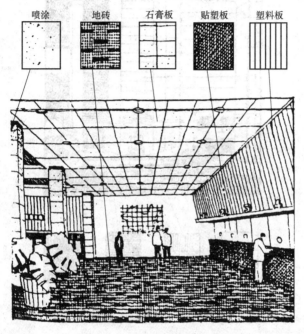

图 6-13 室内装饰材料要求图

图 6-14 是一个内庭院的效果图。四周是房屋的外墙，其上有天窗的顶棚，内部布置了一些绿化。图上还注写了各种做法的要求。如深色地面、地毯等未确定用什么材料，让使用者可以考虑选择；施工者则根据确定的用料进行装饰施工。

以上就是所说的效果的例子，供读者参考。

汉白玉墙面　　深色地面　　里层空间　　地毯

图 6-14　内庭院装饰要求图

二、装饰中一些详图图例

室内装饰的工程内容是相当多的，我们这里选择目前经常要遇到的 3 种工项的详图，作为图例介绍，从而了解详图的内容和形式。

1. 铝合金门窗安装的节点图

图 6-15 及图 6-16 是铝合金门窗的节点安装缝隙处理和组合方法的两张详图。

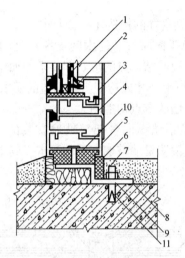

图 6-15　铝合金窗节点图

1—玻璃；2—橡胶条；3—压条；4—内扇；5—外框；6—密封膏；
7—砂浆；8—地脚；9—软填料；10—塑料垫；11—膨胀螺栓

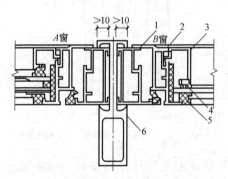

图 6-16　铝合金门窗拼合方法图

1—外框；2—内扇；3—压条；4—橡胶条；5—玻璃；6—组合杆件

　　图 6-15 说明底框和墙体的结合方法，以及窗扇与框之间的关系。图上用 1~11 点注释说明了窗下框处节点的构造。

施工时必须达到这样的构造才符合要求。

图 6-15 说明横向长窗的中间支撑点处的组合构造。图上用 1~6 点来说明结合点的形状和要求，如窗必须嵌入组合杆件内 10mm 以上，才能达到组合构造的要求。

2. 玻璃幕墙的节点构造图

图 6-17 是幕墙纵向骨架与玻璃安装的构造要求图示。图上用 1~5 点说明幕墙玻璃安装的要求。其中大框是主骨架的纵向剖切图，见识图箭注明。

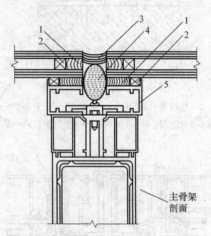

图 6-17　铝合金幕墙节点图

1—结构硅酮密封胶；2—垫条；3—耐候胶；4—泡沫棒；5—铝合金框

图 6-18 是纵主骨架杆件与结构相连的固定支座详图。可看识图箭注明。

3. 吊顶的构造图示

目前的吊顶大多已采用金属结构，改变了过去用木材吊顶，可达到减少变形和节约木材，防止腐朽。

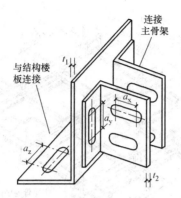

图 6-18　固定支座详图

图 6-19 和图 6-20 是 U 形轻钢龙骨安装形式图和铝合金龙骨吊顶安装图。图上说明安装间距尺寸，主次龙骨的位置和关系，以及吊杆位置及吊杆直径。

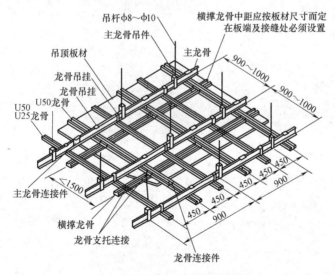

图 6-19　U 形轻钢龙骨吊顶图

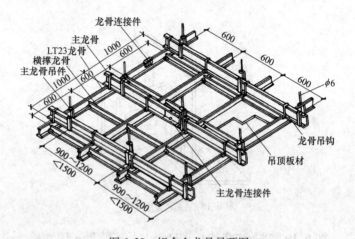

图 6-20　铝合金龙骨吊顶图

该类装饰详图使人看后容易理解和实施施工。

第七章　怎样看结构构件图

结构构件就是组成房屋骨架结构的"零部件"。如砖混结构中的预制预应力的圆孔空心楼板、房屋进深的长梁、预制的阳台、屋盖中的木屋架；如排架结构单层工业厂房中的预制柱、吊车梁、屋面梁或大跨度的屋架、屋面板等。这些单独构件可以在一套设计的施工图中，也可以分散在不同构件类型的标准图集中。

在本章中主要选择一些常见的构件作为图例学习看图，把构件的一些结构构造通过看图达到了解掌握，这也是看施工图应掌握的一部分知识。

第一节　构件图的一般概念

构件图纸往往是说明单独某个构件的图形和构造。一般大构件单独设计的，如钢屋架、木屋架，这类构件往往要用一张 2 号或 3 号图纸绘出，作为施工的依据；而有的标准构件则要用一本图集绘出不同规格的图形及说明，来表明该类构件的结构构造。因此构件图是以不同构件、不同要求绘成施工图作为制作和施工的依据。

一、构件图图集的一般内容

构件图图集通常为常用的标准构件，如预制空心楼板、预制过梁、预制大型板、预制屋架等。这些图集可分为国家标准图、省级标准图集、地方标准图集和某大设计研究院的标准图集等。应由标准设计所（或院）统一设计，并经主管部门批准后才可颁发使用。

1. 图集的封面形式

图集的封面主要说明该图集的名称和构件所属的类型，让人一目了然，就可以去查找。下面图 7-1 就是某省预应力混凝土空心板的图集。

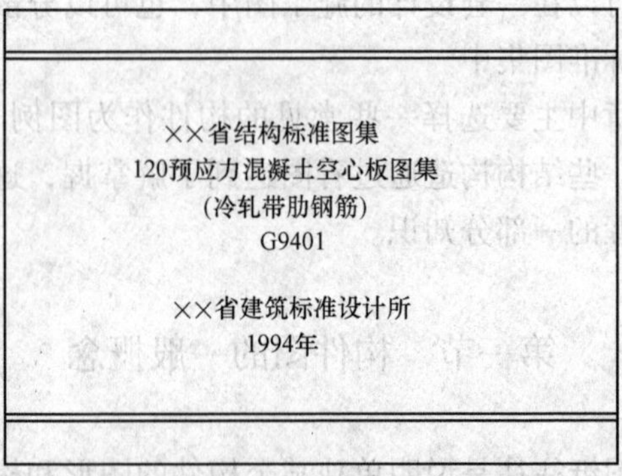

```
××省结构标准图集
120预应力混凝土空心板图集
（冷轧带肋钢筋）
G9401

××省建筑标准设计所
1994年
```

图 7-1　构件图集封面形式示意

通过这一封面，我们一看就知道这是厚度为 120mm 的预应力混凝土的空心板的各种尺寸的图集。该图集封面上还注明了是用冷轧带肋钢筋的，是新图集。过去用冷拔钢丝的图集已经淘汰。图集上并有某省的编号 XG9401，G 表示构件，94 表示 1994 年编制的，01 是第一本。这样就便于记忆和查对。

2. 图集的大致内容

图集内容大致分为：设计的说明、不同长度、宽度的选用表、结构性能检验参数、标准图形及配筋和节点构造。

（1）设计说明大致内容有：

1）图集适用范围，如用于什么类型房屋、构件跨度（即长度）、宽度种类、抗震设防烈度；宜采用什么工艺生产；使用环境的要求和措施。

2）设计的依据，说明采用荷载标准，使用什么设计规范、检验标准和施工规范以及采用新材料的一些规范、规程。

3）采用的材料要求，如混凝土强度等级、钢材要求及力学性能等。

4）设计原则，如选用荷载的确定、设计计算原则、预应力的控制、保护层的要求等。

5）选用方法，主要说明在什么使用条件下选用哪种板为宜。

6）制作和安装要求。

7）质量检验及要求。

（2）选用表的内容大致有：板在不同长度、宽度、活荷载情况下的配筋规格和数量，预应力构件还有应力控制值，以及构件的混凝土量，这样可以算出构件重量，选择吊装机械。

（3）结构性能检验参数主要是给出限定数据，作为检验对照的依据。

（4）图形，主要是标注构件尺寸、配筋、构造要求的图。

在构件图集中，为了表明为哪类构件，往往采用构件代号来表示。如预应力混凝土圆形空心板的代号如下所示：

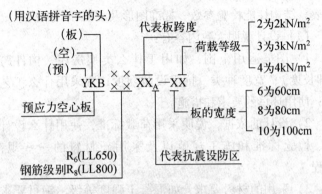

二、构件图的特点

（1）比例大，一般采用 1：10～1：50 的比例。图都较详细。有的细部比例还要大，如 1：5～1：10。

（2）构件边框线均用细实线描绘，内部配筋则用粗实线描绘。构件断面的钢筋以圆黑点表示。并用引出线及编号来说明钢筋种类。

（3）都有材料明细表，如钢筋混凝土构件列有钢筋表，说明钢筋形状、种类、规格。钢构件列有用料表，说明各组合零件的规格、尺寸等。

（4）附有与房屋结构相关联的构造图，如楼板与墙体的关系，屋架和支撑的关系等。

三、怎样查看图集

由于图集编制的设计单位不同，虽然图集上的构件名称相同，但它的具体内容、构造情况、使用条件就不一定相同。如果在结构施工图中，引用了某种标准构件图集时，一定要看清图集的编号和由哪个设计院编制的以及什么年份编制的。然后按编号去查找图集，做到"对号入座"。

如果由于不仔细而弄错了图集，虽然构件名称相同，但用到工程上去之后，可能会出现施工中不能互相配合；或外形配上了，但配筋不同，承受荷重不同，这就会出质量事故。所以对图集的运用，一定要查对清楚，看准编号，避免套用、乱用而造成差错。

四、非图集形式的构件图

有些构件如木屋架、钢屋架、钢柱、钢梁等，由于经常使用不多或使用时情况不同，一般不编制标准的通用图集。这些构件常常在结构施工图中单独绘制，成为单独的一些构件图，有的一张图纸，有的要几张图纸把这些构件的全貌表示出来。

这些构件图主要内容也是两大部分，一部分是图样，一部分是说明。由于它们和结构图是相配套的，所以不必单独去查找，只要仔细看图，一般是不容易造成用错的事故的。

第二节　民用房屋结构的构件图

砖砌混合结构房屋中的钢筋混凝土构件，如结构部分的预制梁、预制柱、预应力混凝土楼板、预制阳台、雨篷等。混合结构在屋盖部分也有用木构件的，如木屋架、木檩条和屋面板等。

根据构件图的不同类型，我们选择其中一些构件图介绍看图的方法，这种方法仍然是采用书中的文字讲解和图中识图箭上标注的文字说明相结合的方法进行看图。

一、长梁构件图

（1）用途：长梁用于砖混结构的屋顶及楼层，梁上可以放置预制圆孔板、大型层面板或加气混凝土屋面板等。

（2）内容：构件的编号如下表示：

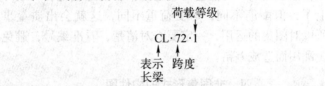

在设计说明中提出了梁的支承要求，混凝土强度等级，钢筋要求，如有预埋件，则要说明预埋件型号。施工说明是说明梁的制作要求，构件制作的允许偏差，堆放、运输、吊装等要求。

（3）看长梁构件图：我们选 CL·72·1 作为图例看图，见图 7-2。图上有横板平面图、侧面图和配筋图、断面图。

图上看出梁的长度为 7400mm，断面为 T 形，梁高为 650mm，底宽为 200mm，上翼宽为 400mm，出翼檐的部分为每头离梁端为 240mm，这一点必须注意，否则模板配到头就要出错，做错后吊装就位就会放不下，或配合不好。再有配筋图上可看出共有①～⑨号钢筋，具体形式在图上都有表示，可以按它计算材料。

长梁的型号还有好几种，其外形大致相同，只是配筋与具体尺寸有所不同，看图方法是一样的。

二、预应力空心板构件图

预应力空心板因其跨度不同分为大孔、中孔、小孔三类，主要是跨度大的板较厚，因此孔也较大。其配筋和施加的预应力也因跨度和荷载不同而不同，但它的外形和断面都是相似的。在这里我们选用一般砖混结构中 3m 左右跨度的空心板，作为看图例子。

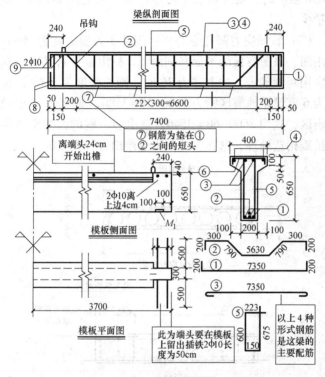

图 7-2 长梁构件图

（1）用途：用为多层房屋的楼板及屋顶板。

（2）内容：板的编号形式，我们选 0.9m 宽，跨度为 3.6m 的预应力空心板，则其编号为：

$$YKB\,^{R_6}_{R_8}\,36\text{—}92$$

这是用冷轧带肋钢筋作为预应力钢筋的板，编号中 R_6、R_8 是指采用 LL650 或 LL800 两种不同强度的钢筋。若用 R_6 即

LL650 强度时，则配筋表上数量增多，反之用 LL800，则钢筋量少。

（3）看预应力圆孔空心板：图 7-3 为板的宽为 90cm 的通用图。该图有板的平面和剖面图，标出板长 l，l 可根据设计应用跨度确定，如上述为 36 时，则板跨度为 3.6m，板长如为 6 度设防地震区则为 3600-20＝3580，如为 7、8 度设防地震区，则为 3600-60＝3540。空出多一些的板端空间作节点抗震构造处理，这在设计图上会绘出进行交代的。

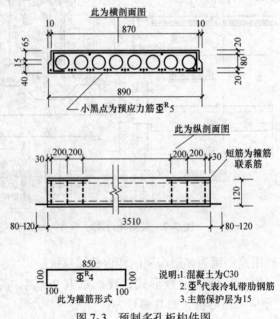

图 7-3　预制多孔板构件图

从图上我们要说明的是空心板的圆孔芯模和侧边模都是标准定型的，主筋根数根据跨度、荷载的不同而不同，辅筋仅端头两根横筋②号和吊钩钢筋③号，所示看图比较简单，

264

我们可以结合识图箭一起看懂。

三、阳台构件图

阳台在住宅建筑中是普遍应用的构件。目前大多为现浇挑梁上架板做成；而在有些地方也做成预制的构件，在结构施工中进行安装，采用电焊及锚结钢筋与主体结构联结成一体。阳台的栏杆等则按建筑详图配制施工。在这里我们选一种 2.4m 长的阳台构件图，作为看图例子，进行介绍。

（1）用途：住宅的悬挑结构和楼层的室外空间。

（2）内容：编号用汉语拼音第一字母表示：阳用 Y，台用 T，长度用毫米的头两位表示。本图构件编号为 YT24，即长 2400mm 的阳台构件。图集上一般有选用表，根据其大小不同而尺寸和配筋不同。

（3）看阳台构件图

我们选 YT24 型来说明它的构造，见图 7-4。构件图上有平面图、剖面图、配筋图等。从图上可以看出阳台的四周有一圈边梁（或称肋），边梁面上埋有预埋铁，作以后焊栏杆用的，这在看图和施工时都是必须注意的。再有一点就是在阳台前沿的两个角处有流水孔，这也是看图时和施工中应该注意和预留的。其他的看图方法和如何配钢筋料方法和上面所述的构件图看图一样进行。

四、木屋架构件图

木屋架是坡屋顶挂瓦屋面常用的构件。由于钢筋混凝土构件的大量发展，新建木结构目前日趋减少，但作为一种构件，也应学会看这种图。尤其在对旧建筑维修时，这类图更是常常会碰到的。

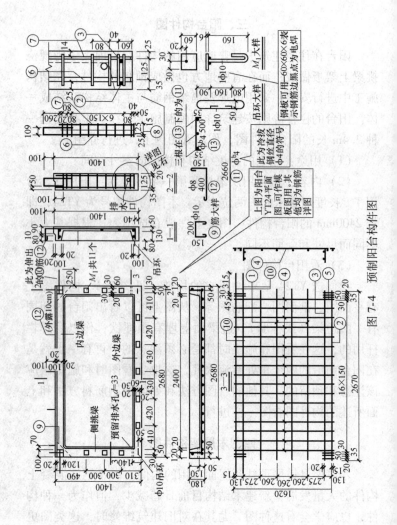

图 7-4　预制阳台构件图

266

1. 木屋架组成的名称

有上弦杆、下弦杆、腹杆（斜压杆和竖直拉杆），见图7-5所绘示意图上注明。下弦杆除有用木材外，也有用钢材做成的，用钢材做下弦时称为钢木组合屋架。屋架所用木料有方木或圆木两种。

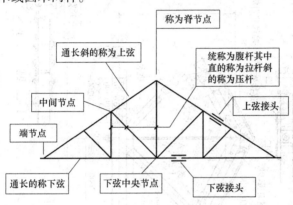

图 7-5　木屋架构造示意图

2. 屋架图的内容

屋架图由屋架大样图，（一般用 1∶50 的比例绘制）和屋架节点详图（一般用 1∶5～1∶20 的比例绘制）。节点又分为 脊节点、支座节点（端节点）、上弦杆中间节点、下弦杆中央节点以及屋架弦杆接头的节点等。

3. 看木屋架图

我们选的是 6 个节间 12m 跨度的木屋架，其形状见图7-6。

在图上我们看到屋架的半面大样（另一半是对称的），屋架的尺寸、高度、杆件的断面等。还看到几个节点的具体构造。

4. 看钢木屋架图

钢木屋架主要是下弦改为钢拉杆，上部和木屋架相同。

267

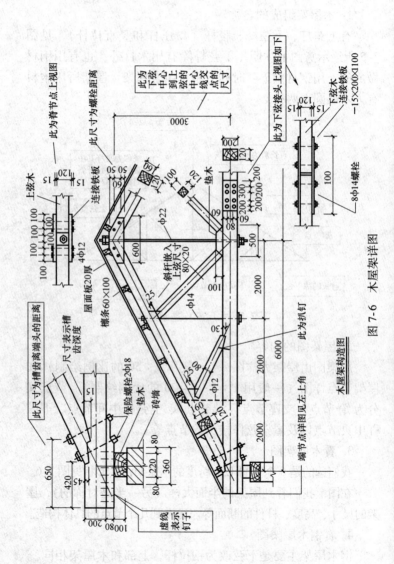

图 7-6 木屋架详图

268

我们将如图 7-6 所示的木屋架改变成钢木屋架，只要改变下部的几个节点详图，改变节点后我们就可以把钢木屋架图绘制出来。图 7-7 就是一座钢木屋架构件图。

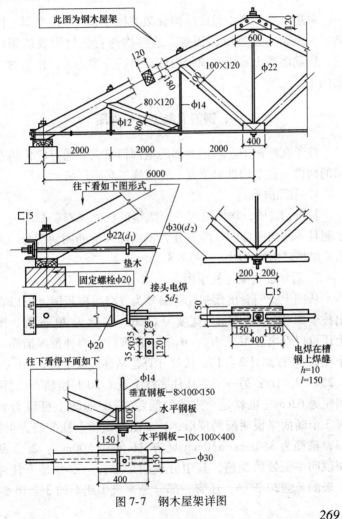

图 7-7　钢木屋架详图

第三节 工业厂房的构件图

单层工业厂房中组成结构骨架的构件有柱、吊车梁、屋架、天窗架、大型屋面板等。这些构件有钢材做成的钢构件、钢筋混凝土做成的预制构件。我们介绍几种，作为看图的例子。

一、钢筋混凝土柱构件图

柱子在厂房中是承担上部的全部荷重，并通过它传给基础的构件。这个构件很重要，看图施工必须仔细。

1. 图纸内容

柱子构件图，均按结构平面图编的柱号（Z1、Z2……），绘制具体的构件详图。图上分为模板图和配筋图两部分，并附有结构要求的说明。见图 7-8。

2. 看钢筋混凝土柱子图

从图上我们看出预制柱子编号为 YZ1。模板图上可以看出柱全部长为 10.45m，宽度为 60cm，厚度为 40cm 等。图上还可以看出有 M_1、M_2、M_3 三块预埋件，两种预埋插筋一个在 5.86 标高处 2 Φ 16，按尺寸算是从柱底往上量 5.86-(-1.25)= 7.11m；另一个为从柱底往上量 1820 开始插 ϕ6 二根间距为 62cm（也就是十皮砖的间距），配筋图上可以看到有 3 个断面来说明配筋情形，1-1 断面说明上柱配筋为 4 Φ 14，箍筋为 350mm×350mm 见方 ϕ6 间距 200mm；2-2 断面说明牛腿处的配筋，其中分成两部分，一部分是下柱伸上来的 8 Φ 20 钢筋，还有一部分是弯成牛腿形的 3 Φ 16 钢

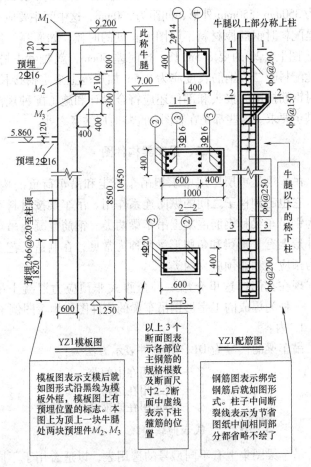

图 7-8 预制单层厂房柱构件图

271

筋，该外的钢箍为Φ8 间距 150mm；箍的大小是有变化的，应放样时细算；3-3 剖面是表示下柱的配箍，主筋是 8 Φ20，钢箍为 350mm×550mm 外形，间距为 200mm，这中间主要应考虑的是配料时钢筋原材料不够图上长度的时候，如原料一般长 8m，图上Φ20 的要 8.5m 长，这时差 50cm，就要考虑搭接。因此配料时二节钢筋长度应为 8.5m 加规范上规定搭接长度。同时钢筋搭接的接头和部位还应符合设计和施工配种规范才能满足要求。这些都是在看图和配料时应注意之处。

二、吊车梁构件图

吊车梁是单层厂房中承担吊车行走和吊车荷重的构件。同时它也起到柱子之间的纵向连系作用。吊车梁按材料不同分为钢吊车梁和钢筋混凝土吊车梁两类。钢筋混凝土吊车梁从外形上有 T 形梁和鱼腹形梁两种为常见；在制造工艺上又分为预应力和非预应力两类。

现在我们在这里介绍一种鱼腹式非预应力混凝土吊车梁；一种为焊成的工字形钢吊车梁的构件图作为看图例子。

1. 内容

吊车梁的代号为 DL，其构件表示方法为：

DL－1   Z——表示用在中间跨

代表吊   B——表示用在边跨

车 梁   S——表示用在伸缩缝两边的跨

代表荷载等级

吊车梁图集上有不同型号的选用表，以适合用于不同的吊车荷重（吨位）。同样图集上也有设计和施工要求的说明。

2. 看钢筋混凝土非预应力鱼腹式吊车梁图

我们选出 DL－1Z 这一型号进行看图了解它的构造，见

图 7-9。

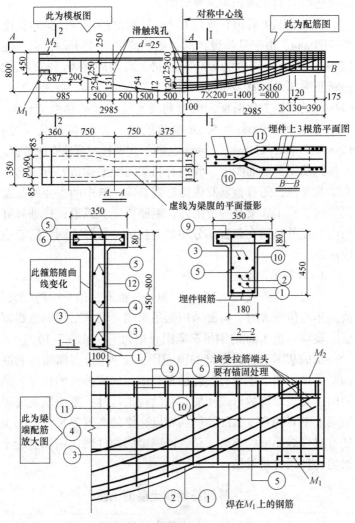

图 7-9　预制吊车梁构件图

我们看到构件图上将梁一半为模板图和一半为配筋图，同时还绘有剖面图和局部放大图。

我们从图上看出它是用在 6m 柱距的吊车梁，实际长度是 5970mm。由于是鱼腹式的，梁端高度为 450mm，正中处（鱼腹最大处）高度为 800mm。梁上有预埋件 M_1 和 M_2，梁的断面端部为底宽 180mm，中间为底宽 100mm。在离开端头 687mm 处开始变化断面，由于曲线是按 3 次抛物线变化的，因此从中间往两端为 50cm 按曲线给一个竖向变化尺寸：12mm，54mm，131mm，254mm。便于支模板时弯曲有所依据。

钢筋图和断面图上，我们看到梁的配筋构造。有主筋①和②共 4 根，还有箍筋其他构造钢筋等。这中间主要的是配钢筋时下部 1/3 梁高的范围内，钢筋要弯成弧形，仔细算好长度。此外箍筋在鱼腹部分均是变化的，处处不同，这点也应注意。

3. 看钢吊车梁图

一般当柱距较大（12m 或 18m），也就是吊车梁跨度大，或吊车吨位较大时，需要采用钢吊车梁。吊车梁用钢板焊制成。现将一根 12m 的钢吊车梁图介绍如下，见图 7-10。

我们从图上看到有梁的顶面图（上视图），侧面图和断面图。顶面图上主要有安装吊车轨道用的螺栓孔的位置，侧面图主要表示梁的形式和加劲肋的构造尺寸；断面图主要说明梁上下翼的宽度，加劲肋的宽度，梁的高度等尺寸。图上还有对焊缝厚度的要求。总的说钢梁的构件图比钢筋混凝土梁的构件图容易看懂。

三、看钢筋混凝土屋面梁图

屋面梁俗称薄腹梁，在小跨度的厂房里主要是作为屋盖

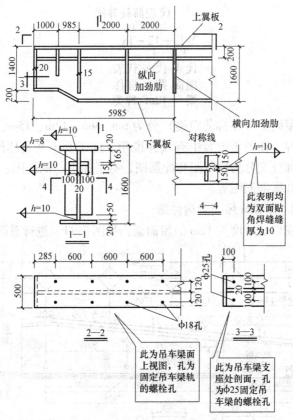

图 7-10 预制钢吊车梁构件图

结构承担屋面板的重量，起到屋架的作用。分为单坡和双坡两种。所谓薄腹，是因为这类梁的中间部分比端部、上下翼都薄，所以称为薄腹梁。我们这里选一榀 12m 跨度的非预应力的钢筋混凝土屋面梁，进行看图。

1. 内容

屋面梁的代号是 WL，表示形式如下：

代表荷载等级

WL — 12 — 1$_A$

代表 代表 代表
屋面 跨度 埋件
梁　12m 种类

屋面梁（亦称薄腹梁）分为 6m、9m、12m、15m、18m
等几种。在图集内容中有设计说明、施工要求和具体图样。
图样部分又分为模板图和配筋图，有平面图、侧面图、纵剖
面图和横剖面图等。

2. 看 12m 屋面梁构件图

我们选跨度为 12m 的屋面梁，见图 7-11，进行看图。

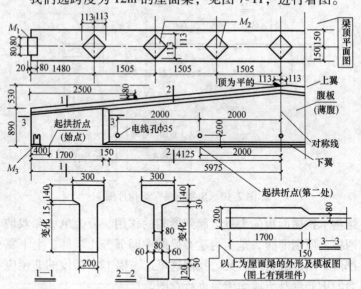

图 7-11 （一）

（a）预制屋面梁模板图

276

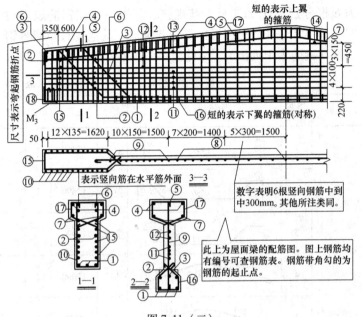

图 7-11 (二)

(b) 预制屋面梁构件配筋图

从图面我们可以看出这是一榀双坡梁，由于对称的特点，只绘了半榀图样。图 7-11 (一) 是模板图，图 7-11 (二) 是配筋图。现我们分别看图：

在模板图上可以看出梁顶面上有 9 块预埋件，端头处一块，正中间一块，其他均按大型屋面板宽度 1.5m 埋置，具体尺寸图上标出为 1505mm，此外梁上还有吊钩和电线孔位置。

在模板图的侧视图和断面图上看，模板的制作和支撑是比较复杂的。要配置一片底模，两侧侧模。这都是看图时要考虑的。

在钢筋图 [图 7-11 (二)] 上，我们可以看出下部主筋

277

为 6 根分别为①②③号，其规格、等级一般在钢筋表中说明。其中②号③号可以看出是弯起钢筋。其他④号至⑱号钢筋都在钢筋表中列出的。可见表 7-1，供参考。

屋面梁钢筋表

表 7-1

梁号	钢筋编号	钢筋形式	直径	长度	根数	备注
WL12-1	1	230 ⌐ 11900 ⌐ 230	Φ 22	12360	3	
	2	320 100 9750 1050 740 100	Φ 22	12690	2	
	3	8450 1050 740 220	Φ 22	10990	1	
	4	5870 200 515 5870	φ12	12090	2	
	5	4350 200 580 4350	φ12	9050	1	
	6	1750	φ12	1900	4	
	7	200 515 5870	φ8	12040	2	
	8	1090~1330	φ8	$l=1410$	23	
	9	960~1080	φ10	$l=1220$	22	
	10	150 840~960	φ8	$l=2100$	26	
	11	8900	φ12	9050	4	
	12	8900	φ8	9000	2	

梁号	钢筋编号	钢筋形式	直径	长度	根数	备注
WL12-1	13	8000	φ8	8100	1	
	14	4700	φ8	4800	1	
	15	130　1670　140	φ8	3850	12	
	16	80　150　150　80	φ6	720	44	
	17	90　250　150　35	φ6	850	68	
	18	180	φ22	180	2	
	19	1030	φ22	2300	2	

四、看钢筋混凝土折线形预应力屋架图

一般厂房在 18m 跨度以上时，屋盖结构中承担屋面荷重的构件都采用屋架。钢筋混凝土屋架分为预应力和非预应力两种。为了节约铁材和降低屋架高度，已经普遍采用预应力屋架。所以我们在这里介绍这类屋架的看图。

1. 内容

预应力屋架的代号为 Y-WJ，其形式如下：

```
              跨度18m预留孔  预埋件编号
         Y-WJ18 — I₆ — 1
为预应力屋架
         荷载等级    天窗跨度
```

在预应力屋架图集上除了一般设计说明和施工要求外，重点是对预应力钢筋的要求，有关焊接的要求作详细说明。这些在看图时要着重了解。

2. 看预应力屋架构件图

我们选 Y-WJ18-1 屋架作为看图例子。见图 7-12。

钢筋混凝土屋架的各部位名称和木屋架一样；分为上弦、下弦、腹杆。由于上弦形状不同又分为拱形、折线形等不同形式。各部件的断面尺寸是根据受力大小决定的。

我们从模板图上看出屋架总长为 17950，屋架中部高度为 2.64m，上弦的断面尺寸为：220mm×220mm，下弦断面尺寸为 160mm×220mm，腹杆断面尺寸见剖面 3-3 及 4-4 两图。

在下弦剖面甲-甲、乙-乙中可看出每个断面下有 2 个圆孔，这是穿入预应力钢筋的孔道。说明施工时要在下弦内预留贯通的 2 个圆孔，一般施工中用钢管或胶管架在下弦杆内，待浇灌混凝土后一定时间再将钢管或胶管拉出，形成了孔道。屋架采用平卧支模，因此它的模板有底模，形状就如图那样，还要配侧模，即图上构件的边界线位置。除了模板之外还得看预埋件的安放、孔洞位置以及其他在支模时应考虑到的内容，这是看图时所应注意的。

看钢筋图时，我们应了解到它有两种钢筋，一种是图上绘出的非预应力钢筋，支模后即应进行绑扎的。另一种是预应力钢筋，这是要先准备好，等能够进行预应力张拉时才用。看图时应根据屋架长度和规范规定算出材料的规格和数量来。

现在图上所标志的钢筋都是非预应力钢筋。应根据编号对照钢筋表进行备料。此外由于屋架长度都超过钢筋原材料的长度，因此计算钢筋长度时应考虑加上搭接的长度。

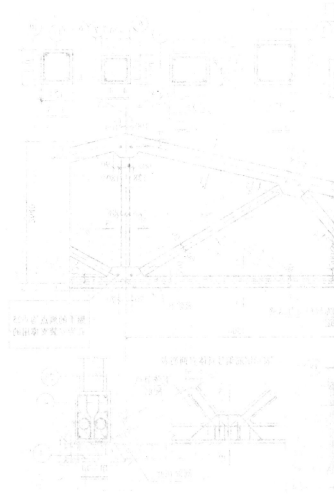

五、看钢屋架构件图

在设计时，从经济合理和施工方便出发，当房屋跨度达到 24m 及 24m 以上时，或直接承受动力荷载的屋盖，采用钢屋架作为屋面承重构件比较合适。

现在选用 24m 的钢屋架，作为看图的例子。

1. 内容

钢屋架用 GWJ 代号表示，其表示形式为：

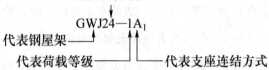

图集上还有设计要求和施工要求的说明，重点是对钢材、焊缝、焊条的要求，这在看图时必须了解。图上还有屋架中心线的几何尺寸和杆件内力大小示意图作为施工参考。

2. 看钢屋架构件图

我们选出 GWJ24—1 图样绘于图 7-13。我们所绘的这张图仅取屋架的端头一部分，因为钢屋架的各部分节点构造是基本相似的，为了节省图幅，能看懂一部分图了解原理也是可以达到学会看图的目的。

图面上有屋架轴线形状图和局部实样图。实样图中有上弦的上视图即在屋架上部看上弦顶面得到的形象，下弦上视图，屋架构造的详图。

从图中可以看出该屋架端头高为 1990，这 1990 是上弦中心线到下弦中心线的距离和角上轴线尺寸图相符合。屋架的杆件中心线是以角钢的断面形心联结成的一条直线，所以它偏在一翼的一边，不是在投影图形的正中间。

在看图时，我们看到所注尺寸均以中心线为准，钢屋架放样时，中心线尺寸也就是角上的轴线尺寸相当重要一定要看准记住。

钢屋架制作时要将每根杆件从图上摘出来，写出角钢型号，长度，根数。然后再对照图线复核没有错误时才可下料。因此必须看懂图，才能计算尺寸，这是很重要的一环。否则造成错误或浪费将是很大损失。

此外图上还有电焊符号，表示焊接方法，焊缝长度，焊缝厚度等。焊缝的要求也是看图时应着重注意的。因为焊缝的质量是否符合图纸，对钢屋架的寿命有很大的影响。

六、看大型屋面板构件图

用钢筋混凝土制成的预应力大型屋面板，是目前工业厂房最普遍应用的屋面构件。其通用平面尺寸为 1.5m×6.0m，主肋的高度有 20cm，24cm 两种。

1. 内容

预应力大型屋面板的代号是 Y-WB，其表示方法为：

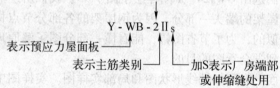

预应力大型屋面板构造比较简单，设计说明等也比较简单。在生产时预应力都采用先张法，预应力钢筋的钢号、规格，以及张拉控制应力在图集中均有说明，这是看图时应重点注意的。

2. 看构件图

我们选出 Y-WB-1Ⅱ的板作为看图之例，见图 7-14。

282

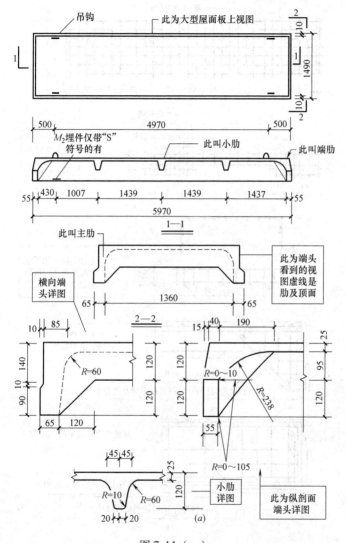

吊钩

此为大型屋面板上视图

M_2埋件仅带"S"符号的有

此叫小肋

此叫端肋

500   4970   500

55 430 1007 1439 1439 1437 55

5970

1—1

此叫主肋

此为端头看到的视图虚线是肋及顶面

横向端头详图

1360

65   65

2—2

$R=60$

$R=0\sim10$

$R=238$

$R=0\sim105$

小肋详图

$R=10$ $R=60$

此为纵剖面端头详图

(a)

图 7-14（一）

（a）大型层面板模板图

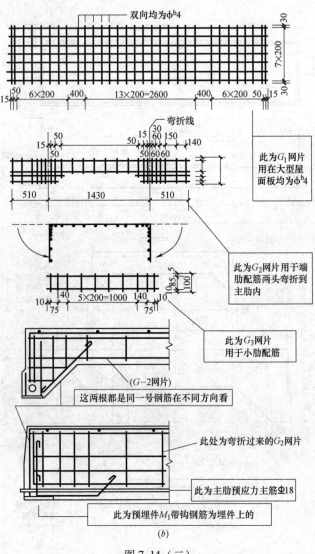

图 7-14 (二)

(b) 大型层面板配筋图

从图上我们看到有模板图和配筋图，还有它们的剖面图和节点图。

模板图标出大型屋面板的长度尺寸为5970mm，宽度为1490mm，高度为240mm。从剖面图及节点图看出板分为主肋、小肋，主肋宽度为65~85mm，小肋的宽度为40mm，高度为120mm。板面层仅25mm厚。由于目前生产时已都采用定型钢模，所以模板图只是让我们了解屋面板的具体外形尺寸。具体模板制作尤其是两端的弧度曲面是很复杂的。

钢筋图主要分为非预应力和预应力钢筋两部分。非预应力钢筋大多采用φ4冷拔低碳钢丝，预应力的粗钢筋（主筋）则采用冷拉Ⅱ级或Ⅲ、Ⅳ级钢筋。本图是Y-WB-1Ⅱ板所以主筋为2Φ'18（一根主肋一根主筋）在预应力钢筋配料时要注意预应力张拉夹具处应增加的长度和镦头所需长度。算料时可从结构施工图和钢筋表算出进行核对。

第八章　怎样看构筑物施工图

第一节　构筑物的概念

一、什么是构筑物

构筑物是不同于房屋类型的，它是结构型的特殊建筑物。在钢筋混凝土结构学中把这种构筑物归在特殊钢筋混凝土结构一类。它们具有各自的独立性，可以单独成为一个结构体系，用来为工业生产或民用生活方面服务。常见的构筑物有烟囱、水塔、料仓、水池、油罐、电厂的冷却塔、高压电线的支架、挡土墙等。

构筑物的外部装饰都很简单，有的甚至不加建筑装饰而以结构外表暴露在大气中。对于构筑物主要应达到结构坚固安全，使用上能耐久实用。

构筑物可以用砖石、钢筋混凝土、钢结构等材料建成。主要以具体对象和使用要求、经济效果来决定用哪种材料。

二、不同构筑物的大致构造和用途

构筑物的种类是很多的，我们在这里主要介绍四种常用的构筑物，了解其构造，弄懂看图的方法，达到举一反三学会看懂构筑物的施工图。

1. 烟囱

烟囱是在生产或生活中需采用燃料的设施，用来排出烟气的高耸构筑物。它由基础、囱身（包括内衬）和囱顶装置三部分组成的。外形有方形和圆形两种，以圆形居多。材料上可以用砖、钢筋混凝土、钢板等做成。砖烟囱由于大量用砖，耗费土地资源，已不再建造。而钢筋混凝土材料建成的烟囱，由于它刚度好，且稳定，已达到高度 200m 以上。钢板卷成筒形的烟囱，则使用于一般小型加热设施，构造简单，这里也不作专门介绍。

我们主要介绍钢筋混凝土烟囱的大致构造和看图。先介绍一下构造情况：

烟囱基础：在地面以下的部分均称为基础，它是由基础底板（很高的烟囱，底板下还要做桩基础），底板上有圆筒形囱身下的基座。基础底板和外壁用钢筋混凝土材料做成；用耐火材料做内衬。

囱身：烟囱在地面以上部分称为囱身。它也分为外壁和内衬两部分，外壁在竖向有 1.5%~3% 的坡度，是一个上口直径小，下部直径大的细长、高耸的截头圆锥体。外壁是钢筋混凝土浇筑而成，采用滑模施工方法建造；内衬是放在外壁筒身内，离外壁混凝土有 50~100mm 的空隙，空隙中可放隔热材料，也可以是空气层。内衬可用耐热混凝土浇筑做成，也可以用耐火砖进行砌筑，烟气温度低的，也可用黏土砖砌。

囱顶：囱顶是囱身顶部的一段构造。它在外壁部分模板要使囱口形成一些线条和凹凸面，以示囱身结束，烟囱高度到位。同时由于烟囱很高，顶部需要安装避雷针、信号灯、爬梯到顶的休息平台和护栏等。由于施工中该部位较其下部囱身施工要复杂些，因此构造上划为一个部分。

2. 水塔

水塔是用来提供一个区域内用水的构筑物。它要高于周围的建筑物，以达到供水有足够的水压力。水塔也由基础、支架（或支筒）、顶部水箱三部分组成。目前绝大多数水塔用钢筋混凝土材料建成。

基础：由圆形钢筋混凝土较厚大的板块做成。使水塔具有足够承重能力和稳定性。

支架部分：支架部分有用钢筋混凝土空间框架做成，也有近十年采用的钢筋混凝土圆筒支架倒锥形的水塔，造型较美观，但不适宜在寒冷地区（保温较差）。

水箱部分：这是储存水的构造部分。有圆筒形结构，也有倒锥形结构的。其容水量一般为 60～100t，大的也可达 300t。

水塔也属于较高耸的构筑物，所以也有相应的一些附件，如爬梯、休息平台、塔顶栏杆、避雷针、信号灯等。

在本章中我们介绍的看图图例是空间框架式的支架水塔，图面较多，对学习看图比单一筒体可多看些图面。

3. 蓄水池

蓄水池是工业生产或自来水厂用来储存大量用水的构筑物。多半埋在地下，便于保温，外形分为矩形和圆形两种。可以储存几千立方米至一万多立方米的水。

水池分为池底、池壁、池顶三部分组成。蓄水池都用钢筋混凝土浇筑建成。

4. 料仓

料仓是存放各种散粒材料或谷物的大型构筑物。如谷物、矿石、水泥、煤等。料仓从类型上又分为浅仓（俗称大料斗）和深仓（俗称筒仓或筒库）。

料仓目前多用钢筋混凝土建成，但也有用钢材做成的。

浅仓一般在厂房内，吊挂在厂房的框架梁上，作为厂房生产中存放短期用料的储存库；深仓则放在工艺确定的地点，单独建造，作为储存量大的材料或谷物。深仓由基础、支柱、筒身、出料斗、上部机房等组成。深仓中的存料，则由栈桥输送廊送到仓顶，再由机房内输送带送到各筒仓内。

下面我们就介绍阅看这4种常见的构筑物的施工图。

第二节　看钢筋混凝土的烟囱施工图

烟囱施工图根据烟囱构成材料的不同，高度不同，其图纸的张数有多有少。一般大致有这几方面的图纸：

（1）烟囱外形图。主要表示烟囱的高度，断面尺寸的变化，外壁坡度的大小，各部位的标高以及外部的一些构造。

（2）烟囱的基础图。主要表示基础大小和形状，基底直径、基底标高、底板厚度和配筋、基础筒身直径、壁厚、配筋及有关构造。

（3）烟囱筒身。一般取若干个断面图，反映筒身的壁厚、配筋构造、内衬做法、厚度和与外壁间的空隙等内容。

（4）烟囱顶部的构造图。表示囱顶的构造和附加件的联结。

（5）有关的细部构造的详图。是将以上四方面的图中需详细表明的部位绘成的大样图。

一、看烟囱的外形图

图 8-1 是某发电厂的钢筋混凝土烟囱。其外形可见图 8-1，由于较高，中间断裂线省略绘制了其中大部分。

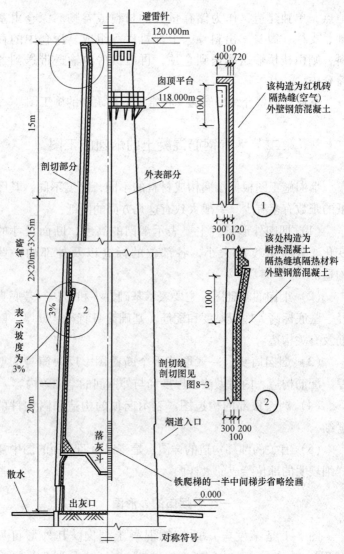

图 8-1 钢筋混凝土烟囱构造图

从图中我们可以看出烟囱高度从地面作为±0.000点算起有120m高。±0.000以下为基础部分，另有基础图纸，囱身外壁为3%的坡度，外壁为钢筋混凝土筒体，内衬为耐热混凝土，上部内衬由于烟气温度降低采用机制黏土砖。囱身分为若干段，可见图上标出的尺寸，有15m段及20m段两种尺寸。并在分段处的节点构造用圆圈画出，另绘详图说明。外壁与内衬之间填放隔热材料，而不是空气隔热层。在囱身底部有烟囱入口位置和存烟灰斗和下部的出灰口等，可以结合识图箭注解把外形图看明白。

二、看烟囱基础图

烟囱基础一般指埋在自然地坪以下的构造部分。它包括基础底板、基础筒体、外伸圆形板，本烟囱还有钢筋混凝土预制打入桩的桩基，在图上可以看到其桩筒伸入底板的示意图，具体的我们可以看图8-2。

我们从图8-2中可以看出烟囱基础钢筋混凝土的具体构造。

首先看出底板的埋深为4m；基础底的直径为18m；底板下有10cm素混凝土垫层；桩基筒伸入底板10cm；底板厚度为2m。

其次可以看出底板和基筒以及筒外伸肢底板等处的配筋构造。

底板配筋从图8-2（b）中可以看出分为上下两层的配筋。且分为环向配筋和辐射向配筋两种。具体配筋可见图上注明的规格及间距。

竖向剖示图在图8-2（a）中可以看出，烟壁处的配筋构造和向上伸入上部筒体的插筋。同时可以看出伸出肢的外挑处的配筋。其使用钢筋的等级和规格及间距图上也作了注明。

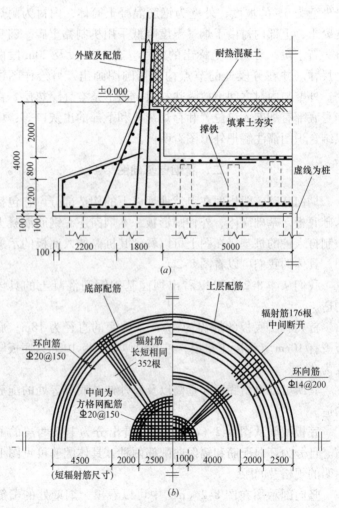

图 8-2 钢筋混凝土烟囱基础图

本图由于节省篇幅，绘制时都用对称符号把图面进行了分划。

在看图时图上只表示了上下层的两层钢筋，而在施工时如何架空起来，这就要配置中间的支撑钢筋，俗称撑铁。而图纸设计时是没有的，这要在施工时考虑，这也是看图时应联想到的。在图 8-2 (*a*) 中，用虚线表示的弓形铁即为施工时应考虑制作的，到绑扎时可以使用，其具体数量，钢筋直径应经施工计算确定。

三、看烟囱外壁配筋图

我们在总的外形图上选取某一横断面，来说明囱壁的配筋构造。见图 8-3。

该横断面外直径为 10.4m，壁厚为 30cm，内为 10cm 隔热层和 20cm 耐热混凝土。

外壁为双层双向配筋，环向内外两层钢筋；纵向也是内外两层配筋。配筋的规格和间距图上均有注明，读者可以结合识图箭阅看。应注意的是在内衬耐热混凝土中，也配置了一层竖向和环向的构造钢筋，防止耐热混凝土产生裂缝。

在这里要说明的是我们仅截取其中某一高度的水平剖切面的情形，实际施工图往往是在每一高度段都有一个水平剖面图，来说明该处的囱身直径、壁厚、内衬的尺寸和配筋情况。读者在看到正式施工图时，必须查对清楚，才能使施工时不出差错。

四、看烟囱顶部构造施工图

在烟囱总体的外形图上，我们看到顶部环绕烟囱有一个平台，这部分构造较下部内容要多些，因此顶部都有单一张的施工图。在此我们也选于此进行介绍，可见图8-4。

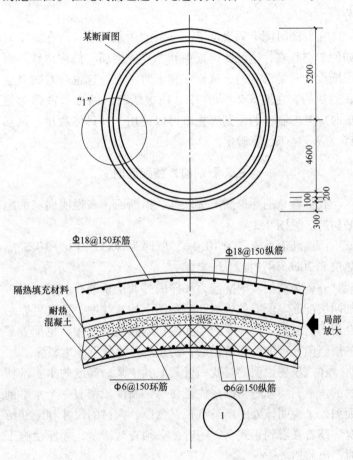

图 8-3　钢筋混凝土烟囱局部详图

在图 8-4 中可以看到平台局部的平面构造示意图，平台侧向构造的剖视图，囱壁及预埋件的局部构造图。我们可以结合识图箭进行了解。

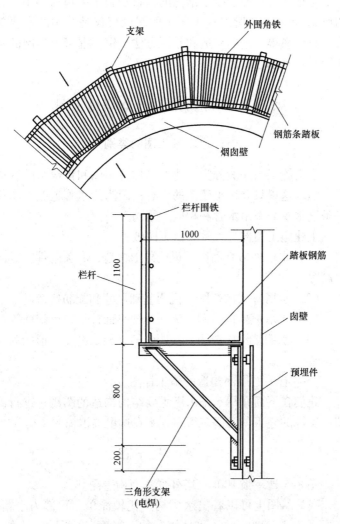

图 8-4　钢筋混凝土烟囱顶平台构造图

总之一份钢筋混凝土烟囱的构筑物施工图包括详图，大约要 20 张左右。所以这里所示的图例仅仅是其中的主要部分，只要懂得了它的构造和看图方法。钢筋混凝土烟囱的施工图是容易学会看懂的。

第三节　看钢筋混凝土水塔施工图

一、水塔施工图的类别

水塔施工图一般分为土建的结构施工图和供给水的管道施工图。这里只介绍土建图的内容；因为给水管道施工图仅一条进水管一条出水管和相应的闸阀。

土建施工图部分大致有以下图纸：

（1）水塔外形立面图。说明外形构造，有关附件，竖向标高等。

（2）水塔基础构造图。说明基础尺寸和配筋构造。

（3）水塔框架构造图。表明框架平面外形拉梁配筋等。

（4）水箱结构构造图。表明水箱直径、高度、形状和配筋构造。

（5）有关的局部构造的施工详图。

我们在下面介绍 5 张水塔主要结构构造的图纸，进行看图。实际的施工图还要多得多，不在这里多占篇幅了。

二、看水塔立面图

图 8-5 是一张 100t 水塔外形立面构造图。

我们从图上可以看出水塔构造比较简单，顶部为水箱，底标高为 28.000m，中间是相同构造的框架（柱和拉梁），因此用折断线省略绘制相同部分。在相同部位的拉梁处用

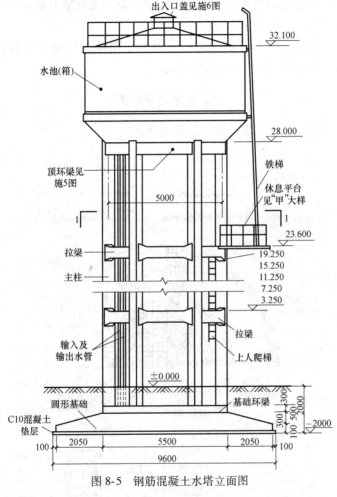

图 8-5　钢筋混凝土水塔立面图

3.250，7.250，11.250，15.250，19.250，23.600m 标高标志，说明这些高度处构造相同。下部基础埋深为 2m，基底直径为 9.60m。

此外还标志出爬梯位置，休息平台，水箱顶上有检查口（出入口），周围栏杆等。

我们为了便于看懂图纸，在图上用标志线作了各种注解，说明各部位的名称和构造。

三、看水塔基础图

图 8-6 为水塔基础的配筋构造图。

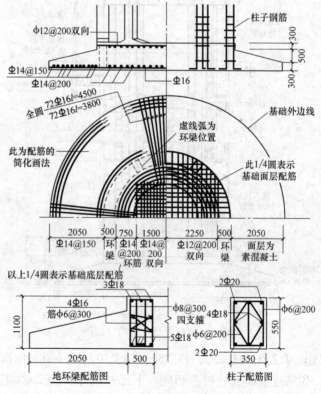

图 8-6　钢筋混凝土水塔基础配筋图

图上表明底板直径、厚度、环梁位置和配筋构造。

可以读出直径为 9.6m，厚度 1.10m，四周有坡台，坡台从环梁边外伸 2.05m，坡台下厚 30cm，坡高 50cm。上部还有 30cm 台高才到底板上平面。这些都是木工支模时应记住的尺寸。

底板和环梁的配筋，由于配筋及圆形的对称性，我们用1/4 圆表示基础底板的上层配筋构造，是 Φ 12 间距 20cm 的双向方格网配筋，范围在环梁以内，钢筋伸入环梁锚固。钢筋长度随环梁外周直径变化。另外 1/4 圆表示下层配筋，这是由中心方格网 Φ 14@200 和外部环向筋 Φ 14（在环梁内间距 20cm，外部间距 15cm），辐射筋 Φ 16（长的 72 根和短的72 根相间），组成了底部配筋布置。

图上还绘有环梁构造的横断面配筋图和柱子配筋断面图，根据它们的尺寸可以支模和配置钢筋施工。

四、看水塔支架构造图

图 8-7 是一张水塔支架—框架形式的结构配筋构造图。

从图上看出图面表明的是两个内容，一是框架的平面形状，它是立面图上 1-1 剖面的投影图。这个框架是六边形的；有 6 根柱子，6 根拉梁，柱与对称中心的连线在相邻两柱间为 60°角。平面图上还表示了中间休息平台的位置、尺寸和铁爬梯位置等；再有一部分是拉梁的配筋构造图，表明拉梁的长度、断面尺寸、所用钢筋规格。图上还可看出拉梁两端与柱连接处的断面有变化，在纵向是呈一八字形，这在支模时应考虑模板的变化。

看了这张图对施工放线确定柱子位置和木工支模位置、数量都可以心中有数了。

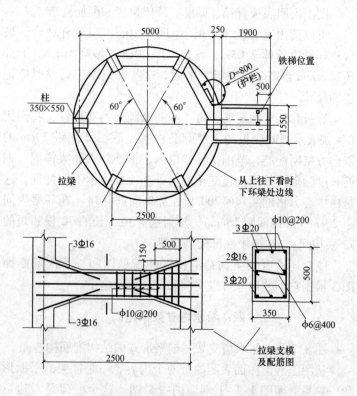

图 8-7　钢筋混凝土水塔支架拉梁配筋图

五、看顶部水箱的构造和配筋图

在这里我们选取了水箱的竖向剖面图，用来说明水箱构造情形，学看这类图线。见图 8-8。从图中可以看到水箱内部铁梯的位置、周围栏杆的高度以及水箱外壳的厚度、配筋等结构情况。

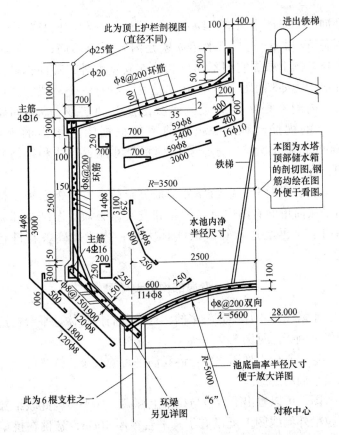

图 8-8　钢筋混凝土水塔水箱内部结构及配筋图

　　图上看出水箱是圆形的，因为图中标志的内部净尺寸用
$R=3500\text{mm}$ 表示；它的顶板为斜的、底板是圆拱形的、外壁
是折线形的，由于圆形的对称性，所以结构图只绘了一半水
箱大小，其他部分应由看图的人自己想象出来。

　　图上可以看出顶板厚 10cm，底下配有 φ8 钢筋，一是环向，一是图上特取出绘在顶板下面的两种不同长的全圆用各 59 根 $\phi8$ 配筋。水箱立壁是内外两层钢筋，均为 $\phi8$ 规格，图上根据它们不同形状绘在立壁内外，环向钢筋内外层均为 $\phi8$ 间距 20cm。在立壁上下各有一个环梁加强筒身，内配 4 根 $\Phi16$ 钢筋。底板配筋为两层双向 $\phi8$ 间距 20cm 的配筋，对于底板的曲率应根据图上给出的 $R = 5000mm$ 放出大样，才能算出模板尺寸配置形式和钢筋确切长度。

水塔图纸中，水箱部分是最复杂的地方，钢筋和模板不是从简单的看图中可以配料和安装，必须对图纸全部看明白后，再经过计算或放实体大样，才能准确备料进行施工。

六、看局部构造大样图

水塔图纸中详图是较多的，这里我们仅将休息平台构造图作为例子。见图 8-9。

这张平台大样图主要告诉我们平台的大小，挑梁的尺寸以及它们的配筋。

图上可以看出平台板与拉梁上标高一样平，因此联结部分拉梁外侧线图上就没有了。平台板厚 10cm，悬挑在挑梁的两侧。配筋是 $\phi8$ 间距 150mm；挑梁是柱子上伸出的，长 1.9m 断面由 50cm 高变到 25cm 高，上部是主筋用 3 $\Phi16$，下部是架立钢筋用 2$\phi12$；箍筋为 $\phi6$ 间距 200mm，随断面变化尺寸。

总之，一份水塔图纸一般要有七八张图，因此看图时要互相对照，结合起来看才能把水塔全貌了解掌握，进行施工。

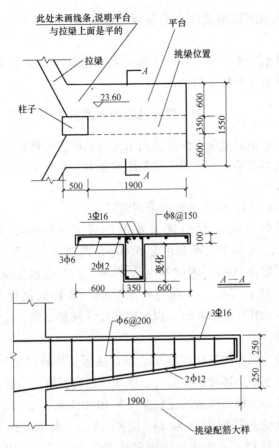

图 8-9　钢筋混凝土水塔休息平台图

第四节　看钢筋混凝土蓄水池的施工图

蓄水池的施工图根据池的大小、类型不同，图纸的数量也不同，一般分为水池平面图及外形图；池底板配筋构造图，池壁配筋构造图，池顶板配筋构造图以及有关的各种详图。

我们在本节中选择一个圆形蓄水池施工图中的两张图，作为了解水池施工图的例子。

一、蓄水池竖向剖面图

蓄水池的竖向剖面图表明水池的高度，各部位尺寸，板及壁的厚度等。一般看了这张图就基本上能想象出水池的外形和规模。

我们从图 8-10 来看这张剖面图。

从图上我们看出这个水池内径是 13.00m，埋深是 5.350m，中间最大净高度是 6.60m，四周外高度是 4.85m。底板厚度为 20cm，池壁厚也是 20cm，圆形拱顶板厚 10cm。立壁上部有环梁，下部有趾形基础。顶板的拱度半径是 9.40m（图上 $R=9400$）。以上这些尺寸都是支模、放线应该了解的。

另外剖面图左侧标志了立壁、底板、顶板的配筋构造。该图上主要具体标出立壁、立壁基础、底板坡角的配筋规格和数量。顶板和底板的配筋在图 8-10 中表示。

立壁的竖向钢筋为 φ10 间距 15cm，水平环向钢筋为 φ12 间距 15cm。由于环向钢筋长度在 40m 以上，因此配料时必须考虑错开搭接，这是看图时应想到的。其他图上均有注写，读者可以自行理解。

最后图纸右下角还注明采用 C25 防水混凝土进行浇筑，这样使我们施工时就能知道浇筑的混凝土，不是普通混凝土，而是具有防水性能的 C25 混凝土。

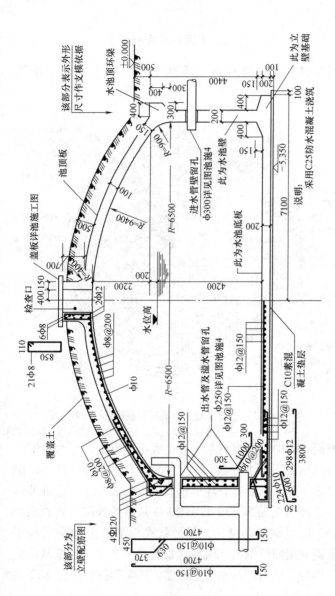

图 8-10 钢筋混凝土水池模板图及配筋图

305

二、看水池顶板和底板配筋图

图 8-11，把顶板和底板用两个半圆标志它们的配筋构造。

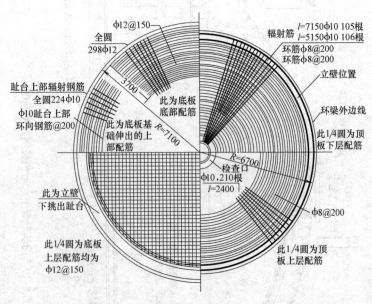

图 8-11 钢筋混凝土水池底顶板配筋图

我们在图中可以看到左半圆是底板的配筋，分为上下两层，可以结合图 8-10 剖面看出。底板下层中部没有环形配筋，仅在立壁下基础处有环形钢筋，沿周长分布。基础伸出趾的上部环向配筋为 φ10 间距 20cm 从趾的外端一直放到立壁内侧。辐射钢筋为 φ10，其形状在剖面图上像个横写丁字，全圆共用辐射钢筋 224 根，长度是 0.75m。立壁基础底层钢筋也分为环向钢筋和辐射钢筋，环向钢筋用的是 φ12 间距 15cm，放置宽度为 3.7m。

辐射钢筋为 φ12，其形状在剖面图上呈一字形，全圆共用辐射钢筋 298 根，长度是 3.80m。

底板的上层钢筋，在立壁以内均为 φ12 间距 15cm 的方格网配筋。

在右半面半个圆是表示顶板配筋图。其看图原理是一样的，根据识图箭读者可以自己去看。这中间应注意的是顶板像一只倒扣的碗，因此辐射钢筋的长度，不能只从这张配筋平面图上简单的按半径计算，而应考虑到它的曲度的增长值。

第五节　看料仓结构施工图

在这一节中，我们主要介绍筒仓这类构筑物的施工图。筒仓装料部分是高大的空心圆柱体，它们可以由两个以上单筒仓组成一个筒仓构筑物群。我们这里选择了一个四筒仓构筑群的部分施工图，从而了解它们的构造和看图方法。在这里着重介绍柱子以上部分，因为基础和柱子的构造和看图与水塔的相仿，就不多占篇幅叙述了。

一、看料仓外形及平面图

图 8-12，是一张料仓竖向外形剖切图和横向剖切形状及尺寸图。

从图上可以看出仓的外形高度——顶板上标高是 21.50m，环梁处标高是 6.50m，基础埋深是 4.50m 基础底板厚为 1m。还看出筒仓的大致构造，顶上为机房，15m 高的筒体是料库，下部是出料的漏斗，这些部件的荷重通过环梁传

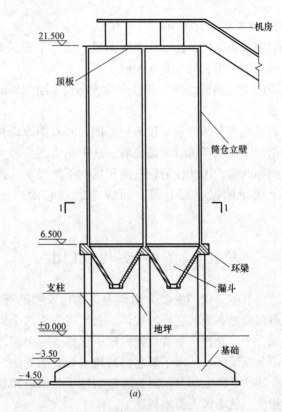

图 8-12 (一)

(a) 钢筋混凝土料仓竖向外形剖面图

给柱子，再传到基础。

从平面图上可以看出筒仓之间的相互关系，筒仓中心到中心的尺寸是 7.20m，从中心到基础边半径为 5.35m，占地范围约 18.10m 见方，柱子位置在筒仓互相垂直的中心线上，中间四根大柱子断面为 1m 见方，八根边柱断面为 45cm 见方。还可以看出筒仓和环梁仅在相邻处有联结，其他均是各

308

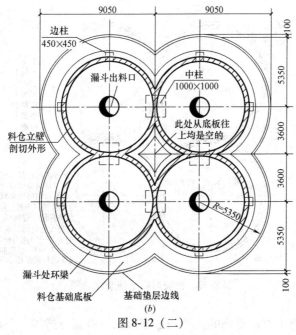

图 8-12 （二）

（b）钢筋混凝土料仓横向剖面图

自独立的筒体。因此看了图就应考虑放线和支模时有关的应特别注意的地方。

二、看筒仓壁部分的配筋图

图 8-13 是筒仓料库壁的配筋构造图。

从图上可以看出筒仓的尺寸大小，如内径为 7.0m，壁厚为 15cm，两个仓相联部分的水平距离是 2m，筒仓中心至中心相联尺寸是 7.20m。这些尺寸给放线和制作安装模板提供了依据。

再可以看配筋构造，它分为竖直方向和水平环向的钢

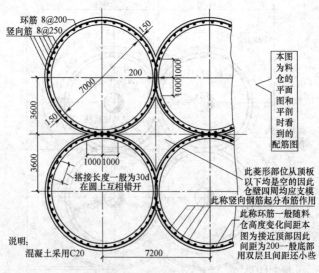

图 8-13 钢筋混凝土筒仓配筋图

图中标注文字：
环筋 8@200
竖向筋 8@250
150
200
7000
1000 1000
3600
150
3600
1000 1000
搭接长度一般为30d
在圆上互相错开
说明：
混凝土采用C20
7200

本图为料仓的平面图和平剖时看到的配筋图

此菱形部位从顶板以下均是空的因此仓壁四周均应支模此称竖向钢筋起分布筋作用

此称环筋一般随料仓高度变化间距本图为接近顶部因此用双层且间距还小些间距为200一般底部

筋，图上可以看到的是环筋是圆形黑线有部分搭接，竖向钢筋是被剖切成一个个圆点。图上都标上间距尺寸和规格大小。由于选取的是仓壁上部的剖面图，钢筋仅在外围单层配筋；如选取下部配筋，一般在壁内有双层配筋，钢筋比较多，也稍复杂些，看图原理是一样的。

看图后应考虑竖向钢筋在长度上的搭接，互相错开的位置和数量。同时也可以想象得出整个钢筋绑完后，就像一个巨大的圆形笼子。

三、看筒仓底部的出料漏斗构造图

我们从图 8-14 可以看出筒仓下部漏斗的具体图样，可以了解其尺寸和配筋。

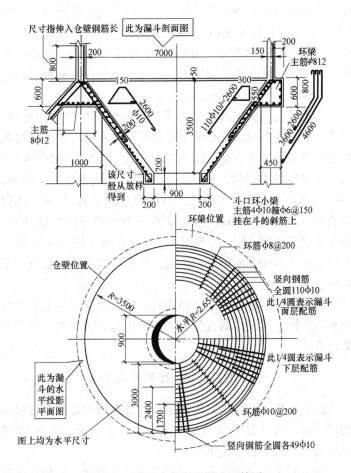

图 8-14　筒仓底部圆形漏斗配筋图

首先可以从图上看出漏斗深度为 3.55m，结合图 8-12 可以算出漏斗出口底标高为 2.75m。这个高度一般翻斗汽车可以开进去装料，否则就应作为看图的疑问提出对环梁标高或漏斗深度尺寸是否确切的怀疑。再可看出漏斗上口直径为7.00m，出口直径是90cm，漏斗壁厚为20cm，漏斗上部吊挂在环梁上，环梁高度为60cm。根据这些尺寸，可以算出漏斗的坡度，各有关处圆周直径尺寸，作为计算模板量的依据，和作为木工放大样的依据。

其次，我们从配筋构造中可以看出各部位钢筋的配置。漏斗钢筋分为两层，图纸采用竖向剖面和水平投影平面图将钢筋配置做了标志。上层仅上部半段有斜向钢筋 φ10 共 110根，环向钢筋 φ8 间距 20cm。下层钢筋在整个斗壁上分布，斜向钢筋是 φl0 分为 3 种长度，每种全圆上共 49 根，环向钢筋是 φ10 间距 20cm。漏斗口为一个小的环梁加强斗口，环向主筋是 4 根 φ10，小钢箍 15cm 见方间距是 15cm。斗上下层的斜筋钩住下面的一根主筋，使小环梁与斗壁形成一个整体。

这中间应注意的是环向钢筋的长度，随着漏斗上下直径大小的不同，有规律的变化。这在配钢筋时需要作一些简单的计算。

四、看筒仓顶板配筋及构造图

筒仓顶板，一是起防雨作用，二是作顶部皮带运输机房的楼地面。因此是一层现浇的钢筋混凝土楼板。图 8-15 就是该筒仓顶板的构造施工图。

图上看出每仓顶板由 4 根梁组成井字形状，支架在筒壁上。梁的上面是一块周边圆形并带 30cm 出沿的钢筋混凝土板。

梁的横断面尺寸是宽 25cm，高 60cm。梁的井字中心距离是 2.40m，梁中心到仓壁内侧的尺寸是 2.30m。板的厚度

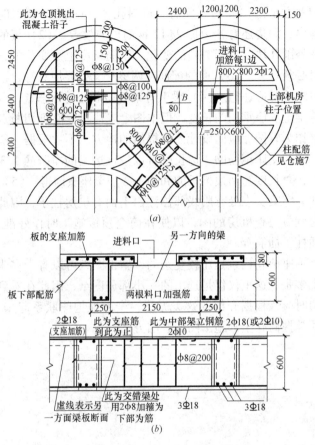

图 8-15 钢筋混凝土顶板及梁配筋图

(a) 顶板平面配筋图；(b) 顶板梁配筋图

是 8cm，钢筋是双向配置。图上用十字符号表示双向，B 表示板，80 表示厚度。

图上对梁板配筋均有注写，读者可以自己看懂的，应注

313

意的地方是：（1）板中间有一进料孔 80cm 见方，施工时必须留出，洞边还有各边加 2φ12 钢筋也需放置。（2）板的配筋在外围几块，由于圆周的变化，钢筋长度也是变化的，配料时必须计算。（3）梁的配筋在两梁交叉处要加双箍，这在配料绑扎时应注意。（4）梁上有钢筋切断处的标志点，以便计算梁上支座钢筋的长度，但本图上未注写支座到切断点尺寸，作为看图后应向设计人员提出的地方。不过根据一般经验，它的支座钢筋的一边长度可以按该边梁的净跨的 1/3 长计算，总长度为两边梁长的和的 1/3 加梁座宽即得。（5）图上在井字梁交点处有阴线部位注出上面有机房柱子，因此看图时就应去查机房的图，以便在筒仓顶板施工时作好准备，如插柱子插筋等。

一座筒仓构筑是比较复杂的，施工图纸可以有十多张到二十多张。这里仅仅是选出的一小部分图纸，因此在看到这类图时应该根据介绍的这类方法，全面地把图联系起来看，才能掌握筒仓全部施工图的看图方法。

第九章　怎样看建筑电气施工图

在房屋建筑中，电气设备的安装是不可缺少的。工业和民用建筑中的电气照明、电热设备、动力设备的线路都需绘成施工图。它分为外线工程和内线工程；还有专门电气工程如配电所工程。

电气施工图是属于整套建筑工程施工图的一个部分。在下面的各节中主要叙述如何看懂一些常见的建筑工程的电气施工图。便于土建配合施工需要。至于那些复杂的专门电气工程和设备的施工图，属于电气专业知识，这里就不作介绍了。

第一节　电气施工图的一般概念

一、房屋建筑常用的电气设施

（1）照明设备：主要指白炽灯、日光灯、高压水银灯等，用于夜间采光照明的。为这些照明附带的设施是电门（开关）、插销、电表、线路等装置。一般灯位的高度、安装方法图纸上均有说明。电门（开关），一般规定是，搬把开关离地面为140cm；拉线开关离顶棚20cm。插销中的地插销一般离地面30cm，上插销一般离地180cm。此外有的规定中提出照明设备还需有接地或接零的保护装置。

（2）电热设备：系指电炉（包括工厂大型电热炉），电烘箱，电熨斗等大小设备。大的电热设备由于用电量大，线路要单独设置，尤其应与照明线分开。

（3）动力设备：系指由电带动的机械设备，如机器上的电动机，高层建筑的电梯、供水的水泵等。这些设备用电量大，并采用三相五线供电，设备外壳要有接地、接零装置。

（4）弱电设备：一般电话、广播设备均属于弱电设备。如学校、办公楼这些装置较多，它们单独设配电系统，如专用配线箱、插销座、线路等和照明线路分开，并有明显的区别标志。

（5）防雷设施：高大建筑均设有防雷装置。如水塔、烟囱、高层建筑等在顶上部装有避雷针或避雷网，在建筑物四周地下还有接地装置埋入地下。

二、电气施工图的内容

电气图也像土建图一样，需要正确齐全、简明地把电气安装内容表达出来。一般由以下几方面的图纸组成。

1. 目录

一般与土建施工图同用一张目录表，表上注明电气图的名称、内容、编号顺序如电$_1$、电$_2$等。

2. 电气设计说明

电气设计说明都放在电气施工图之前，说明设计要求。如说明（1）电源来路，内外线路，强弱电及电气负荷等级；（2）建筑构造要求，结构形式；（3）施工注意事项及要求；（4）线路材料及敷设方式（明、暗线）；（5）各种接地方式及接地电阻；（6）需检验的隐蔽工程和电器材料等。

3. 电器规格做法表

主要是说明该建筑工程的全部用料及规格做法。形式见表 9-1。

电器规格做法表		表 9-1
图例	名称	规格及做法说明

4. 电气外线总平面图

大多采用单独绘制，有的为节省图纸就在建筑总平面图上标志出电线走向，电杆位置，就不单绘电气总平面图。如在旧有的建筑群中，原有电气外线均已具备，一般只在电气平面图上建筑物外界标出引入线位置，不必单独绘制外线总平面图。

5. 电气系统图

主要是标志强电系统和弱电系统连接的示意图，从而了解建筑物内的配电情况。图上标志出配电系统导线型号、截面、采用管径以及设备容量等。

6. 电气施工平面图

包括动力、照明、弱电、防雷等各类电气平面布置图。图上表明电源引入线位置，安装高度，电源方向；配电盘、接线盒位置；线路敷设方式、根数；各种设备的平面位置，电器容量、规格、安装方式和高度；开关位置等。

7. 电器大样图

凡做法有特殊要求的，又无标准件的，图纸上就绘制大样图，注出详细尺寸，以便制作。

三、电气施工图看图步骤

（1）先看图纸目录，初步了解图纸张数和内容，找出自己要看的电气图纸。

（2）看电气设计说明和规格表，了解设计意图及各种符号的意思。

（3）顺序看各种图纸，了解图纸内容，并将系统图和平面图结合起来，弄清意思，在看平面图时应按房间有次序的阅读，了解线路走向，设备装置（如灯具、插销、机械等）。掌握施工图的内容后，才能进行制作及安装。

第二节　电气施工图的图例及符号

图例和符号是看电气平面图和系统图应先具备的知识，懂了它才能明白图上面一些图样的意思。我们根据国家统一颁发的图例和符号，选绘于下供阅图时参考。

一、图例

图例是图纸上用一些图形符号代替繁多的文字说明的方法。电气施工图中常用的图例见表 9-2。

图　例　　　　　　　　　表 9-2

名　称	图　例	说　明
电动机的一般符号	 Ⓜ	
发电机的一般符号	 Ⓖ	
变压器	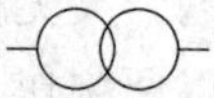 ○○	
变电所	 ⊘	配电所亦同
杆上变电所	 ⊘	

318

名　　称	图　　例	说　　明
移动式变电所		
动力或照明配电箱		
照明配电箱		
多种电源配电箱		
屏台箱柜一般符号		
事故照明配电箱		
起动器一般符号		
电度表	Wh	
连接盒或接线盒		
按钮盒		
电阻加热炉		
电热水器		
电钟		
电铃		
断路器		
负荷开关		

名　　称	图　　例	说　　明
高压断路器		
三极负荷开关		
熔断器		
灯的一般符号	⊗	
防水防尘灯	⊗	
墙上灯座		
顶棚灯座		
荧光灯一般符号		
风扇一般符号	⊙⊙	
单相插座		明装、暗装、密闭
带接地插孔的单相插座		暗装、密闭、防爆
带接地插孔的三相插座		明装、暗装、密闭
有接地极的接地装置		
电信插座		注明 TV、TP
电杆一般符号	$\bigcirc \begin{smallmatrix} A-B \\ C \end{smallmatrix}$	A. 杆材，B. 杆长，C. 杆号
带照明的电杆	$\bigcirc\ a\frac{b}{c}Ad$	a. 编号，b. 杆型，c. 杆高，d. 容量，A. 相序
避雷器		
配电线路的一般符号		

名　　称	图　　例	说　　明
电杆架空线路	─○──────○─	
架空线表示电压等级的	───── V ─────	
移动式软导线（或电缆）		
母线和干线的一般符号	─────────	
滑触线	──────∨────────	
导线相交连接		
导线相交但不连接		
（1）导线引上去 （2）导线引下去	(1)　　(2)	黑色为线管位置
（1）导线由上引来 （2）导线由下引来	(1)　　(2)	
导线引上并引下		
（1）导线由上引来并引下 （2）由下引来并引上	(1)　　(2)	
电源引入标起	───────▶	
避雷线（网）	──×─────×──	
接地标志		
单根导线的标志	──────╱─────	
2 根导线的标志	──────╱╱─────	
3 根导线的标志	──────╱╱╱─────	
4 根导线的标志	──────╱╱╱╱─────	
n 根导线的标志	──────╱^{n}─────	

二、符号

符号是图上用一些拼音字母来代替某些繁多的说明，这样使人看后能懂得它表示什么意思。常用的符号可见表9-3，表9-4。

文字符号表   表9-3

名　　称	符　　号		说　　明
电源	$m\sim fu$		交流电，m 为相数，f 为频率，u 为电压
相序	L_1		第一相
	L_2		第二相（在电源端采用此符号）
	L_3		第三相
	U		第一相
	V		第二相（在设备端采用此符号）
	W		第三相
	N	中性线	
	PE	保护线	
线路敷设方式	现用	原用	
	E	M	明敷
	C	A	暗敷
	M	S	沿钢索敷设
	K	CP	用瓷瓶或瓷柱敷设
	AL	QD	用长钉敷设
	PR	CB	用塑料线槽敷设
	S	G	用钢管敷设
	T	DG	用电线管敷设
	P	VG	用塑料管敷设
线路敷设部位	B	L	沿梁或屋架下敷设
	C	Z	沿柱敷设
	W	Q	沿墙敷设
	CE	P	沿天棚敷设
	F	D	沿楼地面敷设

名　　称	符　　号		说　　明
灯具安装方式	CP	X	线吊式
	CH	L	链吊式
	P	G	管吊式
	S	D	吸顶式
	R	R	嵌入式
	CR	DR	顶棚内安装（可进入顶棚）
	WR	BR	墙壁内安装
	W	B	壁装式

常用绝缘电线的型号、名称表　　表 9-4

型　　号		名　　称
铜　芯	铝　芯	
BX	BLX	棉纱编织橡皮绝缘电线
BXF	BLXF	氯丁橡皮绝缘电线
BV	BLV	聚氯乙烯绝缘电线
	BLVV	聚氯乙烯绝缘加护套电线
BXR		棉纱编织橡皮绝缘软线
BXS		棉纱编织橡皮绝缘双绞软线
RX		棉纱总编织橡皮绝缘软线
RV		聚氯乙烯绝缘软线
RVB		聚氯乙烯绝缘平型软线
RVS		聚氯乙烯绝缘绞型软线（花线）
BVR		聚氯乙烯绝缘软线
YZ　YZW		中型橡胶套电缆
YC　YCW		重型橡胶套电缆

第三节　看电气外线图和系统图

在修改再版时，对电气用图基本仍以原版图形为看图例子。电气图纸的形式表述方法没有什么变化，主要是用电量在随着社会物质生产的发展和人民生活的提高，在图上的标志数字应有所改变。如图9-2中每户用电量为4kW已不适合了，目前一般应为8kW。但只要看懂图述的意思，也就达到目的了。这是要请读者了解的一点。

一、电气外线总平面图

电气外线总平面图，主要是指一个新建筑群的外线平面布置图。图上标注线杆位置、电线走向、长度、规格、电压、标高等内容。见图9-1。

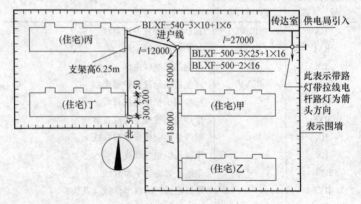

图 9-1　电气外线平面图

二、电气外线平面图的看法

从图9-1中我们看出这是一个新建住宅区的外线线路图。这图上有4栋住宅，一栋小传达室，四周有围墙。当地供电局供给的电源由东面进入传达室，在传达室内有总电闸控制，再把电输送到各栋住宅。院内有两根电杆，分两路线送到甲、乙、丙、丁4栋房屋。房屋的墙上有架线支架通过墙穿管送入楼内。

图上标出了电线长度，如 $l = 27000$，15000 等，在房屋山墙还标出支架高度 6.25m，其中 BLXF-500-3×25+1×16 的意思是氯丁橡皮绝缘架空线，承受电压在 500V 以内，3 根截面为 25mm^2 电线加 1 根截面为 16mm^2 的电线。另外还有两根 16mm^2 的辅线 BBLX 是代表棉纱编织橡皮绝缘电线的进户线，其后数字的意思与上述的相同。

其他在图上用箭头说明此处不详述。

三、电气系统图

电气系统图是说明电气照明或动力线路的分布情形的示意图。图上标有建筑物的分层高度，线的规格、类别，电气负荷（容量）的情形，如控制开关、熔断器、电表等装置。

系统图不具体说明有什么电气设备或照明灯具，这张图对电气施工图来说，相当于一篇文章的提纲要领，看了这张图就能了解这座建筑物内配电系统的情形，便于施工时可以统筹安排。图 9-2 就是一张住宅楼的电气系统图。

四、看电气系统图

图 9-2 是一张表明 5 层，3 个单元住宅的电气系统图。图上还说明一单元是两户建制。

为了节省篇幅，我们仅绘制了第一单元的一、二、三层的系统图，其他部分形式均相同，只要了解这一部分，全图也就容易看懂了。

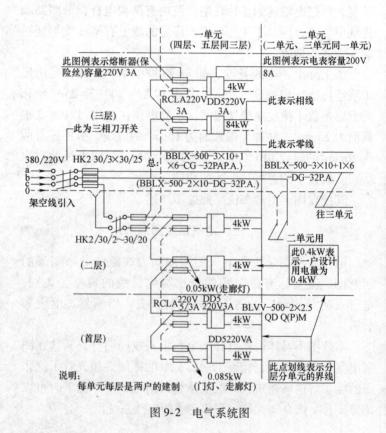

图 9-2　电气系统图

从图上看出，进户线为三相四线，电压为 380/220V（相压 380V，线压 220V），通过全楼的总电闸，通过 3 个熔断器，分为三路，一路进入一单元和零线结合成 220V 的一路线，一路进入二单元，一路进入三单元。每一路相线和零线又分别通过每单元的分电闸，在竖向分成五层供电。每层线路又分为两户，每户通过熔断器及电表进入室内。

具体的线路，室内灯具等均要通过电气施工平面图来表明了。

图上文字符号从前面符号中可以了解。如首层中 BLVV $-500-2\times2.5QD$，$Q(P)M.$ 意是：聚氯乙烯绝缘电线 500V 以内 2 根 2.5mm² 用卡钉敷设、沿墙、顶明敷。其他类同。

对图 9-2 应补充说明的是，该图属于很早前设计的图纸，因为再版不便多改。看图的方法和图纸的实际没有变化。而随着生活的提高每户的用电量不再是 4kW，而会是 8kW；因此相的电流，不是 8A，而是 20A 或 40A；进入线路的线径和断面也大大增加。这是现在阅图时应注意的，其他没有什么变化。其后的图 9-3，道理相同，也请读者了解。

第四节　看电气施工平面图

电气施工图在建筑物内一般采用平面图表示，没有剖面或很少有竖向图。因为竖向线路都由总电闸在垂直方向最短的距离输送到上一层该位置再设配电盘再送到该层室内，所以看了平面图就了解了施工的做法。

一、看住宅照明线路平面图

住宅照明目前有采用暗敷和明敷两种。暗敷在平面图上的线路无一定规律，总以最短的距离达到灯具，计算线的长度往往要依靠比例尺去量取长度。明敷线路一般沿墙走，平直见方比较规矩，其长度一般可参照建筑平面尺寸算得。

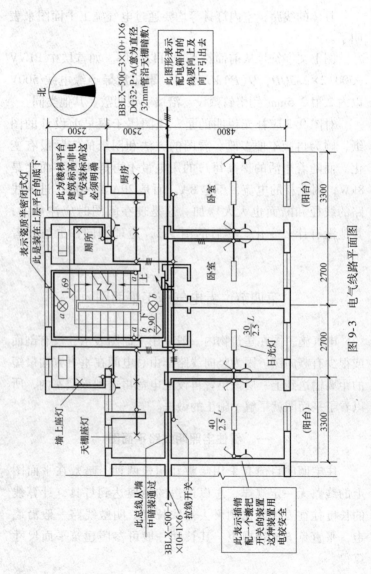

图 9-3　电气线路平面图

表示瓷质半密闭式灯
此景装在上层平台的底下

此为楼梯平台
建筑标高非电
气安装标高这
必须标明确

BBLX-500-3×10+1×6
DG32·P·A(意为直径
32mm管沿天棚暗敷)

此图形表示
配电箱内的
线要向上及
向下引出去

北

厨房

卧室

(阳台)

厕所

卧室

1.69

上

下

2.90

日光灯

$\frac{30}{2.5}$ L

$\frac{40}{2.5}$ L

(阳台)

墙上座灯

天棚座灯

此总线从墙
中暗装通过

3BLX-500-2
×10+1×6
拉线开关

此表示插销
配一个搬把
开关的装置
这种装置用
电较安全

2500 2500 4800

3300 2700 2700 3300

这里我们介绍的是住宅室内照明施工平面图，采用的是明线敷设，见图9-3。

我们从图上看出，进线位置在纵向墙南往北第二道轴线处。在楼梯间有一个配电箱，室内有日光灯、天棚座灯墙壁座灯、楼梯间有吸顶灯；有插销、拉线开关；连系这些灯具的线路的走向。

在看图时应注意的是这些线路平面实际是在房间内的顶上部分，沿墙的按安装要求应离地最少2m，在中间位置的实际均在顶棚上。线通过门口处实际均在门口的上部通过。所以看图时应有这种想象。

此外图上的文字符号，如日光灯处30/2.5L及40/2.5L是分别表示灯为30W或40W；分母表示离地高2.5m；L是采用链子吊挂的办法安装。

二、看车间动力线路平面图

这里介绍一座小车间首层的动力线路平面图，见图9-4。

从动力线路平面图上可以看出，动力线路由西北角进入为BBLX（棉纱编织橡皮绝缘电线）3根75mm²线，用直径70mm焊接钢管敷设方式输入380V的三相电路。进入室内总电柜（控制屏）后分三路线在该层通往各设备用电；一路在墙内引向上面一层去。

室内共有18台设备，11个分配电箱分别供给动力用电。如图中M_{7130}，$M_{115}W$，M_{7112}三台设备由西南面一号配电箱供电，其中分式1/7.625及2/4.125，3/2.425，意思是分子为设备编号，分母为电动机的容量单位为kW。其他均相同意思。

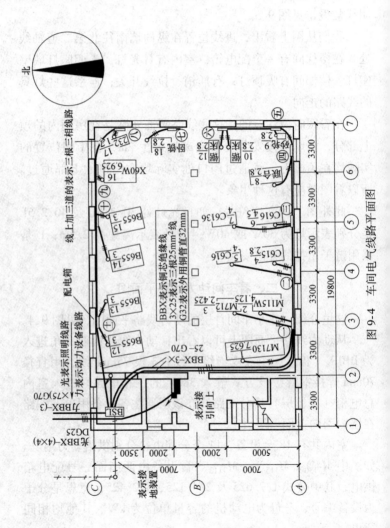

图 9-4 车间电气线路平面图

330

第五节　电气配件大样图

电气工程的局部安装，配件构造均要用详图表示出来，才能进行施工。这里我们介绍一些配件大样图和安装线路图等详图供看图参考。

一、配电箱大样图

图 9-5 是一个照明系统的配电箱内配电盘的构造详图。它标志出电闸（开关）的位置线的穿法，电盘尺寸等。

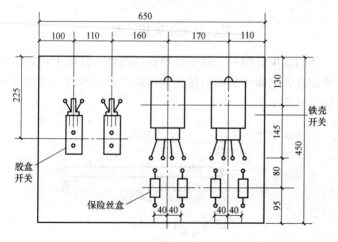

图 9-5　配电箱图示意

二、电灯照明的接线图

我们选了两个接线图说明照明具体的接线方法，这也属于一种详图。

其中图 9-6（a）是表示一只开关控制一盏灯的接线方法，开关应接在相线这一头。图 9-6（b）是表示一只开关控制一盏灯和一个插销座的接线方法。

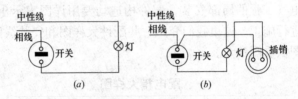

图 9-6　电灯线路图
（a）单开关单灯；（b）单开关一灯一插销

三、日光灯的接线图

我们这里介绍一个日光灯单灯线路图，从图上可以了解开关到灯管之间线头如何接法的图样，从而可以安装时不致弄错。见图 9-7。

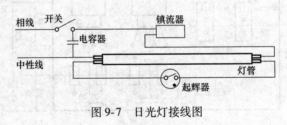

图 9-7　日光灯接线图

四、线路过墙穿管的大样图

图 9-8 表示室内照明明线过墙时敷设方法的详图，施工时应按图要求进行安装。

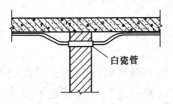

图 9-8 绝缘线穿过墙做法图

第十章　怎样看给水排水和煤气管道施工图

由于给水管线和煤气管线相仿，因此把煤气线路图亦归入本章一起介绍（有些地区煤气管道不归建筑工程施工，这里只介绍一些概念）。

第一节　什么是给水排水施工图

一、什么是给水施工图

给水就是供水，供给生活或生产用的水，俗称自来水。这些供水要通过管道进入建筑物，因此给水施工图是描述将水由当地供水干管供至建筑物的线路图，以及在建筑物内部管线的走向和分布图。

二、什么是排水施工图

排水就是将建筑物内生活或生产废水排除出去。这些排出的废水也需要通过管道流向指定地点，如流入化粪池或当地的污水干管道。因此表明这些排水管道在建筑物内的走向、布置和建筑物外的走向、布置的施工图就叫排水施工图。（注：目前的工业废水必须经污水处理后才能排放。）

建筑物屋面雨水的排水，有的与污水管结合一起排除，有的自然排除，因此没有单独的施工图。

三、给水排水的图纸类别和常用图例

给水排水施工图一般分为平面图、透视图（亦称系统图）、施工大样图。前两种图纸均由设计单位根据建筑需要

设计绘成施工图。后者施工大样图，一般则根据国家统一编制的标准图册作为施工时应用。

为了看懂施工图上的一些图样，我们在这里按新标准将给水排水的常用图例绘制如下，便于看图时参考。见表 10-1。

给水排水常用图例 表 10-1

图　例	图例的含义
—— J ——	生活给水管（以汉语拼音注写）
—— RJ ——	热水给水管
——RH——	热水回水管
—— XJ ——	循环给水管
——XH——	循环回水管
—— Z ——	蒸汽管
—— P ——	排水管
—— W ——	污水管
—— Y ——	雨水管
——PZ——	膨胀管
～～～	保温管
—∗—∗—	多孔管
——→	表示管内水的流向
——→——	表示管子的坡向
—∗——∗—	管道固定支架
————	管道滑动支架
⊢	立管检查口
—‖—	管子的法兰连接
——)——	管子的承插连接
—‖—	管子的活接头
—◯—	转动接头
—∣—	螺纹接头
⌐⌐⌐⌐	管子的弯头亦称弯管
⊥⊥⊥	正三通（接头）
⋏⋏⋏	斜三通（接头）

图　例	图例的含义
——▷◁——	闸阀
——▷|——	截止阀
——▷——	减压阀（左侧为高压端）
——▷|——	球阀
——XH——	消火栓给水管
——ZP——	自动喷水灭火给水管
⊖	室外消火栓
平面　　　　　系统 ◖	室内消火栓（单口）白色为开启面
平面　　　　　系统 ⊗	室内消火栓（双口）
——⊤	放水龙头
——▷	流量计（水表）或水表井

新的《建筑给水排水制图标准》（GB/T 50106–2010）中的图例还非常多，此处所介绍的仅是常见的一部分。若遇到不常见的可以找新标准查阅。

第二节　给水排水管道布置的总平面图

给水排水总平面图亦称给水排水外线图，是指在建筑物（一群或单个）以外的给水排水线路的平面布置图。图上要标志出给水管的水源（干管），进建筑物管子的起始点，闸门井、水表井、消火栓井以及管径、标高等内容；同样要标出排水管的出口，流向、检查井（窨井）、坡度、埋深标高以及流入的指定去向（如流入城干管或化粪池）。

下面我们介绍某建筑群中两栋楼的给水排水总平面图，见图 10-1。

我们从图上看到给水系统是，水由当地供水干管道引入，接出时有一接口的闸门井，接出管径为 φ100（俗称

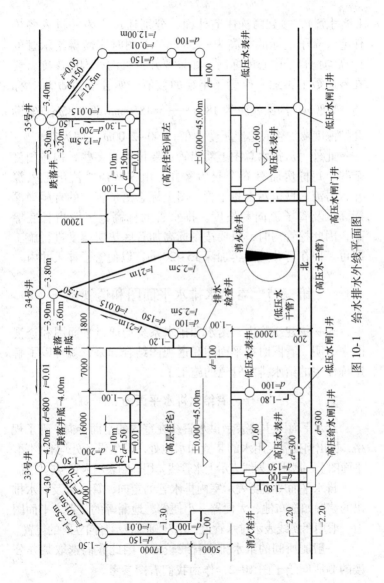

图 10-1 给水排水外线平面图

337

4英寸管），接到两栋住宅外面，分别通过水表井进入各栋住宅。管子上标的标高为-1.80m。看图时应懂得给水管的标高均指管子中心的标高，如果要开挖管沟，沟的深度就要在标高数上再加一个管子半径的数值。如管子为$\phi 100$，标高 -1.80m，沟深就应为 $1800+\dfrac{100}{2}=1850\text{mm}$ 即 1.85m，实际开挖深度要加管底垫层厚度可在-1.90~2.00m 之间为宜。

此外，从排水总图上看出管道要比给水多些，构造稍复杂些，每栋房屋有 6 个起始窨井，由这些浅井流出汇入深井，再流入城市污水总干管。图上标志出了管子的首尾埋深标高，及管子流向和坡度。排水管的标高，一般指管底标高，因此挖管沟时，只要按图标高加管底垫层厚度进行施工即可。但在窨井处要再加深 15~20cm，以便管子伸入井内。

第三节　看给水排水平面图和透视图

在一栋建筑物内，给水和排水系统均通过平面图和透视图来表明。看图时把平面图和透视图结合起来，就可以了解这栋住宅的给水排水管道的施工了。

一、看给水排水平面图

给水平面图主要表示供水管线在室内的平面走向，管子规格，标出何处需要用水的装置如水池处，卫生设备处均有阀门。平面图上一般用点划线表示上水管线。用圆圈表示水管竖向位置。

排水平面图主要表示室内排水管的走向，管径以及污水排出的装置如拖布池、大便器、小便器、地漏等的位置。平面图上一般用粗实线表示排水管道，用双圆圈表示竖向立管的位置。

一般厕所间的给水排水管线较多，因此我们选取某办公楼的厕所间绘于图 10-2，作为我们看图参考。

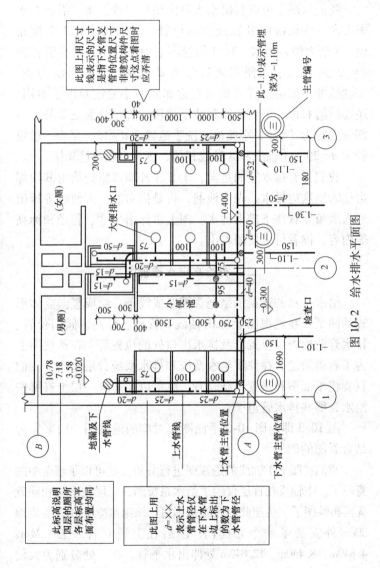

图 10-2 给水排水平面图

此图上用尺寸线表示的尺寸是指下水管支管的位置尺寸,非建筑构件尺寸这点看图时应弄清

此 -1.10 表示管埋深为 -1.10m

主管编号

(女厕)

大便排水口

(男厕)

小便池

检查口

10.78
7.18
3.58
-0.020

地漏及下水管线

上水管线

上水管主管位置

下水管主管位置

此标高说明四层的厕所各层标高平面布置均同

此图上用d=×× 表示上水管径仅在下水管边上标出的数为下水管径

339

我们从图上可以看出给水管由墙角立管上来，沿墙在水平方向由Ⓐ轴线向Ⓑ轴线方向伸管。③轴线墙处1个拖布池、3个大便器用水，尺寸位置图上均已标出，水平管径为$d=25$到第三个大便器之后改为$d=20$通到拖布池为止。②轴线处一根给水管要供给左边那间的小便池及洗手池用，还要供给右边3个大便器和洗手池用，管径分为三部分，一部分主管为$d=25$，小便池及洗手池处为$d=15$，穿墙一段短管为$d=20$。①轴线和③轴线相仿，读者可以自己识图。

我们再看排水管的走向，①②③各轴墙侧处均由Ⓑ轴那边往Ⓐ轴这边排水，先由地漏，再是拖布池，大便器等排出通入墙角立管往下排出污水。图上也标出尺寸、管径和标高等内容，读者可以按图看出。

二、看给水排水透视图

给水排水的透视图是把管道变成线条，绘成竖向立体形式的图纸。在透视图上标出轴线、管径、标高，阀门位置、排水管的检查口位置以及排水出口处的位置等。在透视图上为了看得清楚，往往将给水系统和排水系统分层绘出。我们只要将平面图和透视图结合看，就可以了解哪一层上有哪些给水，哪些排水管道了。

图10-3即为图10-2平面图相对应的透视图。用来作为结合看图的例子。

我们将图上①轴线的透视图进行分析，就可以了解全图的意思了。①轴线在首层仅绘了给水系统图，二层往上均相同就无需再绘了，仿照此形式施工即可。该给水立管在首层离地30cm外安装了一个总阀门，随后往上通立管，在1.24m，4.840m，8.440m，12.040m处伸出水平管，在三处分别为大便

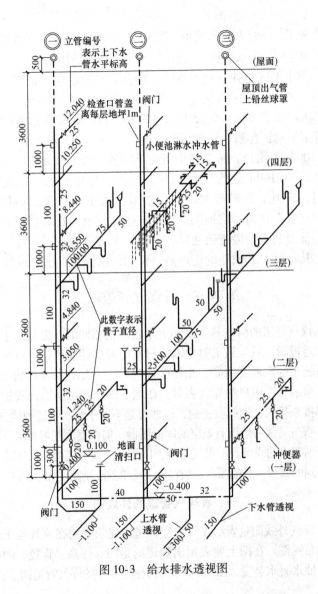

图 10-3 给水排水透视图

341

器冲洗用，一处为拖布池用，图上有一小阀门。施工时就根据该图竖立管、安水平管、装阀门。竖管接水平管用三通。

排水系统是在标高 6.550m 处绘了一个透视示意图，其他各层就按它一样施工。从图上看出排水由 −0.400m、3.050m、6.550m、10.250m 处伸出水平管承接五处的污水排除，一处地漏、一处拖布池、三处大便器。立管由 −1.100m 处出口，施工时由下往上安装管道。该处有一个清扫口，−1.100m 处管径为 φ150，立管往上为 φ100 一直通出屋面。管顶上加铅丝网球形保护罩，防止杂物落入堵住管子。立管上在离每层地面高出 1m 处有一个检查疏通口，本图①轴处共 4 个检查疏通口。

其他②、③轴线的道理是一样的，由读者自己去理解。

第四节　看煤气管道图

煤气管道的构造基本上和上水管道是相同的。也分为平面图和透视图，只是施工时要求的材质的密封性能要高，管材安装时施工的质量要求高。此外在管线上还装有凝水器及抽水装置、检漏管、用户的煤气表等。在地下部分要做防腐，管道均用焊接来接长，闸阀要密封，这些都是不同于给水管道的地方。

煤气管线一般没有规定的国标图例，但根据现在习惯绘法是用一划四点的线条表示煤气管线，以便在外线管道的综合图中辨出不同的管线。其他图形一般在图上均单独绘制图例加以说明。

一、看煤气管道的外线图

煤气外线图是表示煤气管道在进入建筑物前在室外地下的埋置布置图。在图上要表示出管道的走向、标高、管径、闸门井、抽水凝水装置。图 10-4 即为两栋住宅外的煤气管道图。

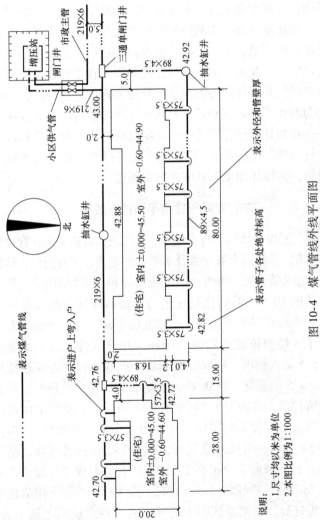

说明：
1.尺寸均以米为单位
2.本图比例为1:1000

图 10-4 煤气管线外线平面图

表示煤气管线

表示进户上弯入户

表示管子各处绝对标高

表示外径和管壁厚

增压站

闸门井
市政主管
219×6

三通单闸门井

219×6
小区供气管

5.0

43.00

2.0

42.88

219×6

北

抽水缸井

42.76

89×4.5
4.0
57×3.5
42.72

57×3.5

(住宅)
室内±0.000=45.00
室外-0.60=44.60

42.70

20.0

16.8

2.0

4.0

15.00

28.00

2.0

89×4.5

5.0

42.92
抽水缸井

75×3.5

75×3.5

75×3.5

(住宅)
室内±0.000=45.50
室外-0.60=44.90

89×4.5

75×3.5

75×3.5

80.00

42.82

343

从图上可以看出这是一个建筑群中的两栋住宅外的煤气管道图，在西南角上有一个加压站，提高市政主管道的煤气压力。加压站外有一座闸门井通过进入加压站及由加压站增压后出来的两根管子。出的主管通向东西两头去，供给这小区的住宅用。在通向图上两栋住宅的管子在主管线上有两座三通单闸门井。每栋楼的主管为外径89mm，管壁厚4.5mm；分管为外径57mm，管壁厚3.5mm，进入楼内。在外线图上的一些转角处均标有管道中心的绝对标高值（煤气管标高和上水管一样以管中心为准）。图上还有凝水器处的抽水缸井的设置，具体详图见第五节详图中叙述。

二、看煤气室内平面图系统图

煤气室内平面图上有煤气灶、煤气表、管道走向、管径标志等内容。系统图上有立管及水平管的走向，还有阀门，清扫口、活接头等位置。将图10-5系统图与10-6平面图结合看图。

从图10-6中看到这是住宅内厨房的煤气管线及煤气灶图。一个是首层平面、一个是标准层平面。首层平面上看出有管子入楼的位置离轴线270mm，并可以看出管子是规格57×3.5进入楼内，进墙处有套管。进墙后向上走穿过地坪用89×4.5的套管，到0.95m标高处（图10-5）拐弯，并有两个清扫口，再往上1.5m处有一个闸阀。平面图上用圆圈加T形表示立管及闸阀位置（注图太小表示不清楚），再往上到2m左右一头通入煤气表，由表上出管到煤气灶，高度是由2.57m坡向2.56m再下到0.735标高与煤气灶接头，其中1.7m处有一闸阀，1.5m处有一点火棒。再往下用活接头通向煤气灶。右侧系统图上的竖向立管往二层以上通上去。其上的构造均同一层相仿。

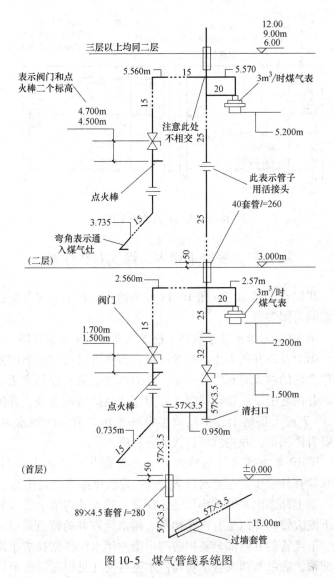

图 10-5 煤气管线系统图

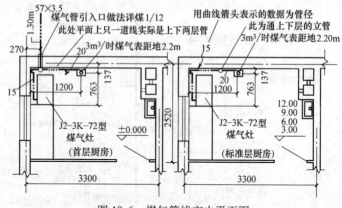

图 10-6　煤气管线室内平面图

第五节　看给水排水、煤气安装详图

我们选了图 10-7~图 10-13 作为给水、排水、煤气安装详图的看图参考。

图 10-7 为给水进建筑物之前的水表井施工安装详图。

图上看出井的大小，井壁厚度，给水管进楼时水表的安装位置它的两头有阀门各一个，作为修理安装时控制水流用的。井内有上下的铁爬梯蹬，井口用成品的铸铁井盖。井砌在 3：7 灰土垫层上，中间留出自然土作为放水时渗水用。只要看懂图纸，我们就可以按图备料施工了。

图 10-8 为排水管的检查井（亦称窨井）的施工详图。排水检查井主要是在排水转弯处及一定长度中需疏通用的。

图上标志出井的大小尺寸、深度、通入井内的上流来管及下流去管；井内也有铁爬梯蹬。排水检查井的特点是接通上、下流管的井内部分要用砖砌出槽并用水泥砂浆抹成半圆形凹槽，底部与两头管道贯通使水流通畅（见识图箭所示）。

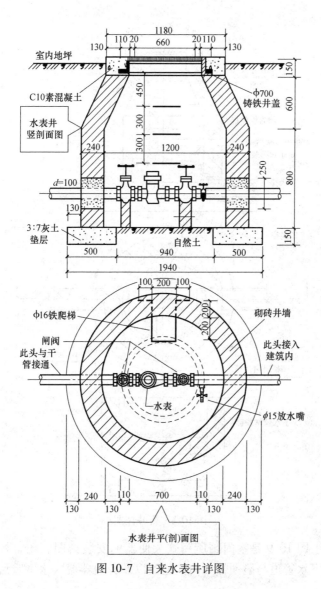

图 10-7 自来水表井详图

347

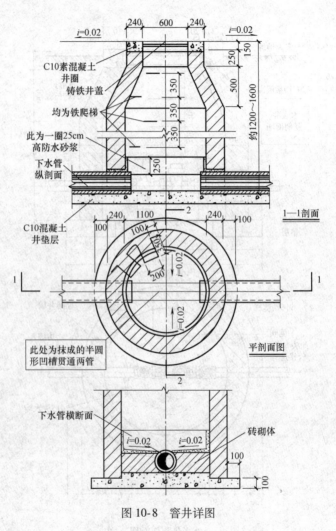

240 600 240

i=0.02   *i*=0.02

C10素混凝土
井圈

铸铁井盖

均为铁爬梯

此为一圈25cm
高防水砂浆

下水管
纵剖面

1—1剖面

C10混凝土
井垫层

100 240 1100 240 100

i=0.02

i=0.02

此处为抹成的半圆
形凹槽贯通两管

平剖面图

下水管横断面

i=0.02   *i*=0.02

砖砌体

图 10-8   窨井详图

图 10-9 是室内厕所蹲式大便器的安装详图。图上标志
出下水管道与磁便器如何接通，以及各便器流入水平管后如

何与立管接通排出污水。读者可以结合图中识图箭上的文字说明自行阅图。

图 10-10 是清扫口（又称地漏）的做法详图，它表示的

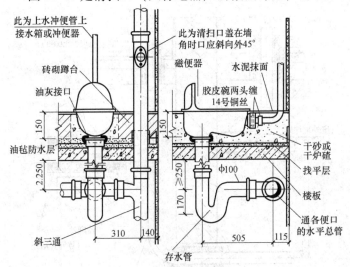

图 10-9 蹲式大便器详图

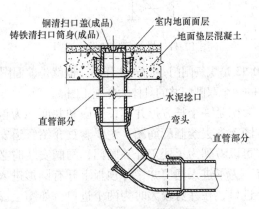

图 10-10 清扫口做法详图示意

是弯管的剖切图主要表示出接口处用水泥捻口封闭。

图 10-11 为煤气进墙及穿过楼板、地坪的做法。这是一个剖面图比较容易看懂的。

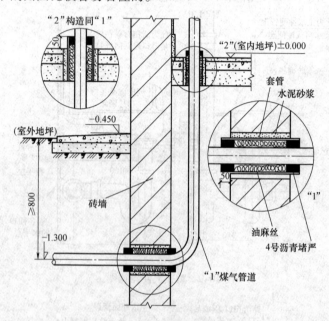

图 10-11　煤气管过墙做法详图

图 10-12 是煤气闸门井的安装详图。也就是前面图 10-4 中加压站外的一个双闸门井的具体大样施工图。

图上表明是一个长方形井体，井底和井面均为钢筋混凝土板，本图上省去绘制配筋图，主要着重介绍管道安装和附加设施。可以看到为了便于开关闸门，闸阀安装时必须互相错开位置。为了进入闸门井，井顶板上开有圆形进入口。一般为一个进口，在井身较大时为两个进口，如图上虚线部分所示。进入口的铁爬梯蹬安装时是上下互相错开放置，便于

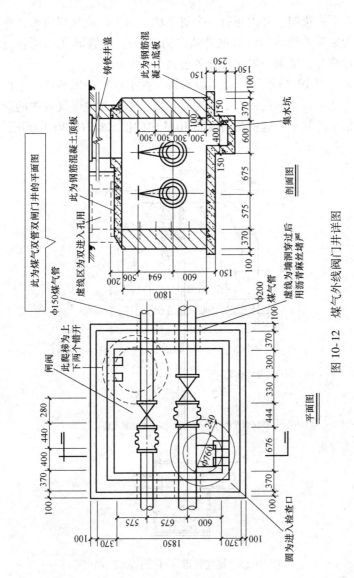

图 10-12　煤气外线阀门井详图

人下去蹬踏。井内还有一个集水坑，施工时应预留出来，作为集聚外渗水用。其他井墙厚为 37cm，过管墙孔用沥青麻丝堵严，墙洞一般比管径各边大 5~10cm。

图 10-13 是一个低压凝水器（抽水缸）的安装图。上部为地面可见到的井，下部为凝水器，中间为抽煤气管中的凝结水的管子。这就是前面图 10-4 中的抽水缸井的施工详图。

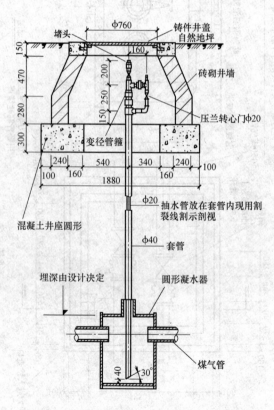

图 10-13　煤气管道（外线）凝水器详图

第十一章　怎样看采暖和通风工程图

采暖（供热）是北方房屋建筑需要装置的设备。采暖就是在冬期时由外界给房屋供给热量，保证人们正常生活和生产活动。通风装置是随着社会生产的发展和人民生活的提高，在房屋建筑中开始逐步采用的设施。因此采暖工程的施工和通风工程的安装，都有一套施工图作为安装的依据。本章主要就是介绍这两种图纸的看图方法。

第一节　采暖施工图的一般常识

一、什么是采暖工程

采暖工程是安装供给建筑物热量的管路、设备等系统的工程。如图 11-1 所示。

采暖根据供热范围的大小分为局部采暖、集中采暖和区域采暖。以热媒不同又分为水暖（将水烧热来供热）、汽暖（将水烧成蒸汽来供热）。热源（锅炉）将加热的水或汽通过管道送到建筑物内，通过散热器散热后，冷却的水又通过管道返回热源处，进行再次加热，以此往复循环。

此外，在采暖布管的方法上一般有 4 种形式：1. 上行式，即热水主管在上边，位置在顶棚高度下面一点；2. 下行式，即供热主管走在下边的，位置在地面高度上面一点；3. 单立式，即热水管和回水管是用一个立管的；4. 双立式，即热水管和回水管分别在两个管子中流动。双立式和下行式一般比较常用。

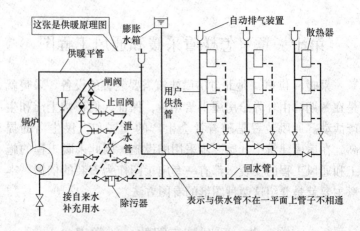

图 11-1 采暖设备体系图

二、采暖工程施工图的种类和内容

1. 图纸的种类

供热采暖施工图主要分为室内和室外两部分。室外部分表示一个区域的供暖管网，有总平面图、管道横剖面图、管道纵剖面图和详图。室内部分表示一栋建筑物内的供暖工程的系统，有平面图，立管图（或叫透视图）和详图。这两部分图纸都有设计及施工说明。

2. 图纸的内容有以下几部分

图纸设计及施工说明书：主要说明采暖设计概况，热指标，热源供给方式（如区域供暖或集中供暖；水暖或汽暖），散热器（俗称炉片）的型号，安装要求（如保温、挂钩、加放风等），检验和材料的做法和要求，以及非标准图例的说明和采用什么标准图的说明等。

总平面图：主要表示热源位置，区域管道走向的布置、暖气沟的位置走向，供热建筑物的位置，入口的大致位置等。

管道纵、横剖面图：主要是表示管子在暖气沟内的具体位，管子的纵向坡度，管径，保温情况，吊架装置等。

平面图：表明建筑物内供暖管道和设备的平面位置。如散热器的位置数量，水平干管、立管、阀门、固定支架及供热管道入口的位置，并注明管径和立管编号。

立管图（透视图）：表示管子走向，层高、层数，立管的管径，立管，支管的连接和阀门位置，以及其他装置如膨胀水箱、泄水管、排气装置等。

详图：主要是供暖零部件的详细图样。有标准图和非标准图两类，用以说明局部节点的加工和安装方法。

三、采暖施工常用图例及代号

1. 文字代号

名 称	代号	料 体	代号
闸 阀	Z	灰铸铁	Z
截止阀	J	球墨铸铁	Q
旋 塞	X	可锻铸铁	K
止回阀	H	铜合金	T
疏水器	S	碳 钢	C
安全阀	A	铝合金	L
减压阀	Y		
调节阀	T		

2. 图例

名　　称	图　　例	说　　明
管　道	————————	用于一张图内只有一种管道
	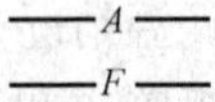 —— A —— —— F ——	用汉字拼音字母表示管道类别
	— · — · — · —	用图示表示管道类别
采暖 供水（或汽）管 回（凝结）水管	———————— - - - - - - - -	
保温管	 ———～～～———	可用说明代
软管	 ～～～～	
方形伸缩器	⊣「￣」⊢	
套管伸缩器	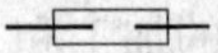 ⊣「￣」⊢	
波形伸缩器	 —◇—	
弧形伸缩器	 —⌒—	
球形伸缩器	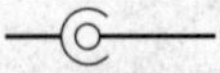 —◎—	
流向	 ——→——	
丝堵	 ———————I‖	
滑动支架	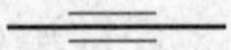 ≡	
固定支架	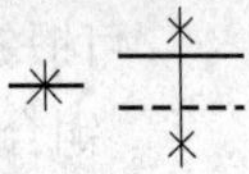 ✳　 ┼ - - ┼ - -	左：单管 右：多管
截止阀	  —▷◁— —Ī—	
闸阀	 —▷◁—	
止回阀	 —△—	
安全阀	 —▷◁—	

356

名　　称	图　　例	说　　明
减压阀	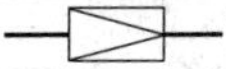	左侧：低压；右侧：高压
膨胀阀		
散热器放风门	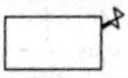	
手动排气阀	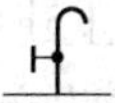	
自动排气阀	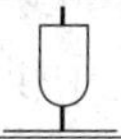	
疏水器	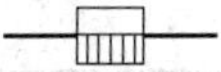	
散热器三通阀	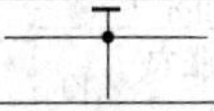	
球阀		
电磁阀	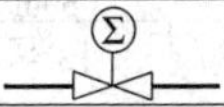	
角阀	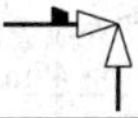	
三通阀		
四通阀	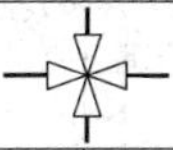	
节流孔板	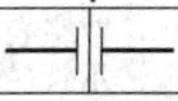	
散热器	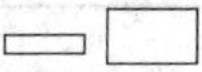	左图：平面 右图：立面
集气罐	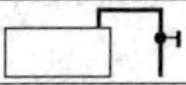	
管道泵		
过滤器		
除污器	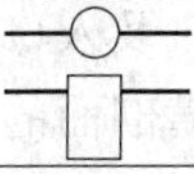	上图：平面 下图：立面
暖风器	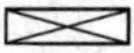	

第二节　看采暖外线图

暖气外线一般都要用暖气沟来作为架设管道的通道，并埋在地下起到防护、保温作用。图上一般将暖气沟用虚线表示出轮廓和位置，具体做法一般土建图上均有。暖气管道则用粗线画出，一条为供热管线用实线表示，一条为回水管线用虚线表示。图 11-2 即为一个集中供热采暖工程的外线图。

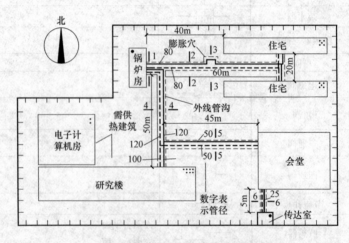

图 11-2　供暖管道外线平面图

我们在图上可以看到锅炉房（热源）的平面位置，及供热建筑一座研究楼、两栋住宅和一个会堂。平面图上还表示出暖气沟的位置尺寸，暖沟出口及入口位置。还有供管线膨胀的膨胀穴。图上还绘有暖沟横剖面的剖切位置，其中 1—1 剖面我们可以在详图一节中看到。

第三节　看采暖平面及立管图

采暖平面及立管图指暖气管在建筑物内布置的施工图。

一、平面图

为节省篇幅，我们这里取某教学楼中二、三、四楼局部平面，来看暖气平面布置图。见图 11-3。

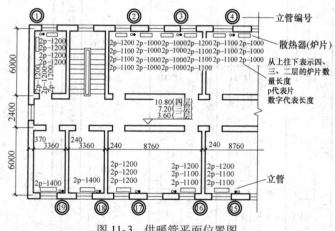

图 11-3　供暖管平面位置图

从图上说明看出，该楼暖气片采用钢串片散热器。平面图上表示出了暖气片位置在窗口处，每处二片，并注有长度尺寸。在墙角处表示出立管的位置，并在边上编上立管的编号，以便看立管图时对照。

二、立管图

对照平面图的位置，我们绘制对应的立管图，见图 11-4。

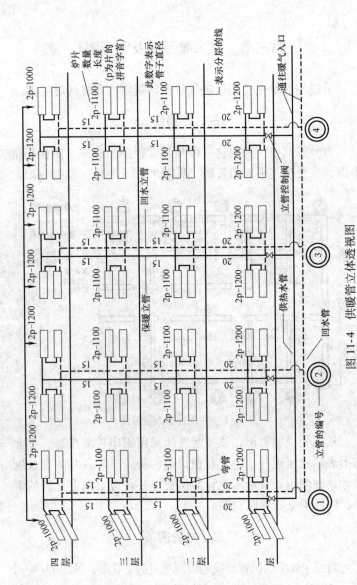

图 11-4　供暖管立体透视图

我们从图上看出这是一栋四层楼房，各层标高在平面图上及立管图上均已标出。立管图上还标出了管径大小，在说明中还指出与暖气片相接的支管均为ϕ15。图上还可以看出热水从供热管先流进上面的炉片，后经过弯管流入下面炉片，再由下面炉片流到回水立管中去。炉片长度尺寸和片数在图上也同样标明，便于与平面图核对。

通过平面和立管图，我们可以看出，这类构造是属于下行式、双立式的结合。并且从图上可了解到管子的直径、尺寸、数量，炉片的尺寸数量就可以备料施工了。此外图上炉片的离地高度均未注明，施工时就按规范要求高度执行。

第四节　暖气施工详图

采暖工程施工详图主要为施工安装时用，以便了解详细

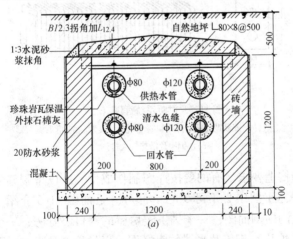

图 11-5　供暖系统详图（一）

(a) 暖气管沟剖面图

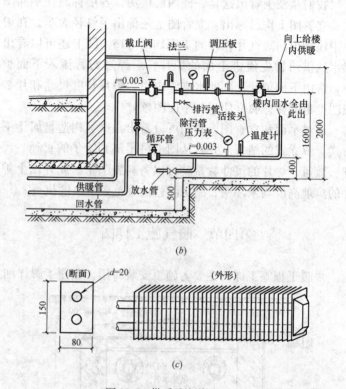

图 11-5 供暖系统详图（二）

(b) 安装调压板、热水供暖系统入口装置侧剖面图；

(c) 钢串片散热器大样图

做法和构造要求。有的要按详图制作成型。所以采暖施工详图亦是施工图中必不可少的一部分。下面图 11-5 介绍一个外线暖沟横剖面图；一个进供暖房屋的入口装置图；一个散热器（炉片）钢串片形式的大样图，以供读者参考。只要详细阅读识图箭上的说明，就能看懂图纸。

第五节 通风工程的概念

一、什么是通风工程

我们知道人所处的空气环境对人和物都有很大的影响。季节和天气的不同可以使人汗流如雨或冷得发抖；也可以因为干燥或潮湿使物品发生变质。在长期的生产和生活实践中，人们为了创造具有一定的温度和湿度的空气，保持清新的空气环境，使人们能正常生活和劳动，采用自然的或人工的方法来调节空气。

房屋建筑上的窗户，就是起到调节空气的作用。这是一种利用自然空气流通的办法来调节空气。而当建筑物本身的功能已不能够解决这个问题时，如纺织厂的纺织车间，对空气要求有一定的温湿度；电子工业车间对空气要求控制含尘量。这些就要依靠在建筑物内增加设备的措施来调节空气了。这些建筑设备包括前面讲过的供热和下面要讲的通风和空气调节。

供热采暖是冬季对室内空气加热以补充向外传热，用来维持空气温度的一种措施。

通风是把空气作为介质，使之在室内的空气环境中流通，用来消除环境中的危害的一种措施。主要指送风、排风、除尘、排毒方面的工程。

空调是在前两者的基础上发展起来的，是使室内维持一定要求的空气环境，包括恒温、恒湿和空气洁净的一种措施。由于空调也要用流动的空气——风来作为媒介，因此往往把通风和空调统称为一个东西了。事实上空调比通风更复杂些，它要把送入室内的空气净化、加热（或冷却）、干燥、加湿等各种处理，使温、湿度和清洁度都达到规定的要求。通风工程是通风和空调进行施工的过程。

二、通风的构造

通风方式可以分为：（1）局部排风，即在生产过程中由于局部地方产生危害空气，而用吸气罩等排除有害空气的方法。它的形式见图 11-6。（2）局部送风，工作地点局部需要一定要求的空气，可以采用局部送风的方法。它的形式见图 11-7。（3）全面通风，这是整个生产或生活空间均需进行空气调节的时候，就采用全面送风的办法。其形式见图 11-8。

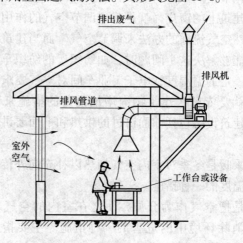

图 11-6 局部排风系统示意图

任何一个空调，通风工程都有一个循环系统，由处理部分，输送部分，分布部分以及冷、热源等部分组成。其全过程见图 11-9，称为系统图。

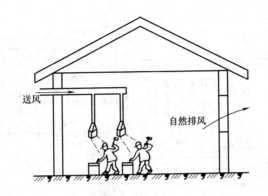

图 11-7　局部送风系统示意图

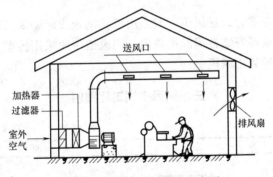

图 11-8　全面送排风系统示意图

从图上可以看出送风道、回风道是属于输送部分；空气进口到送风机中间一段为处理部分；几个房间为分布部分。看通风图纸主要就是看输送部分和分布部分的施工图。

其中空气处理室部分一般有两种：一种是根据设计图纸现场施工的，其外壳常用砖砌或钢筋混凝土结构；另一种是工厂生产的定型设备，运到工地进行现场安装的，外壳一般是钢板的，现在大多都是采用工厂生产的定型设备。

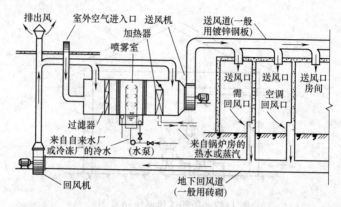

图 11-9　送入空气进行处理的风道送风回风空调系统示意图

输送部分，送风道一般采用镀锌钢板或定型塑料风管做成。风道都安装在房间吊顶内；回风道一般采用砖砌地沟由地坪下通到排风机。

三、通风空调工程图例

表 11-2

名　　称	图　　例	说　　明
风管		
送风管		上图：为可见剖面
		下图：为不可见剖面
排风管		上图：为可见剖面
		下图：为不可见剖面
砖、混凝土风道		
异径管		

名　　称	图　例	说　　明
异形管 （天圆地方）	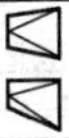	
带导流片弯头	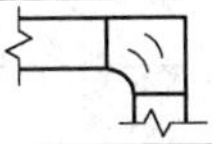	
消声弯头	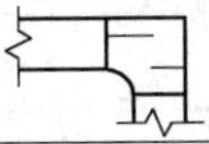	
风管检查孔	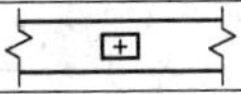	
风管测定孔		
柔性接头	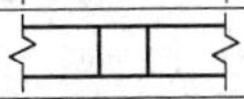	中间部分也适用于软风管
弯头	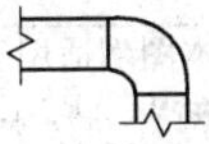	
圆形三通	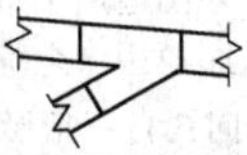	
矩形三通	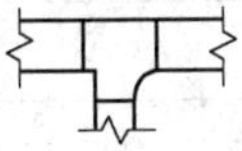	
送风口	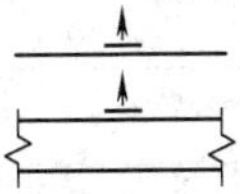	
回风口	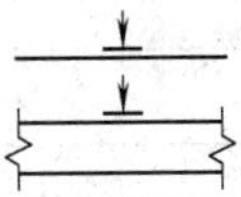	
圆形流散器	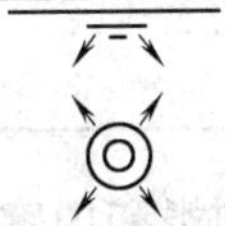	上图为剖面 下图为平面
方形流散器	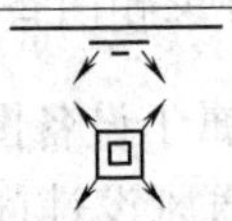	

名　称	图　例	说　明
插版阀	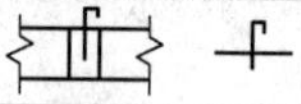	本图例也适用于斜插板
蝶阀	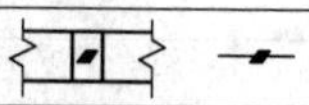	
对开式多叶调节阀	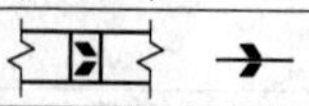	
光圈式启动调节阀	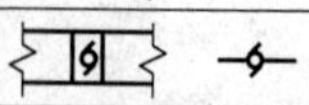	
风管止回阀	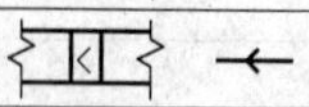	
防火阀	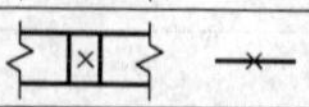	
三通调节阀	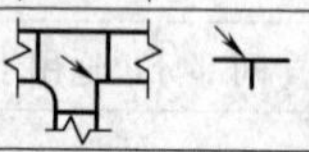	
通风空调设备	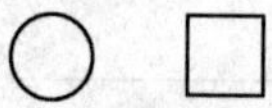	1. 本图例适用于一张图内只有序号 2 至 9、11、13、14 中的一种设备 2. 左图适用于带转动部分的设备；右图适用于不带转动部分的设备
风机		流向：自三角形的底边至顶点
压缩机		
减振器		
消声器		
空气加热器		
空气冷却器		
风机盘管		
窗式空调器		
空气过滤器		

四、通风图的种类和内容

通风图纸在整个房屋建筑中属于设备图纸一类，在目录表中的图号都注上设×的编号。通风设计尚未有全国统一标准的图例和代号，因此图上所用图例及代号均在设计说明中加以标志。图纸的设计说明还对工程概况、材料规格、保温要求、温湿度要求、粉尘控制程度以及使用的配套设备等加以说明。

施工图纸分为：（1）平面图：主要表示通风管道、设备的平面位置、与建筑物的尺寸关系。（2）剖面图：表示管道竖直方向的布置和主要尺寸，以及竖向和水平管道的联结，管道标高等。（3）系统图：表明管道在空间的曲折和交叉情形，可以看出上下关系，不过都用线条表示。（4）详图：主要为管道、配件等加工图，图上表示详细构造和加工尺寸。

第六节　看通风管道的平、剖面图

一、看通风管道的平面图

我们取某建筑的首层通风平面布置图作为看图例子，见图 11-10。

从图上看出这是两个通风管道系统，为了明显起见管道上都涂上深颜色。看图时必须想象出这根管子不是在室内底部的平面上面，而是在这个建筑物的空间的上部，一般吊在吊顶内。其中一根是专给会议厅送风的管道；另一根是分别给大餐厅、大客厅、小餐室、客厅 4 个房间送风的。图上用引出线标志出管道的断面尺寸，如 1000×450 即为管道宽 1m，高 45cm 的长方形断面。在引出线下部写的"底 3250"，意思是通风管底面离室内地坪的高为 3.25m。

图上还有风向进出的箭头，剖切线的剖切位置等。从平面图上我们仅能知道管道的平面位置，这还不能了解它的全貌，还需要看剖面图才能全面了解进行施工。

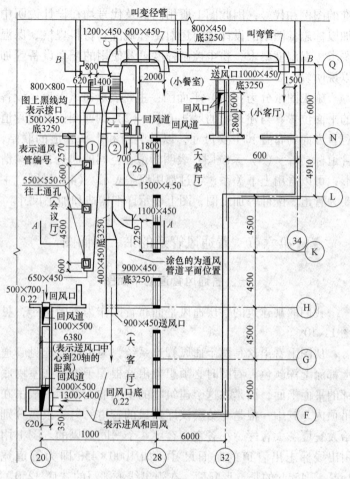

图 11-10　某宾馆通风管道局部平面图

二、看通风管的剖面图

我们根据平面图的剖切线，可以绘成剖面图，看出管道在竖向的走向和与水平方向的联接。见图 11-11。

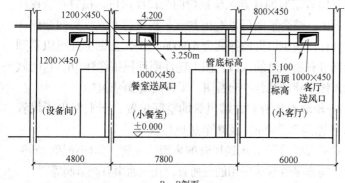

B—B剖面

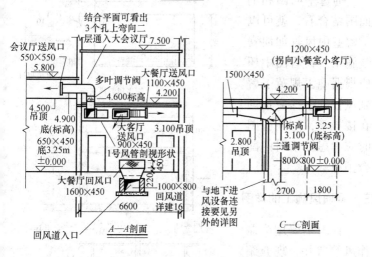

图 11-11　通风管道详图

图为 A-A、B-B、C-C 三个剖面、A-A 剖面是剖切两根风管的南端，切口处均用孔洞图形表示，并写出断面尺寸，一个是 650×450，一个是 900×450，底面离地坪为 3.25m，还看到风管由首层竖向通到二层拐弯向会议厅送风，位置在会议厅的吊顶内。结合平面可以看出共三个拐弯管弯入二层向会议厅去，并标出送风口离地标高为 4.900m。A-A 剖面上还可以看到地面部分有回风道的入口，图上还注明回风道详建 16，这时就要找出该土建图结合一起看图，了解回风道的做法。

B-B 剖面是看到北端风管的空间位置，图上标出了风管的管底标高 3.250m，及几个送风口尺寸。

C-C 剖面主要表示送风管的来源，风管的竖向位置，断面尺寸，与水平管联接采用的三通管，在三通中有调节阀等。

通过平面图和剖面图结合看，就可以了解室内风管如何安装施工。在看图中还应根据施工规范了解到风管的吊挂应预埋在楼板下，这在看图时应考虑施工时的配合预埋。

三、看通风施工的详图

详图主要用为制作风管等用，现介绍几个弯管、法兰的详图，作为对详图的了解。见图 11-12、图 11-13(a)(b)(c)(d)。

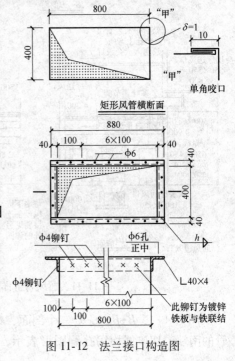

图 11-12 法兰接口构造图

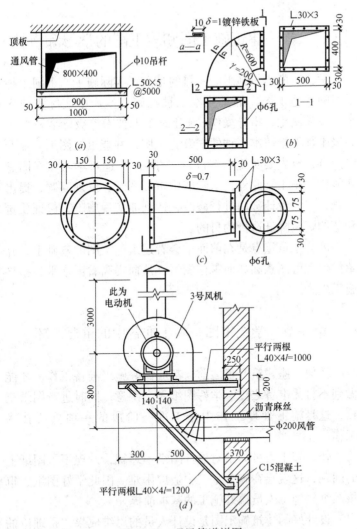

图 11-13　通风管道详图

(a) 通风管吊挂剖面图；(b) 矩形弯管图；(c) 变径管
(俗称大小头) 详图；(d) 风机在外墙上安装图

第十二章 建筑施工图和竣工图的学习和审核

学会看懂建筑施工图，目的是为了实际施工。不同工种学习阅看施工图，都是从本工种在施工生产中实际需要入手，看懂图意，指导操作。《建筑工人技术等级标准》要求高级工都能看懂本工种的复杂施工图，并能审核图纸。要看懂图纸，首先要对施工图进行"学习"，通过学习领会图意才能按图施工。此外，从学图中审核图纸，发现问题，提出问题，建议设计部门进行修改，达到能实现施工，保证质量和节约资金降低造价的目的。

因此本章重点是在前面学会看建筑施工图的基础上，介绍如何理解图意和如何审核图纸，从而提高看图水平，指导施工生产。

第一节 学图审图是施工准备中的重要一环

任何一座建筑开工之前，都应做好施工准备工作，才能做到不打无准备之仗。学好图纸领会图意，同时进行图纸审核，这是施工管理工作中施工准备阶段的一项重要技术工作。

作为施工人员如果对设计图纸不理解，发现不了图纸上的问题，这就会在施工生产中造成困难。因此学好图纸、审核图纸是施工人员搞好施工的基本前提。

设计好的建筑施工图是设计人员的思维成果，是理论的构思。这种构思形成的建筑物是否完善，是否切合实际（环境的实际、施工条件的实际、施工水平的实际等），是否能够在一定的施工条件下实现。这些都要通过施工人员在学习图纸，领会设计意图及审核图纸中发现问题，提出问题，由设计部门和建设单位、施工部门统一意见对图作出修改、补充，这样才能使设计的建筑物施工成完美的建筑产品。

还有，设计人员在设计一座建筑物时，由于各设计人员的专业不同，设计的程序不同，当综合到一个工程上时，有时就会产生一些矛盾。至于一些刚进行设计工作的人员（如学校刚毕业工作不久的），缺乏施工现场经验，设计的图纸难免有不合理之处，或在构造上施工无法实施的低水平的设计，甚至有可能出现错误的设计。这都需要审核。

学图和审图要我们应具备一定的技术理论水平，房屋构造和设计规范的基本知识。加上我们的自身条件——丰富的施工经验，就容易把"学习"图和审核图纸的事情做好。

第二节　怎样学习和审核施工图

一、建筑施工图中各类专业间的关系

为什么要提出这个问题呢？因为一整套的建筑施工图包括了建筑设计的施工图、结构设计的施工图以及水、电、暖、通等设计的安装施工图。这些不同的图纸都是由不同专业的设计人员设计的。而各类专业图纸的设计都是依据建筑设计图纸为基础的。因为每一座建筑的设计往往先由建筑师进行构思，他们从建筑的使用功能、环境要求、历史意义、社会价值等方面确定该建筑的造型、外观艺术、平面大小、高度和结构形式。当然，作为一个建筑师他也必须具备一定的结构常识和其他专业的知识，才能与结构工程师和其他专业的工程师相配合。另外作为结构工程师在结构设计上应尽

量满足建筑师构思的需要及与其他专业设计的配合。达到建筑功能的发挥。比如建筑布置上需要大空间的构造，则结构设计时就不宜在空间中设置柱子，而要设法采用符合大空间要求的结构形式，如预应力混凝土结构、钢结构、网架结构等。再有如水、电、暖、通的设计也都是为满足建筑功能需要配合建筑设计而布置的。这些设施在设计时既要达到实用，同时在造型上也必须达到美观。比如当今建筑中的灯具，不仅是电气专业为照明的需要而设计的，而且也成了建筑上的一种装饰艺术。

所以作为一个施工人员应该了解各专业设计中的主次配合关系，只有这样才能在学习和审查图纸时知道以什么为"基准"。

这个"基准"就是建筑施工图。在学图和审图时发现了矛盾和问题，就要按"基准"来统一。所以各类专业设计的施工图都要以建筑施工图这个"基准"为依据。以它的基础进行学图，以它为基础进行审图。

二、怎样学习和审核建筑总平面图

建筑总平面图是与城市规划有关的图纸，也是房屋总体定位的依据。尤其是群体建筑施工时，建筑总平面图更具有重要性。

因此对建筑总平面图的学习和审核，施工人员还应掌握大量的现场资料。如建筑区域的目前环境，将来可能发展的情形，建筑功能和建成后会产生的影响等。如在第三章中所讲到的现场草测，也是对建筑总平面图进行审核的一种方法。

建筑总平面图一般应学习和审核的内容是：

（1）通过学图可对总图上布置的建筑物之间的间距，是否符合国家建筑规划设计的规定，进行审核。比如规范规定前后房屋之间的距离，应为向阳面前房高度的 1.05～1.70 倍，如图 12-1 所示。否则会影响后房的采光，房屋间的通风，尤其在原有建筑群中插入的新建筑，这个问题更应重视。

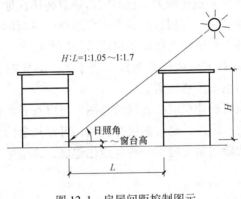

图 12-1　房屋间距控制图示

（2）房屋横向（即非朝向的一边）之间，在总图上布置的相间距离，是否符合交通、防火和为设置管道需开挖的沟道的宽度所需的距离。通常房屋横向的间距至少应有 3m 大小。

（3）根据总平面图结合施工现场查核总图布置是否合理，有无不可克服的障碍，能否保证施工的实施。必要时可会同设计和规划部门重新修改总平面布置图。

（4）在建筑总平面图上如果包括绘制了水、电等外线图，则还应了解总平面上所绘的水、电引入线路与现场环境的实际供应水、电线路是否一致。通过审核取得一致。

（5）如总平面图上绘有排水系统的，则亦应结合工程现场查核图纸与实际是否有出入，能否与城市排水干管相联结等。

（6）查看设计确定的房屋室内建筑标高零点，即 $\pm 0.000 \atop \triangledown$ 处的相应绝对标高值是多少，以及作为引进标高的城市（或区域）的水准基点在何处。核对它与建筑物所在地方的自然地面是否相适应，与相近的城市主要道路的路面标高是否相适。所谓能否相适应是指房屋建成后长期使用中会不会因首层 ± 0.000 地坪太低或过高造成建造不当。必要时就要请城市规划部门前来重新核实。

（7）绘有新建房屋的管线的总图，可以查看审核这些管道线路走向、距离，是否能更合理些，可以从节约材料、能耗、降低造价的角度提出一些合理化建议，这也是审图的一个方面。

三、怎样学习和审核建筑施工图

1. 学习和审核建筑平面图

建筑平面图和立面图是确定一座建筑房屋的"基准"。建筑平面布置是依据房屋的使用要求、工艺流程等，经过多方案比较而确定的。因此学习和审核图纸必须先了解建设单位的使用目的和设计人员的设计意图，并应掌握一定的建筑设计规范和房屋构造的要求，所以一般主要从以下几个方面来进行学、审。

（1）首先我们应了解建筑平面图的尺寸应符合设计规定的建筑统一模数。建筑模数国家规定以 100mm 作为基本模数。按基本模数为标准还分为扩大模数和分模数，基本模数

378

用符号 M_0 表示，扩大模数以 3 的倍数增长，有 $3M_0$、$6M_0$、$15M_0$、$30M_0$、$60M_0$ 等。相应尺寸为 300mm，600mm、1500mm、3000mm 等。分模数有 $\frac{1}{10}M_0$、$\frac{1}{5}M_0$、$\frac{1}{2}M_0$，相应尺寸为 10mm、20mm、50mm。

扩大模数主要用在房屋的开间、进深等大尺寸设计时便于计算；分模数主要用于具体构造、构配件大小的尺寸计算的基数，如混凝土楼板的厚度可以用 $\frac{1}{10}M_0$ 做基数，假设设计的板厚为 70mm，那么 70mm 就是 $\frac{1}{10}M_0$ 分模数的 7 倍。因此在学习图纸时发现尺寸不符合模数关系时，就应以审图发现的问题提出来，因为构配件的生产都以模数为基准的，安装到房屋上去，房屋必须也与模数关系相适应。

（2）学习图纸时要查看平面图上的尺寸注写是否齐全，分尺寸的总和与总尺寸是否相符。发现缺少尺寸，但又无法从计算求得，这就要作为问题提出来。再如尺寸间互相矛盾，又无法得到统一，这些都是学审图应看出的问题。

（3）审核建筑平面内的布置是否合理，使用上是否方便。比如门窗开设是否符合通风、采光要求，在南方还要考虑房间之间空气能否对流，在夏季可以达到通风凉快。门窗的开关会不会"打架"；公共房屋的大间只开一个门能不能满足人员的流动；公用盥洗室是否便于找到，且又比较雅观。走廊宽度是否适宜，太宽浪费地方，太窄不便通行。这些方面我们虽是施工人员，但在房屋保修回访中往往容易听到房屋使用者的意见，这就有利于我们积累经验，用到审查图纸中去。如我们见到某一住宅建成后，两个居室连在一起由一个居室进入另一个居室，没有在"客厅"中对两个居室分别开门，使家庭使用上很不方便。还有一套住宅，一进门有一小小走廊，随接是客厅，而设计者把走廊边的厕所门对着客厅开，而不在走廊一侧开，在有客人时家人使用厕所很不雅观。这些都是设计考虑欠周全的地方，我们在审阅图纸时都可以提出来改进，达到比较完善的情形。

（4）可查看较长建筑、公共建筑的楼梯数量和宽度是否符合人流疏散的要求和防火规定的完全要求。我们曾经参加一个推荐为优秀设计的四层楼的宾馆评定，由于该设计只有一座楼梯，虽然造型很美，但因不符合公共建筑防火安全应有双梯的要求，而没有评上优秀。

我们在施工中建造一座生产车间，因车间人员少，设计上只考虑了一座楼梯，在人流上完全可以满足要求。但我们在审图时向建设单位和设计人员提出建议，增加简易安全防火梯，经双方同意在车间另一端增加了一座钢楼梯，作为安全用梯，后来在使用中建设单位反映也很满意。

（5）对平面图中的卫生间、开水间、浴室、厨房是要查看一下比其他房间低多少厘米，以便施工时在构造上可以采取措施。再有坡向及坡度大小多少，如果图上没有标明，其他图上又没有依据可找，这也要在审图时作为问题提出。

（6）在看屋顶平面图时，尤其是平屋顶屋面，应查看屋面坡度的大小，沿沟坡度的大小；看看落水管的根数是否能满足地区最大雨量的需要。因为有的设计图纸不一定是本地区设计部门设计的，对雨量气象不一定了解。我们发现过由于挑檐高度较小，落水管数量不够，暴雨时雨水从檐沟边上翻漫出来的情形。所以虽是屋顶平面图，有时看来图面很简单，但内容却不一定就少。

有女儿墙的屋顶，砖砌女儿墙往往与下面的混凝土圈梁在多年使用中产生温差收缩差异，而发生裂缝使建筑很难看和渗水。我们曾在审图中建议在圈梁上每 3m 有一构造柱，将砖砌女儿墙分隔开，顶上再用压顶连结成整体，最后使用的结果，就比通常砖砌女儿墙好，没有明显裂缝。这是通过审图建议取得的效果。

（7）除了上述几点之外，在看平面图时还要看看有哪些说明、标志及相配合的详图。结合查看可以审核它们之间有无矛盾，可以防止施工返工或修补的出现。如我们曾在质量检查中发现某建筑楼梯间内设置的消火栓箱，由于位置不当而造成墙体削弱，在箱洞一边仅留有 240×120 的砖垛，上面还要支承一根过梁，过梁上是楼梯平台梁。这 240×120 的小"柱子"在安装中又受到剔凿，对结构产生极不利的影响，这种情形本应该在学审图纸时可以提出来解决的，但因为审图不细，在施工检查中才发现，再重新加固处理，增加了不少麻烦。

所以，详细耐心的审图是很必要的，可以给施工带来不少方便，也可以增加工程的效益。

2. 学习和审查建筑立面图

建筑立面图往往反映出设计人员在建筑风格上的艺术构思。这种风格可以反映时代、反映历史、反映民族及地方特色。建筑施工图出来之后，建筑立面图设计人员一般是不太愿意再改动的。

那么我们审查图纸应从哪些方面着手呢？根据经验我们认为大致可以从以下几个方面来学习和审核立面图。

（1）从图上了解立面上的标高和竖向尺寸，并审核两者之间有无矛盾。室外地坪的标高是否与建筑总平面图上标的相一致。相同构造的标高是否一致等。

（2）对立面上采用的装饰做法是否合适，也可以提出一些建议。如有些材料或工艺不适合当地的外界条件，如容易污染，在当地环境中会被腐蚀，材料材质上还不过关等。

（3）查看立面图上附带的构件如雨水落管、消防铁梯、门上雨篷等，是否有详图或采用什么标准图，如果不明确应作为问题记下来。

（4）更高一步的看，我们可以对设计的立面风格、形式提出我们的看法和建议。如立面外形与所在地的环境是否配合，是否符合该地方的风格。

建筑风格和艺术的审核，需要有一定的水平和艺术观点，但并不是不可以提出意见和建议的。

3. 学习和审查建筑剖面图

（1）通过学看图纸了解剖面图在平面图上的剖切位置，根据看图经验及想象审核剖切得是否准确。再看剖面图上的标高与竖向尺寸是否符合，与立面图上所注的尺寸、标高有无矛盾。

（2）查看剖面图本身如屋顶坡度是否标志，平屋顶结构的坡度是采用结构找坡还是构造找坡（即用轻质材料垫坡），坡度是否足够等。再有构造找坡的做法是否有说明，均应查看清楚。并可对屋面保温的做法，防水的做法提出建议。比如在多雨地区屋面保温采用水泥珍珠岩就不太适应，因水分不易蒸发干，做了防水层往往会引起水气内浸，引起室内顶板发潮等。有些防水材料不过关质量难以保证，这些都可以作为审图的问题和建议提出。

（3）楼梯间的剖面图也是必须阅审的图纸。我们在好多住宅中碰到设计时因考虑不完善，楼梯平台转弯处，往往净空高度较小，使用很不方便，人从该处上下有碰撞头部之危险。尤其在搬家时更困难。从设计规定上一般要求净高应大于或等于 2m，如图 12-2 所示。

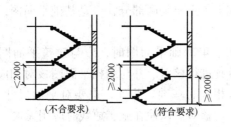

图 12-2 楼梯段空间尺寸要求图示

4. 学习和审核施工详图（大样图）

（1）学图时对一些节点或局部处的构造详图也必须仔细查看。构造详图有在成套施工图中的，也有采用标准图集上的。

凡属于施工图中的详图，必须结合该详图所在建筑施工图中的那张图纸一起审阅。如外墙节点的大样图，就要看是平面或剖面图上哪个部位的。了解该大样图来源后，就可再看详图上的标高、尺寸、构造细部是否有问题，或能否实现施工。

凡是选用标准图集的，先要看选得是否合适，即该标准图与设计图能不能结合上。有些标准图在与设计图结合使用时，连接上可能要作些修改，这都是审阅图纸可以提出来的。

（2）审核详图时，尤其标准图要看图上选配的零件、配件目前是否已经淘汰，或已经不再生产，不能不加调查照图下达施工，结果没有货源再重新修改而耽误施工进展。

四、怎样学习和审核结构施工图

1. 学习和审核基础施工图

基础施工图主要是两部分，一是基础平面图，二是构造大样图。

（1）在学审基础平面图时，应与建筑平面图的平面布置、轴线位置进行核对。并与结构平面图核对相应的上部结构，有没有相应的基础。此外，也要对平面尺寸、分尺寸、总尺寸等进行核对。以使在施工放线时应用无误。

（2）对于基础大样图，主要应与基础平面图"对号"。如大样图上基础宽度和平面图上是否一致，基础对轴线是偏心的还是中心的。

基础的埋设深度是否符合地质勘探资料的情况，发现矛盾应及时提出。还有也可以对埋置过深又没有必要的基础设计，提出合理化建议，以便降低造价，节约劳动量。

（3）如果在老建筑物边上进行新建筑的施工，那么审核基础施工图时，还应考虑老建筑的基础埋深，必要时应对新建筑基础埋深作适当修改。达到处理好新老建筑相邻基础之间受力关系，防止以后出现问题。

（4）在学审图时还应考虑基础中有无管道通过，以及图上的标志是否明确，所示构造是否合理。

（5）查看基础所用材料是否说明清楚，尤其是材料要求和强度等级，同时要考虑不同品种时施工是否方便或应采取什么措施。比如我们遇到过一个基础混凝土强度等级为C15，而上部柱子及地梁用 C20。看图时如果不认真，不注意，施工时不采取措施，就可能造成质量事故。有时为了施工方便和不致弄错，学审图也可以提出建议要求基础混凝土也用 C20，改一下配筋构造，这也是审图时可以做到的。

2. 学习和审核主体结构图

主体结构施工图是随结构类型不同而不同，因此学习和审核的内容也不相同。

（1）砖砌体为主的混合结构房屋，对这类房屋的学习和审核主要是掌握砌体的尺寸、材料要求、受力情况。比如砖墙外部的附墙柱，在学图时应了解它是与墙共同受力的，还是为了建筑上装饰线条需要的，这在施工时可以不同对待。

除了砌体之外，对楼面结构的楼板是采用空心板还是现浇板这也应了解，空心板采用什么型号，与设计的荷载是否配合，这很重要。图上如果疏忽而我们又不查核，要施工到工程上将会出大问题。

再有还应审核结构大样图，如住宅的阳台，在住宅中属于重要结构部分。阅图时要查看平衡阳台外倾的内部压重结构是否足够？比如是悬臂挑梁则伸入墙内的长度应比挑出的长度长些，梁的根部的高度应足够，以保证阳台的刚度。我们碰到过一住宅的阳台人走上去有颤动感，经查核挑梁的强度够了而刚度不够，使用户居住在里面会缺乏安全感。

（2）钢筋混凝土框架结构类型的房屋对该类房屋图纸的学习，主要应掌握柱网的布置，主次梁的分布，轴线位置；梁号和断面尺寸，楼板厚度，钢筋配置和材料强度等级。

审核结构平面和建筑平面相应位置处的尺寸、标高、构造有无矛盾。一般楼层的结构标高和建筑标高是不一样的。结构标高要加上楼地面构造厚度才是建筑标高。

在阅看结构构件图时，更应仔细一些。如图上的钢筋根数、规格、长度和锚固要求。有的图上锚固长度往往未注写，看图时就应记下来以便统一提出解决。有的图上看不出，但通过思索及施工经验，可以发现局部由于钢筋来回穿插，造成配筋过密无法施工，有的违反了施工规范的要求，这在学审图时也应该作为问题提出来。

（3）单层工业厂房排架类结构型式 对单层工业厂房结构图的阅看和审核，主要是掌握柱距、跨度、高度、屋盖类型等。对构件的尺寸、长度、配筋应仔细查对。如有吊车梁的厂房应查核吊车梁的型号和吊车起重量要求是否符合。采用标准图进行施工的应查看设计说明与标准图构件是否一致。我们曾遇到过一个施工单位因采用标准图而未注意设计说明的要求，而发生严重质量事故的情形。

像在工地制作的有牛腿的吊车柱，看图时还要通过计算核对尺寸。主要是核对构件图上该柱子从根部到牛腿面的尺寸，与结构剖面图上牛腿标高能否一致。因为剖面图上一般标志的是吊车梁面的标高，假设该标高为 10.50m，查得吊车梁高度为 800mm，那么牛腿处的标高为 9.70m。如果该柱子插入的杯型基础为 -1.50m，那么吊车柱的牛腿面到柱根的长度应为：9.70m-（-1.50m）= 9.70m+1.50m = 11.20m。经计算与柱子构件图上注的尺寸相同，那么说明准确，施工就可以保证质量，见图 12-3。

单层工业厂房在进行技术改造时，有时要加以接建。这时就有新老厂房的联结问题，学审图纸时就要更加注意。尤其是屋面标高、吊车梁面标高，除了查原老厂房图纸之外，最好还要实地去量一量。否则会接合不好。

我们曾遇到过某施工单位接建一车间时由于看图时忽略了新建部分，使用了预应力混凝土的吊车梁，施工时按原有部分柱子及柱子上牛腿柱高进行建造，最后在吊车梁安装上去时发现低了 10cm，幸亏是低了，在就建部分柱牛腿上垫

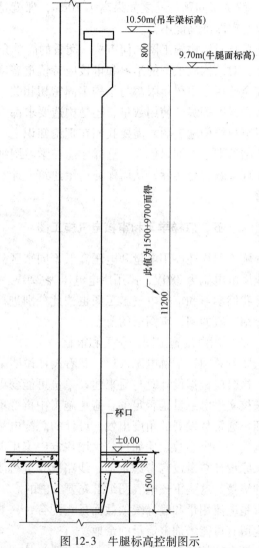

图 12-3　牛腿标高控制图示

高 10cm，解决了问题。反之如果高了 10cm，那就是严重问题。所以学审图纸马虎不得。

以上只是对结构施工图如何审核、阅看的简单介绍。

总之，对结构施工图的学习和审核应持慎重态度。因为建筑的安全使用，耐久年限都与结构牢固密切相关。不论是材料种类、强度等级、使用数量、还是构造要求都应阅后记牢。学习审核结构施工图，需要我们在理论知识上、经验积累上、总结教训上都加以提高。这样才能在学习图纸时领会得快，发现问题切合实际，从而保证房屋建筑设计和施工质量的完善。

五、怎样学习和审核电气施工图

电气施工图往往以用电量和电压高低不同来区分。一般地说工业用电电压为 380V，民用用电电压为 220V。

因此我们学习和审核电气施工图也按此分别进行。这里也只是介绍一般的阅、审图纸的要点。

1. 一般民用电气施工图的学习和审核

首先要看总图，了解电源入口；并看设计说明了解总的配电量。这时应根据设计时与后来建设单位可能变更的用电量之差来核实进电总量是否足够，避免施工中再变更，造成很多麻烦。通常从发展的角度出发，设计的总配电量应比实际的用电量大一个系数。比如目前民用住宅中家用电器的增加，如果原设计总量没有考虑余地，线路就要进行改造，这将是一种浪费。这是审核电气图纸首先要考虑的。

再有是电流用量和输导线的截面是否配合，一般也是输电导线应留有可能增加电流量的余地。

以上两点审核的要点掌握后，其他主要是从图纸上了解线路的走向，线是明线还是暗线，暗线使用的材料是否符合规范要求。对于一座建筑上的电路先应了解总配电盘设计放置在何处，位置是否合理，使用时是否方便。每户的电表设在什么位置，使用观看是否方便合理。一些电气器具（灯、插座……）等在房屋内设计安放的位置有什么不合理、施工或以后使用不方便的地方。如我们见到过一大门门灯开关，就设置在外墙上，这就不合理，因为易被雨水浸湿而漏电，应装在雨篷下的门侧墙上，并采用防雨拉线开关，这样就合理了，也符合安全用电。

再有也可以从学图和审图中提出合理化建议如缩短线路长度、节约原材料等使设计达到更完善的地步。

2. 工业电气施工图的学习和审核

相对地说工业电气施工图比民用电气施工图要复杂一些。因此学、审图时要比较仔细以避免差错。在看图时要将动力用电和照明用电在系统图上分开学、审。重点应学、审动力用电的施工图。

首先应了解所用设备的总用电量，同时也应了解实际的设备与设计的设备用电量是否由于客观变化而发生变化。在核实总用电量后再从施工经验和实践中看看所用导线截面积是否足够和留有余地。

其次应了解配变电系统的位置，以及由总配电盘至分配电盘的线路。作为一个工厂往往设有厂用变电所，分到车间大些的则有小变电室，小车间则有变电柜，在我们学、审图时都把系统缩小，由小到大扩展，分系统审阅图纸可以减少工作量。由分系统到大系统再到变电所到总图，这样也便于核准总电量。因此在审阅各系统的电气施工图达到准确，就可以在这系统内先进行施工了。

第三，对系统内的电气线路，则要查看是明线还是暗线，是架空绝缘线，还是有地下小电缆沟。线路是否可以以最小距离到达设备使用地点。暗管交错走时是否重叠，地面厚度能不能盖住。具体的一些问题还要与土建施工图核对。

六、怎样学习和审查给水排水施工图

1. 给水系统图纸的审阅

（1）从设计总图中阅看了解供水系统水源的引入点在何处。阅看水管的走向、管径大小，水表和阀门井的位置，以及埋深。审核总入口管径与总设计用水量是否配合，以及当地的平均水压力与选用的管径是否合适。由于水质的洁净程度要考虑水垢沉积减小管径流量的发生，所以进水总管应在总用水量基础上适当加大一些管径。再有要看管子与其他管道或建筑、地物有无影响和妨碍施工，是否需要改道等，在审阅图纸时可以事先提出。

（2）在阅看单位工程内的施工图时，主要是阅看给水系统透视图。从而了解主管和水平管的走向、管径大小、接头、弯头、阀门开关的数量。还可了解水平管的标高位置，所用卫生器具的位置、数量。在审核中主要应查看管道设置是否合理，水表设计放置的位置是否便于查看。要进行局部修理（分层或分户）时，是否有可控制的阀门。配置的卫生器具是否经济合理，质量是否可靠。

南方地区民用住宅的屋顶上都设有水箱，作为调节水压不足时上面几层住户的用水。进出水箱的水管往往暴露在外，有的设计上往往忽略了管道的保温，造成冬季冻裂渗水。所以审图时也要注意设计上是否考虑了保温措施。

（3）对于大型公共建筑、高层建筑、工业建筑的给水施工图，还应查阅有无单独的消防用水系统，而它不能混在一般用水管道中。它应有单独的阀门井，单独管道单用阀门。否则必须向设计提出。同时图上设计的阀门井位置，是否便于开启，便于检修，周围有无障碍，以保证消防时紧急使用。

2. 排水系统施工图的审图

（1）主要是学习和了解建筑物排水管的位置及与外线或化粪池的联系和单位工程中排水系统透视图。从而知道排水管的管径、标高、长度以及弯头、存水弯头、地漏等零部件数量。再有由于排水管压力很小，要知道坡度的大小。

（2）学习了解所用管道的材料、排水系统相配合的卫生器具。审图中可以对所用材料的利弊提出问题或建议可供设计或使用单位参考。

（3）根据使用情况可审核管径大小是否合适。如一些公用厕所由于目前使用条件及人员的多杂，其污水总立管的管径不能按通常几个坑位来计算，有时设计 φ100 的管径往往需要加大到 φ150，使用上才比较方便，不易被堵塞。

再有可审查有些带水的房间，是否有地漏装置，假如没有则可以建议设置。

（4）对排水的室外部分进行审阅。主要是管道坡度是否注写，坡度是否足够。有无检查用的窨井、窨井的埋深是否足够。还应注意窨井的位置，是否会污染环境及影响易受污的地下物（如自来水管、煤气管、电缆等）。

七、采暖、通风施工图的学习和审核

1. 采暖施工图

采暖施工图可以分为外线图和房屋内部线路图两部分。

（1）外线图主要是从热源供暖到房屋入口处的全部图纸。在该部分施工图上主要了解供热热源在外线图上的位置。其次是供热线路的走向，管道沟的大小、埋深、保温材料和做法。还有是热源供给多少个单位工程，管沟上有几个膨胀穴。

对外线图主要审核管径大小，管沟大小是否合理，如沟的大小是否方便修理；沟内管子间距离是否便于保温操作。使用的保温材料性能包括施工性能是否良好，施工中是否容易造成损耗过大。这可以根据施工经验提出保温热耗少的材料和不易操作损耗多的材料的建议。

（2）单位工程内的采暖施工图，主要了解暖气的入口及立管、水平管的位置走向。各类管径的大小、长度、散热器的型号和数量。再有是弯头、接头、管堵、阀门等零件数量。

审核主要是看它系统图是否合理，管道的线路应使热损失最小。较长的房屋室内是否有膨胀管装置。过墙处有无套管，管子固定处应采用可移动支座。有些管子（如通过楼梯间的）因不住人应有保温措施减少热损失。这些都是审图时可以提出建议的。

2. 通风施工图

通风施工图也是分为外线和单位工程内部走向图。

外线图阅图时主要掌握了解空调机房的位置，所供空调的建筑是多少。供风管道的走向，架空高度、支架形式、风管大小和保温要求。

审核内容为从供风量及备用量计算风管大小是否合适。风管走向和架空高度与现场建筑物或外界存在的物件有无碰撞的矛盾，周围有无电线而影响施工及长期使用、维修。所用保温材料和做法选得是否恰当。

室内通风管道图主要了解单位工程进风口和回风口的位置。回风是地下走还是地上走。还应了解风道的架空标高，管道形式和断面大小，所用材料和壁厚要求。保温材料的要求和做法。管道的吊挂点和吊挂形式及所用材料。

主要审核通风管标高和建筑内其他设施有无矛盾。吊挂点的设置是否足够，所用材料能否耐久。所用保温材料在施工操作时是否方便，还应考虑管道四周有没有操作和维修的余地。通过审核提出修改意见和完善设计的建议，可以使工程做得更合理。

第三节　不同专业施工图之间的校核

要通过施工形成一座完整的房屋建筑，为了使设计的意图能在施工中实现，那么各类专业施工图必须做到互相配合。这种配合既包括设计也包括施工。因此除了各种专业施工图要进行自审之外，各专业施工图之间还应进行互相校对审核。否则很容易在施工中出现这样那样的问题和矛盾。事先在图上解决矛盾有利于加快施工进度，减少损耗，保证质量。

一、土建的建筑施工图与结构施工图的校核

由于建筑设计和结构设计的规范不同，构造要求不同，虽同属土建设计，但有时也会发生矛盾。一般常见的矛盾和需要校对的内容是：

（1）校对建筑施工图的总说明和结构施工图的总说明，有无不统一的地方。总说明的要求和具体每张施工图上的说

明要点，有没有不一致的地方。

（2）校对建筑尺寸与结构尺寸在轴线、开间、进深这些基本尺寸上是否一致。

（3）校对建筑施工图的标高与结构施工图标高之差值，是否与建筑构造层厚度一致。如某楼层建筑标高为 3.00m，结构标高为 2.95m，其差值为 5cm。从详图上或剖面图引出线上所标出的楼面构造做法，假如为 30mm 厚细石混凝土找平层，20mm 厚 1：2.5 水泥砂浆面层，总厚为 50mm。那么差值 5cm＝50mm 与构造厚度相同，这称为一致，否则为不一致。不一致就是矛盾，就要提请设计解决，这就是校对的作用。

但再进一步地深入，我们有时发现不配合后，假如自行降低结构标高，而又会发生结构构造或其他设施与结构下降标高发生矛盾。所以审图必须全面考虑并设想修正的几种方案。

（4）审核和校对建筑详图和相配合的结构详图，查对它们的尺寸、造型细部、与其他构件的配合。举一个小例子，比如设计的窗口建筑上绘有一周线条的窗套。那么相应查一下窗口上的过梁是否有相应的出檐，可以使窗套形成周圈。否则过梁应加以修改达到一致。

二、土建施工图与其他专业施工图的校对

1. 土建图与电气施工图之间校核

一般民用建筑采用明线安装的线路，仅在过墙、过楼板等处解决留洞问题，其他矛盾不甚明显。而当工程采用暗线并埋置管线时，它与土建施工的矛盾就往往较多发生。比如在楼板内为下层照明要预埋电线管，审图时就应考虑管径的

大小和走向所处的位置。在现浇混凝土楼板内如果管子太粗，底下有钢筋垫起，使管子不能盖没，管子不粗但有交错的双层管，也会使楼板厚度内的混凝土难以覆盖。这就要电气设计与结构设计会同处理，统一解决矛盾。在管子的走向上有时对楼板结构产生影响。我们遇到过几种情形都经过商议处理后才解决。一种是管径较粗，管子埋在板跨之中，见图 12-4。

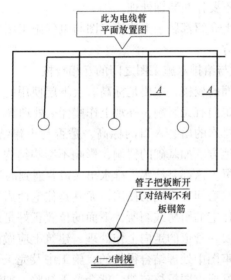

图 12-4　管线放置不合理图示

虽然浇灌的混凝土能够盖住，但正好在混凝土受压区，中间放一根薄壁管对结构受力很不利，最后提出意见修改了电气线路图，使问题得到解决。还有一种是管子沿板的支座走，等于把板根断掉。这对现浇的混凝土板也是不利的，最后也作了修改。再有是管子向上穿过空心板，管子排列太密，要穿过时必然要断掉空心板的肋，切断预应力钢丝，这也是不允许的。这种情况也作了处理才使施工顺利进行。

在砖砌混合结构中，砖墙或柱断面较小的地方，也不宜在其上穿留暗线管道。在总配电箱的安设处，箱子上面部分要看结构上有无梁、过梁、圈梁等构造。管线上下穿通对结构有无影响、需要土建采取什么措施等。

从建筑上来看有些电气配件或装置，会不会影响建筑的外观美，要不要作些装饰处理。

总之以上介绍都属于土建施工图与电气施工图应进行互相校核的地方。

2. 土建与给排水施工图之间的互相校核

它们之间的校核，主要是标高、上下层使用的房间是否相同，管道走向有无影响，外观上作些什么处理等。

如给水排水的出、入口的标高，是否与土建结构适应，有无相碍的地方。如基础的留洞，影响不影响结构。管子过墙碰不碰地梁。这都是给水，排水出入口要遇到的问题。

上下层的房间有不同的使用，尤其是住宅商店遇到比较多。上面为住宅的厨房或厕所，下面的位置正好是商店中间部位，这就要在管道的走向上作处理，建筑上应做吊顶天棚进行装饰。审图中处理结合得好的，施工中及完工后都很完美。处理不好或审图校核疏忽，就会留下缺陷。如我们见到过一栋房屋，在验收时才发现一根给水管道由于上下房间不同，在无用水的下层房间边墙正中间一根水管立在那里，损害了房间的完美。后来只能重新改道修正。如果校核时仔细些，就不会使后来出现修改重做的麻烦。

有些建筑，给水排水管集中于一个竖向管弄中通过。校核时要考虑土建图上留出的通道尺寸是否足够。如今后人员进入维修，有无操作余地，管道的内部排列是否合理等。通过校核不仅对施工方便，对今后使用也有利。

总之通过校核，可以避免最常见的通病（即管子过墙、过板在土建施工完后开墙凿洞）。达到提高施工水平做到文明施工。

3. 土建与采暖施工图之间的校核

当供暖管道从锅炉房出来后，与土建工程就有关联。一般要互相校核的是：

（1）管道与土建暖气沟的配合的校对。如管道的标高与暖气沟的埋深有无矛盾。再有暖气沟进入建筑物时，入口处位置对房屋结构的预留口是否一致。对结构有无影响。施工时会不会产生矛盾等。

（2）校核采供暖管道在房屋建筑内部的位置与建筑上的构造有无矛盾。如水平管的标高在门窗处通过，会不会使门窗开启发生碰撞。

（3）散热器放置的位置，建筑上是否留槽，留的凹槽与所用型号、数量是否配合。

其他的如管道过墙、过板的预留孔洞等校核与给水、排水相仿。

4. 土建与通风施工图的互相校核

通风工程所用的管道比较粗大，在与土建施工图进行校核时，主要看过墙、过楼板时预留洞是否在土建图上有所标志。以及结构图上有无措施保证开洞后的结构安全。

其次是通风管道的标高与相关建筑的标高能否配合。比如通风管道在建筑吊顶内通过，则管道的底标高应高于吊顶龙骨的上标高，能使吊顶施工顺利进行。再有的是有的建筑图上对通风管通过的局部地方未作处理，施工后有外露于空间的现象。审阅校核时应考虑该部位是否影响建筑外观美，要不要建议建筑上采取一些隐蔽式装饰处理的办法进行解决。

我们在施工中也遇到过通风管向室内送风的风口，由于标高无法改变，送风口正好碰在结构的大梁侧面，梁上要开洞加强处理。这个例子说明标高位置的协调很重要，同时也告诉我们在校对时凡发现风管通过重要结构时，一定要核查结构上有没有加强措施。否则就应该作为问题在会审时提出来。

归结起来，作为土建施工人员应能看懂电、水、暖、通的施工图。作为安装施工人员也要能看明白土建施工图的构造。只有这样才能在互相校核中发现问题，统一矛盾。

第四节　图纸审核到会审的程序

施工图从设计院完成后，由建设单位送到施工单位。施工单位在取得图纸后就要组织阅图和审查。其步骤大致是先由各专业施工部门进行阅图自审；在自审的基础上由主持工程的负责人组织土建和安装专业进行交流学图情况和进行校核，把能统一的矛盾双方统一，不能由施工自身解决的，汇集起来等待设计交底；第三步，会同建设单位，约请设计院进行交底会审，把问题在施工图上统一，做成会审纪要。设计部门在必要时再补充修改的施工图。这样施工单位就可以按照施工图、会审纪要和修改补充图来指导施工生产了。

其 3 个不同步骤的内容是：

1. 各专业工种的施工图自审

自审人员一般由施工员、预算员、施工测量放线人员、木工和钢筋翻样人员等自行先学习图纸。先是看懂图纸内容，对不理解的地方，有矛盾的地方，以及认为是问题的地方记在学图记录本上，作为工种间交流及在设计交底时提问用。

2. 工种间的学图审图后进行交流

目的是把分散的问题可以进行集中。在施工单位内自行统一的问题先进行统一矛盾解决问题。留下必须由设计部门解决的问题由主持人集中记录，并根据专业不同、图纸编号的先后不同编成问题汇总。

3. 图纸会审

会审时，先由该工程设计主持人进行设计交底。说明设计意图，应在施工中注意的重要事项；设计交底完毕后，再由施工部门把汇总的问题提出来，请设计部门答复解决。解答问题时可以分专业进行，各专业单项问题解决后，再集中起来解决各专业施工图校对中发现的问题。这些问题必须要建设单位（俗称甲方）、施工单位（乙方）和设计单位（丙方）三方协商取得统一意见，形成决定写成文字称为"图纸会审纪要"的文件。

在"图纸会审纪要"形成之后，学图、审图工作算基本告一段落。即使以后在施工中再发现问题也是少量的了，有的也可以根据会审时定的原则，在施工中进行解决。不过学图、审图工作不等于结束，而是在施工生产过程中应不断进行的工作，这样才能保证施工质量和施工进度的正常进行。

我们认为作为一名施工人员，应该具备解决施工图纸上出现的一般问题的能力，不能一看到问题就找设计部门，这也是我们施工人员施工经验的多少及施工技术能力水平的反映。作为施工人员应达到具备解决这些问题的能力和水平。

第五节 竣工图的编绘和审核

一、什么是竣工图

"竣"是事情完毕了的意思。竣工即是一个工程项目全部建设完毕，所谓大工告竣了。所以我们经常在建设工程全部完成后称为竣工，并要组织对工程进行验收。

根据国家的《建设工程文件归档整理规范》GB/T 50328—2001 对竣工图给了一个定义。即：工程竣工验收后，真实反映建设工程项目施工结果的图样。竣工图要用新的蓝图进行编制（即用过的旧、损施工蓝图不能用），编制时认为原图未变化，应在每张蓝图的图标上方盖上竣工图章，才能称为竣工图图纸。

由于我们要建设一个工程项目，都要经过可行性研究、立项、土地的购置（或国家划拨），再经规划部门测定划出红线范围，再由建设单位进行招标投标，确定设计、施工等单位，然后委托设计单位进行设计，并绘出施工图纸，最后将工程印制成的蓝图作为建筑施工的依据。

如果所设计的施工蓝图，在整个施工过程中，没有一点改变的话，那么该施工图（要用新印好的蓝图），只要在图标上部盖上竣工图章，则该张图纸就能作为竣工图图纸了。

但是，任何工程开始实施施工时，包括从图纸会审、设计交底起到工程竣工验收后，没有任何变化的工程几乎很少。

（1）图纸会审后，设计交底时，往往由施工单位、监理单位、甚至建设方提出不少问题，要求对图张上某些地方进行修改。

（2）比如设计定的某些材料，在市场上已难以寻觅，则需要修改；

（3）在实施施工的过程中，由于直观上建设方发现功能上不太合适，并要求进行修改；

（4）在建造过程中，由于客观条件的变化和影响，无法继续进行，则也会对原设计进行变动修改或作些补充等。

总之不变的情况是很少遇到的，因此设计的变更通知，变更后的补充图纸，在施工建造过程中会经常碰到。这些变化的文字、图纸等都成为编制竣工图的依据。

所以竣工图是建设方为今后实际使用中，进行维护、维修、改造的重要依据。也是提供给城市建设档案馆保存的，一座真实的工程状况，要用它时可以有据可查。因此，工程的竣工图，在工程竣工验收之后，必须认真组织人员进行编制、装订成册，成为一份重要的档案。

作为竣工图为了能真实反映出一座建设物的各类型的真实情况。因此把它分为各专业的竣工图有：

（1）建设专业竣工图。它要真实反映平面的布置、立面外观的现状、通道、门窗等与原设计施工图有无变化等，都要与建成的建筑相一致。

（2）结构专业竣工图。结构的东西往往处于隐蔽状态，因此它在施工过程中的变化，必须详细记录下来。否则在使用过程发现了裂缝、沉降、超载都无法找到原因，无法处理，因此结构专业竣工图，在编制时更应仔细。

（3）装饰工程竣工图。它是作为建筑美化的工程。竣工图编制时重点是使用材料与实际是否相同，一些防火、防水安全、美观等要求是否满足设计要求，这都必须核对后编绘。

（4）电气工程（包括弱电）的竣工图。目前为了建筑美观，电气部分全部是隐蔽起来的，同时也是使用维修较频繁的，因此该竣工图也必须仔细核对与实际是否一致，否则要查考时再发现有误，那就麻烦大了。

（5）给水排水（包括消防）、采暖通风空调、燃气管道等工程的竣工图。这些工程和电气工程一样，大多均是隐蔽起来的。所以做竣工图时也必须仔细核对原施工图和工程实际的情况是否符合，确认无误后才能编制竣工图。

二、竣工图的编制

1. 编制前的准备工作

（1）确定编制竣工图的人员，一般应有编制的主持人（如主任工程师）、项目施工的技术负责人、绘制竣工图人员、复核检查人员、审核人员等，审核通过后由复核人员盖竣工图章。

（2）将设计交底后图纸会审记录，变更通知，修改、补充的文字或修改的图纸，核定单等统统收集齐全。

（3）将工程在进展中，由于业主提出修改或情况有所变化需将图纸进行修改补充的文字或补充些图纸的，也要收集齐全。

（4）将原设计的施工图纸，重新印出四套各专业均齐全的图纸备用，作为绘制竣工图的图纸。

（5）准备好绘图需用的工具（包括红色墨水笔），对原图上修改变化的地方，用红笔绘出来，这样比较明显。或用红笔写出说明。

2. 编制的程度

（1）先查看原设计的施工图，看图纸是否较新，并对照目录看该份图纸是否齐全。

（2）确定分工的工作内容。一般是按不同专业分为：土建（它包含做建筑专业和结构专业的竣工图）、电气部分、给水排水部分、采暖通风和空调部分以及燃气专业等，分别进行编制各类竣工图。并安排相应工作人员应做的工作。

（3）确定编制计划、确定应完成的工作日。

（4）检查每张图所有变更的情况，若按变更依据其结构、工艺，或平面布置有重大改变的，或其变更部分超过图面的1/3的，要取出来报建设方、业主，再请设计部门按变更情况重新绘出新的蓝图来做竣工图。

（5）先编制完成一套原设计内容的竣工图，经复核人员进行检查，内容是否完善，达到符合建筑实际状况的竣工图后，把它作为"样板"。

（6）各专业编制人员按"样板"要求绘出各专业的竣工图，经检查无误后，将各专业的竣工图汇集成四套与工程实际相符的全套竣工图后，才能作为可归档保存的资料。

（7）最后由竣工图编制工作的主持人，召集相应人员对已完成的各专业竣工图进行审核。在确认无误后再盖上竣工图章，并制作竣工图的封面，完成该项工作。然后分别给各单位归档。

三、竣工图的审核

1. 竣工图和施工图的异同

前面已经讲过，施工图是在设计之后原来计划应做成的建筑物的情况。但是事物是变化的，在设计的图纸经过会审、交底之后就会对设计好的施工图提一些修改的意见。这对当时实际施工还未实施的时候，将这些意见在图纸上作些修改就可以了，不会发生物质损失。而在实施建造施工过程中，发生变化需要改变，那么就会引起一些返工，或增加工作量，这都会产生经济上的影响，而这些变化实施后，那么也是把原设计的施工图进行了改变。这些交底时的改变和实施时的改变，都必须记录下来，并把它绘到施工图上去，变成符合实际的竣工图。所以施工图是竣工图的基础，竣工图又是施工图的完善。一幢建筑不可能到处都修改的，因此施工图的图纸也不会每张都要修改、补充的。只要没有修改，建筑实施时与原施工图仍然一样，那么只要在图纸的图标上方盖上竣工图章，也就是一张符合要求的竣工图。

2. 竣工图的绘制和竣工图章

竣工图的绘制分为 3 种情况：一是该张图（施工图）面已经与实际情况完全不同，则该份图（或该张图），要求由设计部门根据变更原因、变更依据，重新绘制出一张（或一份）新的蓝图，给施工单位盖上竣工图章；二是该张图已有 1/3 以上图幅部分进行了变更，那么也要请设计部门重新绘出新的蓝图，给施工单位作为竣工图盖章归类；三是最常见的一种。即图上局部变更。比如基础图中由于地基加深和换土，或将基础加大等，仅仅是较少的一部分，那么只要在该基础图上用红色笔绘出修改的情况，就可以作为该施工图的竣工图纸了。图 12-5 就是将三根轴线的 J_1 柱基的处理情况，在图纸上圈出，并绘制处理的示意图，作为基础处理的竣工图，并加以说明。

竣工图编绘完成后，经检查审核认为符合实际情况的，则要盖上竣工图章。竣工图章需去刻制，按档案规范规定竣工图章尺寸为 80mm 长，50mm 宽。它的基本内容包括章名即"竣工图"，其下还应有施工单位、编制人、审核人、技术负责人，以及编制日期。下面还留二行给监理单位、总监和现场监理签字的地方，见图 12-6。

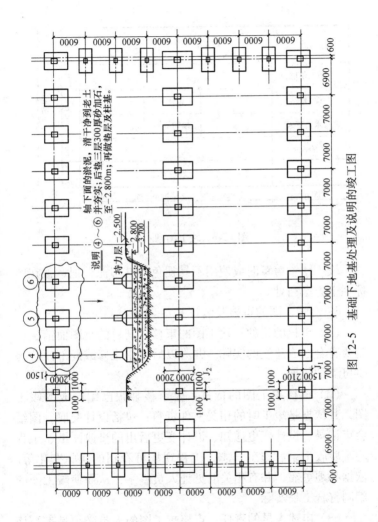

图 12-5　基础下地基处理及说明的竣工图

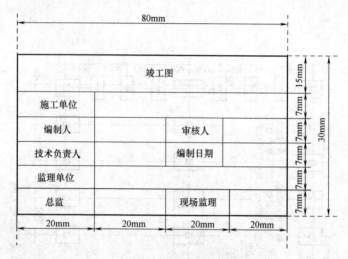

图 12-6 竣工图章示例

竣工图章盖章时应使用不易褪色的红印泥，把章盖在图标栏上方空白处。

3. 对竣工图的审核及装订

（1）审核的目的：竣工图的审核，其目的是图面情况一定要符合已成建筑的实际。并为以后使用维修或局部改造提供可靠的依据。

（2）审核竣工图的依据：要审核某张已编绘成的竣工图，其依据是竣工时的相关文件资料：包括设计交底、图纸会审记录、设计变更通知、设计变更后出的修改图纸、工程隐蔽验收记录、施工日志、工程现场可看到的实际变化等。依据必须可靠，并有相关的见证人员签字，从而使竣工图的编制符合工程实际。

（3）申述人员的责任：审核竣工图的人员必须是参与该工程施工的人员，且负有一定责任的人。审核时必须对图纸熟悉，并掌握工程中变更修改的情况，审核时抱着对工程负责，对自己负责的精神，认真地逐张进行审查核实，最后签上自己的姓名，这样的竣工图才能具有真实性。

（4）怎样审核：审核也和编制一样采取分专业的进行。土建专业的应由土建施工的人员对建筑施工的竣工图和结构施工的竣工图进行审核，其他相应专业的亦应分开由参与施工的专业人员进行审核。

一套完善的施工竣工图经各专业人员审核完毕后，可以进行汇集讨论交流，以发现有无遗漏需在竣工图中再补充进去的。经汇集讨论认为各专业及互相有关联的均无问题，则认为审核完成。经技术负责人确认符合，则可以加盖竣工图章。然后将每套图纸分专业折叠成 A4 纸的幅面（297mm×210mm）大小装订成册，折叠时应将图标外露易于查找，最后也可以装成各分册装盒保存，组成为某工程的全套竣工图。

4. 对竣工图的学习掌握

竣工图装订完毕应分别送存相关单位和部门：如城市建设档案馆、建设单位、施工单位自身的企业档案室等。一般来讲有三套完整的竣工图，就可以满足要求了。但有些施工企业规模较大，往往具体施工的项目部自己还留下一套备份。这样就要做四套竣工图了。

竣工图的学习和掌握往往和施工单位关系不大。要学习和掌握的是建设和使用的单位。建设和使用单位保管该档案的部门和人员应该进行对竣工图的学习和了解。

（1）首先应了解使用的新建筑是什么功能的房屋，建筑面积是多少？是几层楼，什么结构，建筑外形是怎样的，有没有地下室，室内±0.000 标高是绝对标高值××××，室内外高差多少等。

（2）竣工图共有多少分卷（即多少专业竣工图）。

（3）分管人员按专业对竣工图进行阅看，把竣工图上对原施工图修改的地方进行记录，必要时还要去实地核对。这样才能掌握竣工图的内容。

（4）阅看完后可以在卷首列出修改变化的索引，以便使用、维修时应加以注意的地方。

（5）将各专业的学习记录及索引汇总合成一份记录纸页，放在该工程竣工图的前面，便于在要维修、改造等时易于找到相应的图纸。

通过阅图学习，了解了新建成的建筑状况，可以摘出一些变化大的和关键的部位，给使用维修部门提供资料，达到对新建筑的合理使用和管理。尤其如电气、给水排水、采暖通风等资料的提供，对正确合理使用，减少损坏，保持良好状态，是非常有利的。

第十三章　绘制施工图纸的知识

　　绘制施工需用的土建或安装的施工用图，这也是在施工工作中经常遇到的事。如木工的支模图，钢筋施工大样图，细木装饰详图以及施工技术交底时需附的图样，在施工组织设计中要绘制总平面布置图等。因此在这一章中介绍一些绘图知识，作为看懂施工图纸后用于施工实际的动手本领。对于初学识图的读者，再通过绘图入门知识的学习，自行动手模仿绘制图纸，慢慢地就可以掌握绘制施工用图的技术了。

第一节　绘图需用的工具介绍

　　1. 绘图板
　　图板是画图时把图纸放在上面可以绘画用的木板。板面是用五夹板制成，表面磨光做到平滑。上下两层板面中有木筋做栅格，四周镶上木边将板面胶贴在其上，做成一块图板。
　　图板的大小根据图纸型号的大小约分成三种。大号的能放下 A0 号图纸，中、小号的可放 A2 ~ A4 号图纸。形状如图 13-1 所示。
　　2. 丁字尺
　　丁字尺形状如 T 故称丁字尺。它是放在画板上为绘制水平线用的。它有木制的和塑料的或有机玻璃的。尺头丁字交角处必须达到 90°直角准确。尺的大小以长向的长短而定，是根据已有图板的尺寸来选购合适的丁字尺。购买时可用精确的金属角尺来检验其丁字头交角的垂直度。尺的形状如图 13-2 所示。

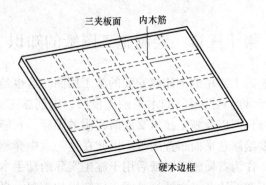

三夹板面　　内木筋

硬木边框

图 13-1　绘图板构造

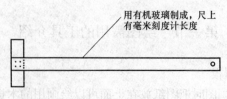

用有机玻璃制成，尺上
有毫米刻度计长度

图 13-2　丁字尺

3. 三角板

三角板是配合丁字尺绘画竖直方向的线条或斜向线条的工具。用塑料或有机玻璃制成。三角板一般是两块成一副出售，一块是两只 45° 等腰直角三角形，一块是 60° 和 30° 两只锐角和一只 90° 直角组成的直角三角形。使用时根据需要选用一块配在丁字尺上应用。形状如图 13-3 所示。

4. 三棱比例尺

它是用来绘图时放大或缩小尺寸用的。该比例尺有三个面三条棱，一条棱的两侧有二个比例的刻度。一般比例尺上常见刻划的比例有：1：100、1：200、1：300、1：400、1：500、1：600，形状可见图 13-4。

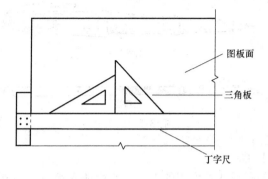

图 13-3　三角板

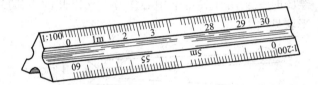

图 13-4　三棱比例尺

5. 铅笔和橡皮

铅笔是画线条底稿用的，橡皮是辅助用具擦去铅笔痕用的。铅笔应选用 H 和 2H 硬度的铅芯。如果铅笔线图纸直接用于施工，那么再可用 B 或 2B 的铅芯铅笔加浓，达到图纸清楚。橡皮选用白色软橡皮为宜。

6. 画图用的墨水笔

这是在铅笔底线图上加墨线用的绘图笔。有鸭嘴笔及针管笔两种，针管笔能像普通钢笔那样吸墨水及在笔内储存墨水。笔型分为粗、中、细三种。一般装成一盒，便于装带和应用。形状可见图 13-5。

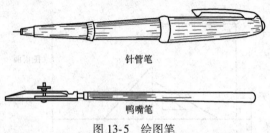

针管笔

鸭嘴笔

图 13-5　绘图笔

7. 圆规

绘制圆形或弧度用的工具。它由两支组成，一支端头为针尖，用以固定圆心位置，另一支端头可装铅笔或墨水鸭嘴笔。绘图时一支用针尖定下中心，另一支以此画出弧度或圆。形状见图 13-6。

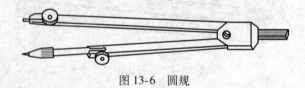

图 13-6　圆规

8. 绘图黑墨水

如果图纸要晒成蓝图的，那么图线必须用黑墨水在铅笔底线上描深成墨线图。黑墨水一般有碳素墨水和绘图墨水两种。其中以绘画墨水为佳，它含有胶质，不易受潮后化去线痕。

9. 绘图纸

凡白色纸张均可绘图。但是如果要晒成蓝图的图纸，绘图时一定要用透明的硫酸纸，否则晒图时光线无法透过。作为一般使用的图纸可以用白色质地牢些的（如道林纸）纸张，用铅笔或墨线笔绘制图纸。

第二节　绘图的步骤

一、准备工作

要画好一张图纸，先要对要绘制的内容进行熟悉。如翻绘一张大样图，就先要把原图上的线条、符号、数字等弄清楚。还应了解与该原图有关的其他图纸的一些内容，这样对绘制图样是有帮助的。

要有一个制图环境，如有一个比较安静的房间及适宜的工作台，制图板、绘图纸，室内光线要充足等。然后将有关资料或图纸放在手边，以致连铅笔也要削好几支备用。这样画图时才能比较顺手，工作效率也较高。

此外，必须再熟悉制图的一些符号和图例，如第二章介绍的一些内容：轴线的标志方法、线条的含意、对称符号、引出线、标高、尺寸的标志方法等。只有熟悉了这些绘图的标志方法，绘图时在布局上，绘法上可以得心应手绘出比较完整的图面。

二、确定比例合理布图

在绘图准备充分后，绘图纸已铺好在图板上面，这下一步是如何绘铅笔底线图了。如果照搬原图，大小只是翻制，那比较简单，照画就行。如果需要放大或缩小比例，那么就要根据需绘成新的图纸的大小来选比例，所选的比例必须使绘好的图在图纸上能容下而且四边留有余地。

比如我们将标准图集上的图纸，放大成容易看清的比较大的图面。假如放大四倍，这时可先量一量原图上 1cm 长代表多少实际尺寸，然后用 4cm 来代表原图上表示的尺寸，那么就等于放大了四倍。如果原图采用的比例是 1：20，那么我们在绘制的图上就采用 1：5 的比例。有了确定的比例，绘图时就可以用三棱比例尺在图上量尺寸了。

要画的图形大小在按多少比例绘制确定好后，绘画时还得考虑如何把图面在图纸上布放得适宜。图面在图纸上布得匀称，这也是一种艺术美。并且图线要粗细分明，轮廓清晰。所以图面质量也反映出一个人的制图水平。布图的格局大致如图 13-7 所示。

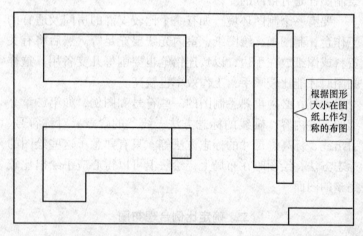

根据图形大小在图纸上作匀称的布图

图 13-7　图形布局示意

三、定出绘图基线

在确定比例，考虑好布图位置之后，就要正式下笔绘图。这时就要确定布图的部位，先在图纸上画出纵横两条细线，作为画图时的基线。绘制平面图时，一般取最边上的轴线做基线。绘立面图时，取室外地坪线及一侧山墙线作基线。图 13-8 所示为绘平面图选用轴线为基线的形式。

414

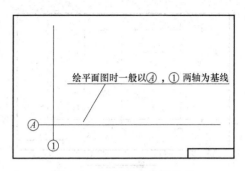

图 13-8　绘图基准轴线示意

画线时，水平线一般用丁字尺作为划线的尺子；竖直线一般用三角板的一条直角边划线，另一条直角边贴在丁字尺的一边上。

四、画出铅笔底图

第四步工作是在画好基线的基础上，一步一笔地画出铅笔线的底图。

当绘制平面图时，绘好基准线后，还得将平行的轴线绘好。形成如图 13-9 所示的网状。再在轴线位置上根据房屋构造画出墙或柱等的图形，形成一张底线图。底线图画好之后先应进行检查，经查无误后才可以用墨线笔描图加深成正式图纸。

五、画出墨线正式图

上墨线之前要将图纸表面用软毛刷（或油漆工用的排笔）或软布把纸上的铅笔屑、橡皮擦下来的污屑等清理干净。这样上墨线时，墨线笔划线可以流畅，不致被污屑拖带

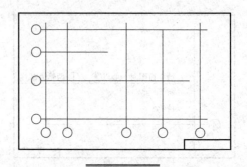

图 13-9　轴线布置示意

破坏图面。上墨线时心中先应筹划一番，先描绘哪些线条，后画哪些部位。一般的程序是先上后下，先左后右地移动丁字尺、三角板按底线描上墨线。线条要根据图形要求描出粗、细、虚、实的墨线，使图面干净、清晰。

描绘时还应注意观察先描的地方墨水是否已经干了。未干时不能急于去描交错的线条。描绘时移动丁字尺或三角板一定要细心，不小心有时会由尺边把墨线拖带出来，形成水帘似的墨痕污染图面，严重的污染甚至可使已绘的图前功尽弃。所以绘制墨线图一定要有耐心，画时要细心。这样描绘出来的图面才能达到清晰和用于晒蓝图。

六、图面绘制时出现小差错的处理

总的说我们希望一张图纸在描墨线的过程中顺利、清楚没有差错和污染。但在图面较大，线条较多的时候也难免不出点差错。铅笔线图可以用橡皮擦去后重画，但一般也只能擦一两次。擦多了纸会变毛颜色发乌，观感就差。因此在发生过一次绘画错误后，最好记住别再发生第二次。对铅笔画的图纸擦过后可以放在玻璃板上，用光滑圆润的东西对擦过的地方略加搓磨，擦过的发毛纸面可以适当转光，改善观感。

如果是墨线图发生差错，要去掉其错线或小量污染，一般经验上有两种处理办法。一种是用干净白橡皮蘸一点点酒精，在透明纸上把绘错的地方或小污点轻轻擦去。酒精易于挥发，干后仍可在其上再画线条；但此法不能用在其他纸上，即使透明硫酸纸也只能处理一两次。另一种方法是用新的剃须刀（刮脸刀片），将错线条或小污点轻轻刮去；即把纸面上极薄的一层连同画错或污染的墨迹刮掉。然后在刮掉的地方用光滑圆润的东西在纸面上按摩一番，使纸面恢复光洁后仍可再在其上绘图画线。但这样的处理也仅能进行一次，最多两次。

总之，图面的差错和污染进行处理是万不得已的事。要绘好一张图纸，关键是检查好底稿铅笔线，再加上描绘细心才是根本的要领。

现在随着科学技术发展的突飞猛进，用手工绘图将逐步淘汰。但是有了电脑绘图，不等于手工绘图全部无用了。若遇到电脑的缺乏，停电或在工地现场急需交代的施工节点图样等，还是需要用手工及一些绘图器具来绘制一些图纸的，所以还不可能全部抛弃。对初学绘图的人来说，先熟练手工绘图，对以后学习电脑绘图也是有好处的。

下面一节，我们将介绍用电脑绘图的基本知识。在学习之前最好要具备电脑、CAD 软件，以及先看看人家绘图时的手法，电脑上的提示，以及请"老师"先学绘些简单的几何图形后开始入门。这样对下一节的内容的学习和领会，将是有利的。

第三节 用电脑绘图的基本知识

施工图是用来指导施工的图纸，因此，图纸上的每一根线条，每一个单元都应有准确且清楚的表达。现在施工图的绘制多用 AutoCAD 绘图软件来绘制，所谓 CAD，是 Computer Aided Design 的缩写，意思为计算机辅助设计。前面加上 Auto，指的是它可以应用于几乎所有跟绘图有关的行业，比如建筑、机械、电子、天文、物理、化工等；可见 CAD 的绘图功能是非常广泛的，在此，向大家简单介绍一些 CAD 的绘图知识，以便大家可以利用 CAD 软件绘制简单的施工图，达到提高工作效率的目的。本部分介绍的内容包括：绘图之前的准备工作、基本的绘图命令，以及一些容易被忽视却能提高绘图效率的技巧。俗话说，万丈高楼平地起，有了坚实的绘图基础和良好的绘图习惯，再加上不断的钻研尝试，以后使用这个软件绘制较复杂的图纸，也可以应付自如了。

一、电脑操作的基本方法

为了大家理解起来更为方便，先介绍一些电脑操作的基本知识。

鼠标"单击"指按鼠标左键一次，一般用于选择菜单，激活按钮，拾取点。

鼠标"双击"指快速按鼠标左键两次，一般用于执行某功能。

鼠标"右击"指按鼠标右键一次，一般用于弹出快捷菜单。

"拖动"鼠标指按住鼠标左键同时移动鼠标，一般用于移动对象。

"→"表示到下一级菜单，如"文件"→"打开"表示文件菜单下的打开选项。

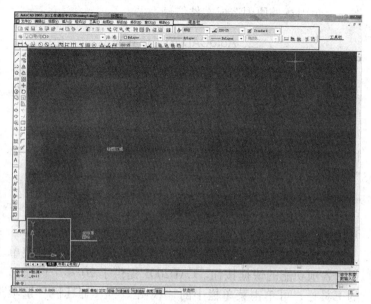

图 13-10①

在电脑上安装了 AutoCAD（本节以 AutoCAD 2005 版本为例进行讲解）软件后，双击它的图标，就可以打开 CAD 的绘图工作界面。一般 CAD 软件会自动新建一个名为"Drawing1.dwg（图纸 1.dwg）"的新文件（图 13-10），我们可以直接在这个文件中进行绘图。

单击保存：■按钮或者使用键盘 Ctrl+S 都可以保存图

---

①本章第三节的图 13-10～图 13-50 均为电脑屏上的图像，所以均不注明图名了。

419

形。第一次保存图形时，CAD 会提示输入文件名称，输入名称后点击"保存"即可。用电脑绘图要养成随时保存的好习惯，避免因意外原因造成文件信息丢失。

二、AutoCAD 的工作界面

AutoCAD 的工作界面是由标题栏、菜单栏、工具栏、绘图区域、坐标系图标、命令和参数输入区、状态栏、快捷菜单等部分组成（图 13-10）。

标题栏位于主窗口的最上方，在这个区域拖动鼠标可以移动 CAD 窗口的位置，控制窗口"最小化"、"最大化"和"关闭"。

菜单栏位于标题栏的下方，共有 11 个菜单项，用鼠标单击菜单的名称，在弹出的下拉菜单中可以找到 CAD 所有常用的功能和命令。

工具栏由许多按照一定规律分类的工具条组成，是菜单栏中各项功能的快捷按钮。CAD2005 提供了 20 多个已命名的工具栏，可单击菜单栏中的"视图"→"工具栏"选项打开或者关闭相应的工具条。

绘图区域是用户的工作窗口，用于完成图形的显示、绘制和修改工作，用户所做的一切工作结果均可在该区域中得到反映。

坐标系图标是在绘图区域的左下角，是 AutoCAD 按右手规则确定三根坐标轴的方向，其位置可以根据用户不同的需要做相应改变（如绘制三维图形时）。

命令和参数输入区位于绘图区域的下方，用户可通过键盘在该区域输入命令或参数，它是 AutoCAD 的文本窗口。

状态栏位于主窗口下方，用于显示当前光标位置以及打开或关闭"捕捉"、"栅格"、"正交"、"极轴"、"对象捕捉"、"线宽"、"模型"选项的状态。

快捷菜单可随时通过单击鼠标右键弹出，它为用户提供实时的操作命令和常用功能。

熟悉了 AutoCAD 的工作界面，接下来就可以进入到绘图的准备工作去了。

三、绘图前的准备工作

在开始用 CAD 绘制具体图形之前，还要做一些必要的准备工作，这对于提高绘图效率是很有帮助的。有些人用电脑软件绘图反而没有手工绘图的速度快，究其原因，就在于没有掌握正确的绘图方法，没有进行完善的准备工作。

这些准备工作主要是指对图纸属性进行各种设置，包括图层、字体、标注等方面。

1. 图层的概念及设置

图 13-11 中黑色方框所示即为"图层工具条"，单击该工具条左端的按钮，可以打开"图层特性管理器"（图 13-12），在菜单栏的"视图"→"图层"选项里也可以打开"图层特性管理器"（图 13-13）。

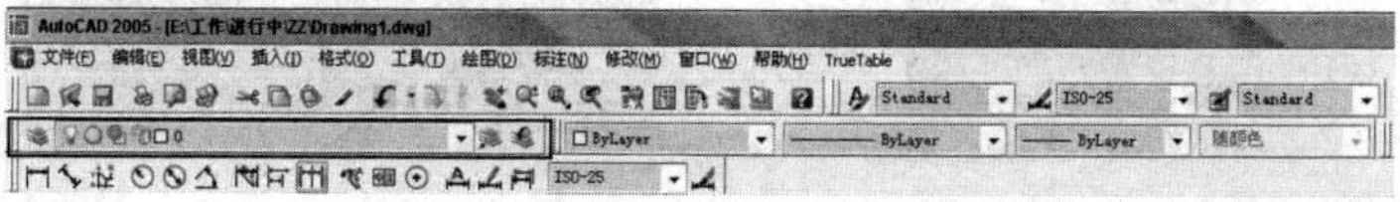

图 13-11

"图层"是一个抽象概念的形象说法，是通过控制所绘对象的图层名称、颜色、线型、线宽等特性，将其根据需要分层显示，这些特性统一在"图层特性管理器"中进行设置（图 13-14）。这就是说，在一张 CAD 图纸里，可根据所绘对象的不同性质，将其分在不同的图层绘制。你可以同时打开

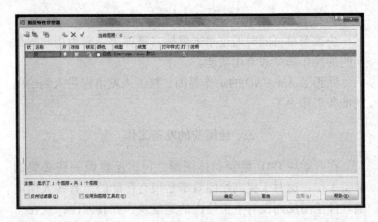

图 13-12

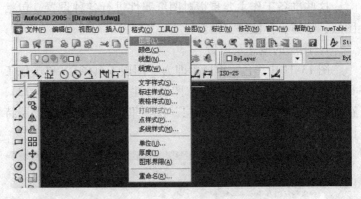

图 13-13

这些图层，看到所有图层的内容；也可以只打开其中一个或几个图层，单独查看这些图层的内容。

比如绘制建筑平面图，可以按照柱、墙、轴线、尺寸标注、一般汉字、看线（注释：在立面图或者平面图上，虽不位于剖切面上，但也能看到物体的边缘线，一般用细线表

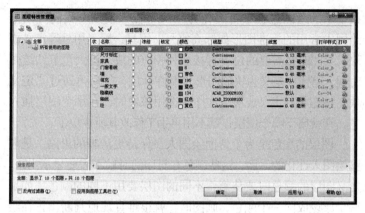

图 13-14

示)、家具名称等来分类定义图层。在画图的时候，属于哪个类别的，就把该图元放到相应的图层中去。具体操作是：单击"图层工具条"的下拉菜单，在其中单击要绘制图形所在的图层名称，该图层名称就显示在了"图层工具条"中，这个图层就成为"当前图层"，接下来所绘制的图形都归属于当前图层，直到当前图层更改为止。

按图层绘图可以保持绘图思路的清晰，方便修改或者查找同一类别的对象。图层的划分要遵循"精简"的原则，并不是越多越好，图层太多反而容易造成不便。比如门、窗、阶梯，虽然代表不同的东西，但在图纸中都属于看线类，就可以用同一个图层来管理。总之，对于图层的设置，我们提倡在够用的基础上越少越好。各人在使用的过程中可以慢慢体会，找到最适合自己的分类方式。

0层是软件默认创建的图层，一般来讲，0层不是用来画图的，而是用来定义"块"的。通俗的讲，"块"就是把一些组成某一图形却又相互独立的线条捆绑成一个整体单元，在接下来的绘图过程中将其作为"块"插入使用。我们可以把绘图中常用的标准图形如标高符号、家具、厨卫用具等定义成块，绘图时在需要的位置直接插入相应的块，可大量节约绘图时间。将需要定义为块的图形绘制在 0 层，然后再通过"定义块"按钮将其定义成块，这样在选用该块时，在哪个图层插入它，它就属于哪个图层，就不用再手工修改其所在层了。

图层的颜色是为了帮助绘图人员保持更清晰的思路，是电脑绘图人性化的一面，这些颜色在打印的时候不需要显示出来。定义图层的颜色时要注意：不同的图层要用不同的颜色。如果两个层设成同一个颜色，画图时，就很难直观地判断出正在绘制的图元是在哪一个图层上，不利于绘图过程的查找和修改。另外，白色是 0 层的默认色，不要在其他层使用白色。

在 CAD 里常用的线型有三种，一是 Continous（连续线），二是 ACAD_IS008W100（点划线），三是 ACAD_IS002W100（虚线）。单击"图层特性管理器"中某个图层的线型，会弹出"选择线型"对话框，单击"加载"按钮，在其中单击所需线型的名称，它就成为所选图层的线型样式了。

进行线宽设置时，一定要根据制图标准明确线条粗细，做到层次分明，一目了然。这样打印出来的图纸能够直观的反映出什么地方是墙，什么地方是门窗，什么地方是标注，便于读图。另外还有一点要注意的是：打印时一般有两种选择，一是按照图框的比例打印，这时候，线宽可以用 0.13 \ 0.25 \ 0.4 这种粗细规格。如果缩小图框比例打印，线宽的设置就要按打印比例缩小一号，采用 0.09 \ 0.15 \ 0.3 的规格，这样才能使小图看上去清晰分明。

2. 字体的设置

绘图中用于标注的各种文字的字体可以在菜单栏的"格

式"→"文字样式"对话框中进行设置（图13-15）。

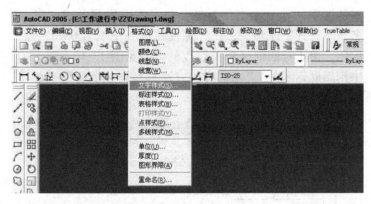

图 13-15

　　在 AutoCAD 软件中，可以利用的字库有两类。第一类后
缀名为.shx 的字库，这一类字库最大的特点就在于占用系
统的资源少，一般推荐使用这类字库。第二类后缀名为.ttf，
可以在与其他部门或单位交流图纸时采用，这样可以保证其
他公司在打开你的图纸时，不会因为没有你所用的字体，而
导致图形中的文字变成乱码或者显示不完全。

　　在 CAD 中，除了默认的 Standard（标准）字体外，一般
再定义两种字体样式就够用了。一种可以命名为"常规"样
式，字体宽度比例设置为 0.75（比例）。一般所有的汉字、
英文字都采用这种字体。第二种字体样式采用与第一种同样
的字库，但是字体宽度比例设置为 0.5，将这一种字体用在
尺寸标注中。因为在大多数施工图中，都会出现很多细小
的尺寸挤在一起的情况，这时候，采用较窄的字体对这些部
位的图形进行标注，就可以避免标注数字相互重叠的现象，
有利于保持图面清晰。

具体操作方法是：在菜单栏"格式"→"文字样式"对话框中新建一个文字样式，命名为"常规"，在"字体名"下选择字库种类，在"宽度比例"中填写 0.75，点击应用，关闭对话框（需要修改的参数见图 13-16、图 13-17 中用黑框标示处）。用同样的方法再新建一个名为"标注"的文字样式（图 13-17）。

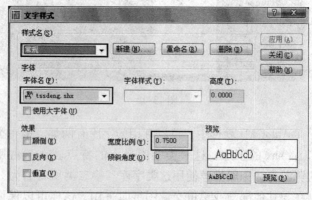

图 13-16

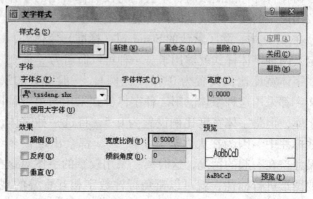

图 13-17

3. 标注样式的设置

接下来是"标注样式"的设置。大家可以在菜单"格式"→"标注样式"的对话框中进行修改设置。打开标注样式对话框后，点击"新建"按钮新建一个标注样式（图13-18），在"新样式名"中输入样式名（例如DIM1-1，表示是1:1的标注比例，可根据个人习惯自由命名），点击"继续"按钮进入下一对话框。在1:1绘图的时候，新建的标注样式通常只要修改下面几个选项卡的内容（图13-20，图13-21，图13-22）。最后点击"确定"按钮回到"标注样式管理器"界面，将需要使用的标注样式设置为当前标注样式，具体操作是：选中需要置为当前的样式名称，点击图13-19右上角的"置为当前"按钮，则接下来绘图所用的标注就默认为该样式了。

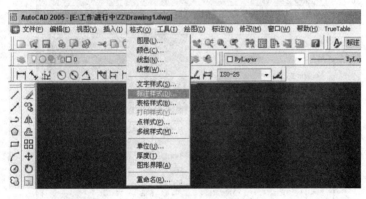

图 13-18

一般情况下定义一种标注样式即可，对于有特殊情况的，可以单独修改其属性，然后其他的采用工具栏中的"格式刷"工具来修改，具体做法是：选中修改好的一个尺寸标注，点击"格式刷"工具按钮，再一一点击其他要修改成和

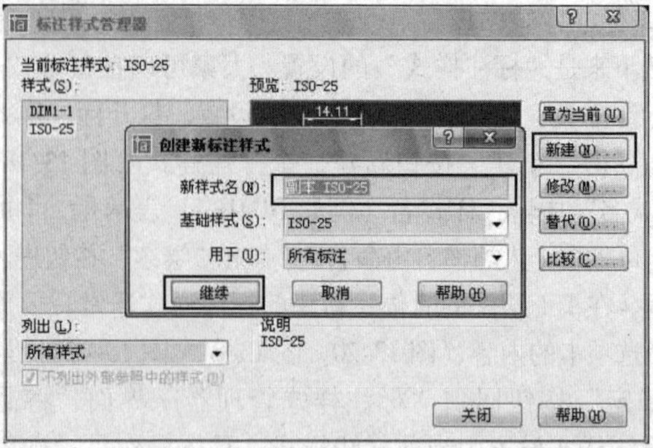

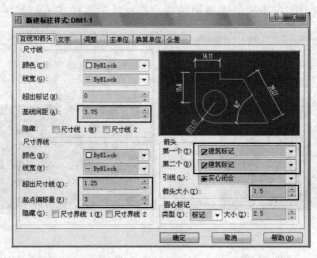

图 13-19

图 13-20

已选样式相同的尺寸标注，就可以方便的修改过来。其他一些选项根据需要调整，在此不一一详述。

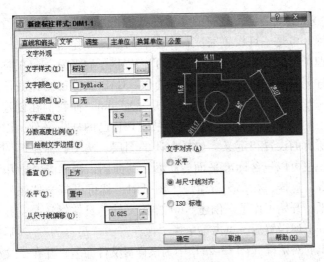

图 13-21

图 13-22

以上就是绘图之前的基本准备工作。这些准备工作看似琐碎，可是一旦设置完成，在以后的绘图工作中就可以一劳永逸了。因为 Auto CAD 公司给我们提供了后缀为 .dwt 的样板文件。每次在新建一张图纸的时候，CAD 软件都会让我们打开一张 .dwt 样板文件，默认的是 acad.dwt。而我们在创建好自己的一套习惯设置后，就可以建立自己的样板文件，以保存所有的设置和定义，包括上述的图层、文字、标注等的设置，也可以包含标准平面、立面、剖面图，楼梯图及常用图块等。这样，在每次新建一张图纸时，就可以打开这张样板图纸，开始工作了。创建 .dwt 样板文件的具体做法是：在进行好上述设置后，点击菜单栏"保存"→"另存为"，然后在弹出的对话框（图 13-23）中为该样板文件命名，并在"文件类型"下拉菜单中选择"Auto CAD 图形样板（＊.dwt）"就可以了。

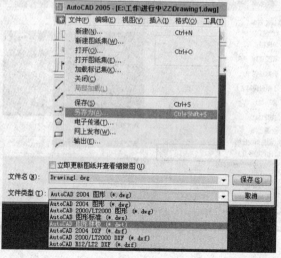

图 13-23

四、简单的 CAD 绘图、编辑命令

对于初学 CAD 的人来说，请牢记：使用实际尺寸在计算机上绘图，即采用 1：1 的比例绘图。好的绘图习惯至关重要。绘制图纸要坚持准确第一的原则，力求所绘线条尺寸的准确性，比如 240mm 的墙决不能绘成 220mm。绘图准确不仅是为了好看，更重要的是可以直观的反映一些图面的问题，对于提高绘图速度也很有帮助。图纸绘制完成后，可以使用"Print（打印）"命令或者"Zoom（图纸缩放）"命令设置成需要的比例出图。

下面以临摹一幅施工平面图为例介绍一些简单的 CAD 绘图和编辑命令。

1. 绘制直线

打开我们准备好的模板文件，如 Drawingl. dwt。在绘图之前先仔细观察图纸内容，可以发现其中的图形大多是由直线构成的多边形，还有少量的圆弧曲线。因此，只要使用 CAD 中的"直线（Line）"绘图命令，便可以开始初步的绘图工作了。点击工具栏中的"直线"工具：，在绘图区域的任意一点单击，将鼠标拖向直线的方向，在命令行中输入需要的直线长度（如 1000mm），最后右键单击，在弹出的快捷菜单中点击"确定"，一条直线就画好了（图 13-24）。

2. 偏移

仔细观察，发现有些线与线之间是平行的关系，那么就可以使用"偏移（Offset）"命令，生成与所选线段平行且长度相等的直线，同时可以设定这些平行线之间的距离，这样可以加快绘图速度。点击工具栏里面的"偏移"图标：，在命令行中输入需要偏移的距离（这些距离都是以 mm

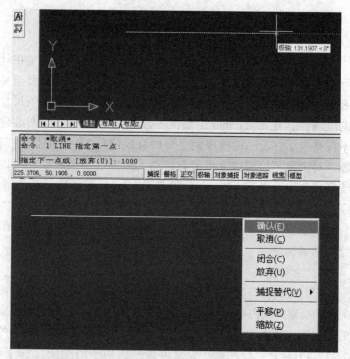

图 13-24

为单位，只需输入数字即可），如 200，键入回车键（Enter
键），点击已经画好的一条直线，再向要偏移的方向单击鼠
标，就可得到一条与已有直线相距 200mm 且长度相等的平
行直线，如需要得到多条间距相同的直线可连续点击操作；
如需要距离不同的平行直线则要重新应用该命令，输入新的
偏移值（图 13-25）。

3. 修剪和延伸

在绘图过程中，可使用"修剪（Trim）"命令剪切两条
相交的线段，也可以使用"延伸（Extend）"命令把一条线延

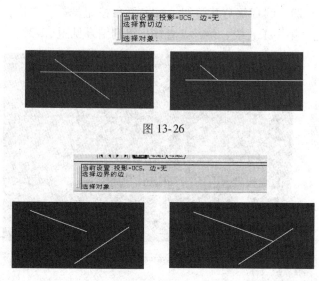

图 13-25

伸至与另一条线相交。点击工具栏中"修剪"图标：，此时命令行会提示：选择对象，这时按一下空格键或者右击一下鼠标，接着点击直线要剪去的一端，就得到修剪后的效果了（图 13-26）。延伸命令：与修剪命令类似（图 13-27）。

图 13-26

图 13-27

4. 圆角和倒角

如果需要在两根线相交的地方产生圆角或者斜角，就可以使用"圆角（fillet）"或者"倒角（chamfer）"命令来实现。单击圆角按钮：，命令行会提示（图 13-28）：

图 13-28

在命令行输入"r"按空格或者回车键，接着输入要倒圆角的半径，再按回车，按照命令行提示选择第一个对象（第一条线段）、第二个对象（第二条线段），倒圆角结果见图 13-29；倒直角与其类似，点击倒角按钮：◸，空格，单击选择第一条直线、第二条直线，得到结果见图 13-30。

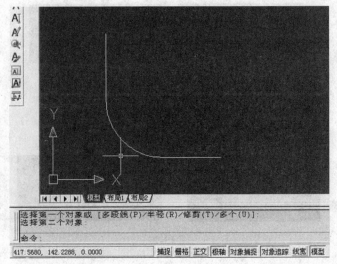

图 13-29

单击倒角命令，在命令行输 d（图 13-31），输入两个不等距离的值，还能得到如图 13-32 的结果（也可以输入相等的值，则得到等边倒角）：

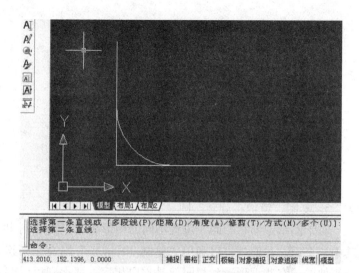

图 13-30

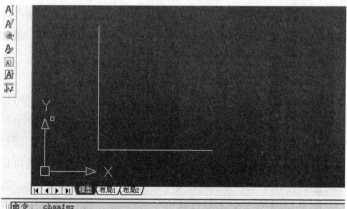

图 13-31

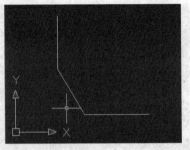

图 13-32

5. 复制、镜像、旋转、圆

对于图纸中形状相同、位置不同的图形单元,当绘制出其中一个后,我们就可以利用"复制(copy)" 命令来绘制其他的;有些图形形状相同但是方向相反,那么则可以利用"镜像(mirror)" 命令来进行对称式复制。如果对图形的位置有特殊要求,使用"旋转(Rotate)" 命令可以实现所选图形的任意角度旋转。通过"圆(Circle)" 和"圆弧(arc)" 命令可以绘制圆形或者圆弧线段。

6. 输入文字

在绘图过程中我们要输入一些数字、文字等,这时可以使用"单行文字(DText)"命令方便的输入,点击菜单栏按钮 ,在文字排列的起点和终点方向单击鼠标,键入需要的文字,回车完成输入(图 13-33)。双击所输文字就可以对其进行修改。

如果对要输入文字的样式有一定要求,也可以使用"多行文字(Mtext)" 进行输入,在其中可以对字体、文字大小、颜色等进行设置,还可以输入一些特别的符号如钢筋符号、直径符号等(图 13-34)。

图 13-33　单行文字

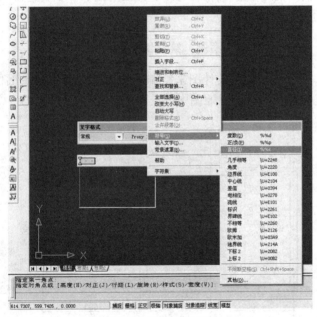

图 13-34　多行文字

　　图形绘制完成后，CAD 软件有专门的尺寸标注工具："线性标注（Dimlinear）"命令，利用它可以快速地标注水平和垂直方向的距离；当有一系列相邻的尺寸需要标注的时候，在标注好最边上一个后，可以使用"连续标注，

（Dimcontinue）"卅命令快速地对剩下的尺寸进行标注。

利用上面介绍的这些简单的绘图命令，就可以进行基本的施工图绘制了。在 CAD 软件中使用这些命令，既可以通过点击相应命令的工具栏按钮实现（上文中的小图标就是该命令在工具栏中图标的样子），也可以直接在命令框里输入相应的英文名称，然后按回车键输入该命令。在输入命令之后，命令框中会出现相应的提示，根据提示一步步进行操作就可以执行该命令了。

五、案例：绘制传达室平面图

下面我们依照设计图来绘制一个简单的传达室平面图，作为示例讲解。设计原图图形见图 13-35。

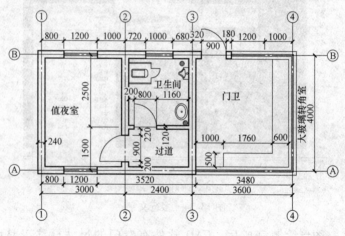

图 13-35

在进行完相关的设置准备工作后，在开始绘图之前还要仔细观察图纸的内容、图面的布局，考虑好绘图的先后步骤等，做到心中有数。

1. 在图纸中绘制定位线

首先，在"图层工具栏"里，将"轴线"层设置为当前图层。点击状态栏里的"正交"按钮，使它处于激活状态。在"正交"被激活的状态下，你只能绘制平行于当前坐标系中 X 轴或者 Y 轴的线段，也就是垂直或者水平的线段。右击状态栏里的"捕捉"按钮，选择"设置"，在"对象捕捉"选项卡里选择用于捕捉的点的类型，见图 13-36 中对话框所示。

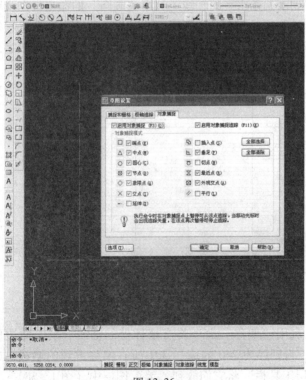

图 13-36

利用"画直线"命令在"正交"模式下，在绘图区域的左下角绘制两条互相垂直的线段，作为绘图的基准定位线，在此基础上进行接下来的绘图工作（图13-36）。

2. 绘制轴线

利用"偏移"命令，在定位线的基础上将轴线绘出。选中平行于 Y 轴的线段，使用"偏移"命令，向右偏移 3000，再选中得到的线段向右偏移 2400，依此类推，就得到了四条纵向的轴线；相应地，将平行于 X 轴的线段向上偏移 4000，即得到了两条水平的轴线。利用"画圆"的命令，在线段的一端绘制直径为 350 的圆形，并通过"移动"命令将它们移到正确的位置，在圆中，用"单行文本"工具写入数字或者字母，轴线就绘制完成了（图13-37）。

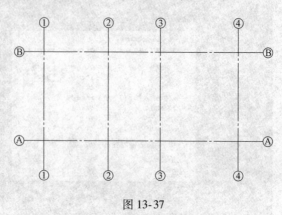

图 13-37

3. 绘制墙线及修剪墙线

利用"偏移"命令将有墙体处的轴线分别向两边偏移120，得到厚为 240 的墙。选中所有偏移得到的墙线，通过"图层工具栏"将它们放到"墙"图层中（图13-38）。

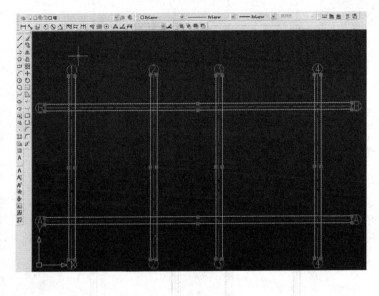

图 13-38

　　利用"修剪"和"延伸"命令，对得到的墙线进行修改使其符合图纸。先使用"修剪"命令剪短四周长出的墙线（图 13-39），再依次修剪转角处的墙线（图 13-40），使墙体贯通。在修剪时使用鼠标滚轮适时地放大或缩小图纸仔细查看，可以避免出错。

　　注意到图纸中卫生间的隔墙处没有设置轴线，那么我们可以利用偏移命令作出一条辅助轴线，绘制出隔墙的墙体并修剪合适，此处隔墙的厚度为 120（图 13-41）。

　　4. 绘制门窗

　　在墙线的正确位置开门窗洞口，再将图层切换到"门窗看线"层，绘制出门窗线。

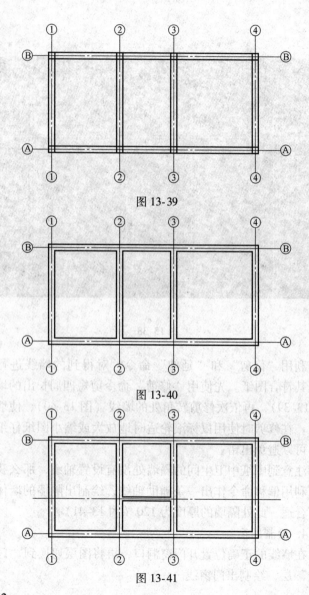

图 13-39

图 13-40

图 13-41

先在墙角处画一条墙线，利用"移动"命令将其向右移动800，再利用"偏移"命令将它向右偏移1200，得到开窗洞的位置（图13-42），依照此方法在其他相应地方绘制出门窗洞口位置（图13-43）。在门窗洞口处利用"修剪"命令进行修剪，使洞口显现出来（图13-44）。

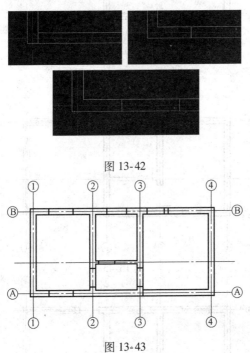

图 13-42

图 13-43

将图层切换到"门窗看线"层，绘出窗线、门线（图13-45）。发现原设计图中A轴线和B轴线与在1、2轴线相交处的窗户是完全相同的，绘制好一个后，可以使用"复制"命令绘制另一个。接着，使用"画弧"命令绘制门的轮廓线（图13-46）。

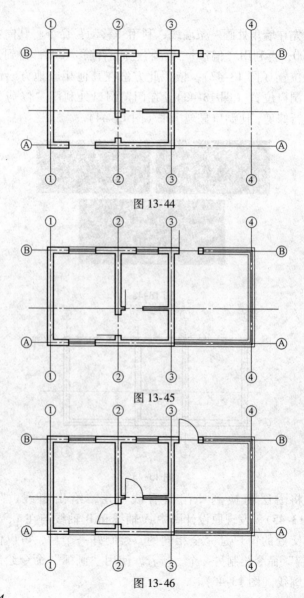

图 13-44

图 13-45

图 13-46

5. 绘制家具、卫生间等

将家具层设置为当前图层，在大玻璃转角处绘制转角的桌子。使用"插入块"：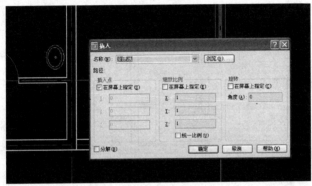命令把已在 0 层定义好的块：小便池、洗手池、地漏等插入到家具层的相应位置（图 13-47、图 13-48）。

图 13-47

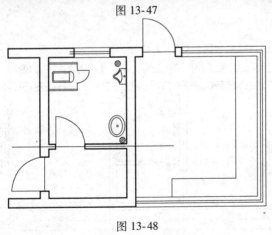

图 13-48

6. 进行尺寸标注和注释

点击"标注工具栏"中的"线性标注"按钮，在需要标注尺寸的地方进行标注，可使用"连续标注"标注相连的尺寸（图13-49）。最后再利用"单行文本"命令注写上各个房间的用途，为它画上图框（图13-50）。

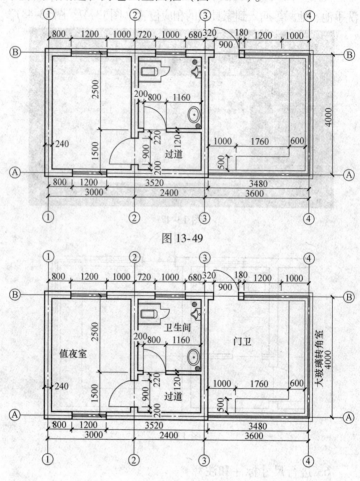

图 13-49

图 13-50

这样，一幅传达室的平面图就绘制完成了。本例所绘的只是一幅示意图，有些不完全规范的地方在所难免，旨在通过这个小例子帮助大家入门。

由于篇幅有限，本节对于 CAD 绘图软件的介绍不是很全面，有些地方也不够深入详细，仅能对想学习这软件的人起到抛砖引玉的作用。想深入学习该软件的人员可参阅相关 CAD 的书籍。